全球变化与区域气象灾害风险评估丛书

极端降水和水分亏缺的驱动机制

李　毅　姚　宁　陈俊清　马　茜　刘峰贵　张　强　著

U0222961

科学出版社

北　京

内 容 简 介

本书在综合评述国内外研究现状的基础上,评价分析了多种卫星遥感降水产品及其性能表现,并对其在干旱中的应用效果进行了对比。针对我国 7 个不同地区水分亏缺/盈余量、极端降水指数的月变化规律和大气环流指数之间的相关关系及滞后特征,揭示了不同分区干湿事件的大气环流驱动机制,建立了水分亏缺/盈余量、极端降水指数等与关键环流指数之间的定量关系,并对未来 12 个月的极端降水指数、水分亏缺/盈余状况进行了预测。本书在研究不同站点社会经济发展程度和规模的基础上,量化了气候变化和人类活动对不同类型水热事件的贡献度,这对我国不同分区或站点尺度下极端水热事件的预报预测有重要参考价值。

本书可供水利工程、农业工程、农业水文、农业气象等领域的研究人员和高校师生参考使用。

审图号:GS(2021)8541 号

图书在版编目(CIP)数据

极端降水和水分亏缺的驱动机制/李毅等著. —北京:科学出版社,2022.9
(全球变化与区域气象灾害风险评估丛书)
ISBN 978-7-03-072998-9

Ⅰ. ①极… Ⅱ. ①李… Ⅲ. ①强降水–研究–中国 Ⅳ. ①P426.6

中国版本图书馆 CIP 数据核字(2022)第 159296 号

责任编辑:郭允允 赵 晶 / 责任校对:郝甜甜
责任印制:吴兆东 / 封面设计:蓝正设计

科 学 出 版 社 出版
北京东黄城根北街 16 号
邮政编码:100717
http://www.sciencep.com

北京建宏印刷有限公司 印刷
科学出版社发行 各地新华书店经销
*
2022 年 9 月第 一 版 开本:720×1000 1/16
2023 年 9 月第二次印刷 印张:18 1/2
字数:363 000
定价:228.00 元
(如有印装质量问题,我社负责调换)

丛 书 序 一

近年来，全球热浪、干旱、洪涝等气象灾害事件频发，气候变化影响日益显现。2022 年联合国政府间气候变化专门委员会（IPCC）发布报告，指出气候变化的影响和风险日益增长，随着全球气温升幅走向 1.5℃，世界将在今后 20 年面临多重灾害风险。世界气象组织 2021 年发布的《2020 年全球气候状况》中强调：持续的气候变化、极端天气气候事件的发生频率和强度均呈显著增加趋势及其带来的重大损失和破坏，都正在影响着人类、经济和社会可持续发展。

国际社会已高度关注气候变化引起的灾害风险，并积极推进全球从灾后应对向灾害风险综合防范转变。《2015—2030 年仙台减少灾害风险框架》中着重强调灾害风险管理，并将全面理解灾害风险各个维度列为第一优先研究领域。世界各国政府组织与科研机构，如美国联邦应急管理署、英国气候变化委员会、荷兰环境评估署（PBL）、德国波茨坦气候影响研究所等，都在不断加强重大气象灾害风险防范能力建设方面的工作。2021 年，第 26 届联合国气候变化大会上，中美两国发表联合声明，认同气候危机的严重性，将进一步共同努力，实现《巴黎协定》中设定的将全球平均气温升幅努力限制在 1.5℃之内的目标。

中国的气象灾害种类多、频次高、影响范围广，占所有自然灾害的70%以上，是造成社会经济损失最大的灾种之一。习近平总书记多次强调，加强自然灾害防治关系国计民生，要建立高效科学的自然灾害防治体系，提高全社会自然灾害防治能力。为增强气象灾害防御，保障经济和社会发展，全球及区域尺度的气象灾害风险评估方面也涌现了大量研究，如全球洪水人口风险评估研究、气候变暖对全球经济和人类健康风险评估研究、共享社会经济路径情景研究等。

在北京师范大学张强教授主持的国家重点研发计划项目"不同温升情景下区域气象灾害风险预估"（项目编号：2019YFA0606900）的资助下，近百名项目科研人员经过深入研究，系统评估了历史灾害发生规律及特点，面向未来评估了基于不同气候变化情景和共享社会经济路径下的气象灾害综合风险。研究成果揭示了气象灾害对社会经济和生态环境影响的过程和机制，构建出了区域极端气候事件模拟与灾害风险预估理论框架和技术体系，研制了灾害风险预估数据集和产品共享平台，朝着全面提升不同温升情景下区域气象灾害风险预估与综合防范能力迈进了重要一步。这些区域极端气候事件的模拟及风险预估模型，不同温升情景下（2.0℃及以上）高精度区域气象灾害风险图集及共享平台，无疑为中国应对全球气候变化及提升综合风险防范能力提供了关键科技支撑。相关成果可望为各行业、部门和相关研究者，特别是气候变化研究、自然灾害风险评估、水文气象灾害模拟、未来气候变化预估等工作提供最新的、系统的理论与数据支撑。

项目组邀请我为"全球变化与区域气象灾害风险评估丛书"撰序，我欣然应允，并祝贺"全球变化与区域气象灾害风险评估丛书"顺利出版，相信其对我国应对气候变化和气象灾害评估研究有示范作用和重要意义。

中国工程院院士

2022 年 3 月于北京

丛 书 序 二

　　气候变化和人类活动共同深刻地影响着流域水文循环及水资源演变过程与时空格局。自然变异及人类强迫共同促使多介质水行为中水汽输送、降水、蒸发、入渗、产流和汇流等重要水循环过程及其相互转化机制发生改变，进而改变全球水资源及自然灾害时空格局。近年来，以全球暖化为特征的气候变化显著改变了区域乃至全球尺度的水循环过程，导致洪涝、干旱等水文气象灾害频发，给经济社会发展造成了重大损失，严重影响了经济社会可持续发展。

　　2018 年，IPCC 组织发布的《全球 1.5℃温升特别报告》指出，全球温度升高2.0℃的真实影响将比预测中的更为严重，若将目标调整为 1.5℃，人类将能避免大量气候变化带来的损失与风险。所以在当前全球气候变暖的影响下，水文气象灾害在未来不同温升情景下发生发展的不确定性及其重大灾害效应已成为国家及区域可持续发展的重大科技需求。中国区域季风气候系统构成复杂，生态脆弱，灾害频发，水热交换频繁。近几十年来，大量研究表明，中国极端降水、干旱等气象灾害事件呈增加趋势，给河道安全、农业生产和社会经济等带来巨大隐患。

　　围绕国家战略需求，揭示气象灾害对社会经济和生态环境的影响过程和机制，研制出不同温升情景下（2.0℃及以上）高精度区域气象灾害风险图集，将会为国家应对未来气候变化提供重要的科技支撑和参考。北京师范大学张强教授带领研究团队长期从事水文气象灾害和未来气候变化研究，于 2019 年联合多家单位成功申报了国家重点研发计划项目"不同温升情景下区域气象灾害风险预估"（项目编号：2019YFA0606900），几年来，经过深入系统研究，获得了一系列创新性成果，开展了气象灾害对社会经济影响过程与传导机制研究，模拟和预测了陆地植被生态系统结构演变及其对气象灾害影响的反馈作用，量化了气象灾害对生态环境影响的临界阈值和反馈风险，研制了多灾种–多承灾体–多区域综合风险评估模型，刻画了区域气象灾害爆发、高峰、消亡的动态演进过程，评估了不同温升情景和不同共享社会经济路径下典型区域气象灾害的社会经济和生态环境综合风险，发展集成了多致灾因子–多承灾体综合风险动态评估技术体系，为国家减灾防灾和相关政策制定提供了科技支撑，做出了重要贡献。

几年来，我见证了该项目申请、研发、阶段性成果产出以及最终的丛书成果凝练和出版。该丛书从多学科交叉角度出发，综合开展不同温升情景下区域气象灾害风险预估。通过科技创新，快速并准确地为气象灾害风险动态评估提供技术方法，为我国应对气候变化和社会经济可持续发展提供科技支撑。该丛书可作为研究气候变化、自然灾害和环境演变的科技工作者以及相关业务部门人员的参考书，还可推动气候变化科学和气象灾害研究取得新进展。

中国科学院院士

2022 年 3 月于北京

丛书序三

　　全球变化深刻影响着人类的生存和发展，已成为当今世界各国和社会各界非常关切的重大问题。联合国政府间气候变化专门委员会（IPCC）第六次评估报告明确指出，全球气候系统经历着快速而广泛的变化，气候变暖的速度正在加快。研究表明，全球变暖导致气象灾害事件的频率和强度均呈显著增加趋势，气象灾害对中国的灾害性影响愈趋严重。据统计，由不良天气引发的气象灾害占中国所有自然灾害的70%以上，我国每年仅重大气象灾害影响的人口大约达4亿人次，所造成的经济损失占到国内生产总值的1%~3%。不同温升情景下区域气象灾害风险预估研究会为国家妥善应对全球变化、参与全球气候治理及国际气候谈判提供科学支撑。

　　中国地处东亚季风区，复杂多样的地形地貌和气候特征决定了气象灾害的频发特征，是世界典型的"气候脆弱区"。在全球变暖背景下，区域气象灾害的演变规律及其对社会经济和生态环境的影响已成为应对气候变化的关键科学问题。深入研究温升情景下气象灾害对社会经济和生态环境影响的过程机制、特征程度、变化趋势，预估不同温升情景下区域气象灾害风险，将为应对气候变化提供科学依据，有利于提升国家综合应急能力水平与风险防范水平，具有重大的科学意义和服务国家战略的应用价值。

　　在北京师范大学张强教授主持的国家重点研发计划项目"不同温升情景下区域气象灾害风险预估"（项目编号：2019YFA0606900）的资助下，北京师范大学联合中国科学院地理科学与资源研究所、国家气象信息中心、青海师范大学等国内气象灾害风险预估领域的主要大学和科研机构，聚焦气象灾害风险重大科学问题，开展了"理论研究–技术研发–平台构建–决策服务"全链条贯通式研究，基于重构的气象灾害历史序列和多源数据融合技术，辨识气象灾害对区域社会经济的影响与传导特性，揭示区域气象灾害对生态环境变化的影响过程与反馈机制，形成不同温升情景下极端气候事件对区域社会经济和生态环境的综合风险评估方法体系，为未来气候变化的灾害风险防范提供决策支持。项目成果明显体现出我国全球变化研究特别是全球变化的灾害效应理论研究水平的提升，亦为我国应对气候变化和社会经济、生态环境可持续发展提供重要的科技支撑。

基于项目研究成果，项目组编撰了"全球变化与区域气象灾害风险评估丛书"，该丛书成为我国适应气候变化和应对气象灾害的标志性成果。在项目研究和丛书编撰过程中，一批气象水文灾害领域的中青年学者得到长足发展，有些已经成为领军人才。相信读者能从该丛书中体会到中国气候变化灾害效应研究水平的显著提升，看到一批青年人才成长的步伐和为未来该领域发展打下的良好基础。期盼"全球变化与区域气象灾害风险评估丛书"早日付梓，在全球变化灾害效应研究与气象灾害风险防范中发挥重要作用。

中国科学院院士

2022 年 3 月 18 日

前　言

在全球变暖、人口负荷和经济高速发展的影响下，随着社会的进步和人口的增长，水资源短缺问题日趋严重，旱涝、高温热浪等极端事件发生频率增强，因此本书提出了与水和环境相关的科学问题。目前，关于极端降水、水分亏缺/盈余的驱动机制问题仍没有理解清楚，难以进一步进行降水和温度等要素的准确预报，从而难以为变化环境下的水资源优化配置提供理论基础。

本书首先评述了多源降水产品的性能和特点，并分别分析了极端降水、水分亏缺/盈余等与水热相关的极端事件的国内外研究现状。在综合分析国内外研究进展的基础上，笔者提出了本书的科学问题。在全面评价 9 种降水产品的性能基础上，推荐了我国不同地区表现较好的降水产品。基于多种统计方法，从 100 余种大气环流指数中筛选了适宜水分亏缺/盈余、多种极端降水指数的关键环流因子，通过系统深入的分析，揭示了极端事件的驱动机制，并建立了相应的多元线性回归函数。通过率定和检验后，采用得出的多元线性回归函数预测了我国不同地区水分亏缺/盈余量指数在未来 12 个月的可能变化趋势。考虑社会经济指标（人口和 GDP），将 525 个站点划分为 6 个社会经济水平，并结合温室气体 CH_4、CO_2、N_2O 和 SO_2 浓度的长序列资料，分析了研究期内（2000~2018 年）不同社会经济水平下，气候变化和人类活动对我国不同区域干旱的贡献度，筛选了影响我国不同分区 9 种极端降水指标的关键环流因子，建立了多元回归模型，对 2021 年我国不同分区 9 种极端降水指标的变化规律进行了预测，此外，还定量分析了不同社会经济水平下，气候变化和人类活动对我国不同区域干旱的贡献度。本书研究成果对我国不同区域进行旱涝应急管理和极端事件的防控具有重要的参考价值。

本书相关研究工作得到了国家重点研发计划项目"不同温升情景下区域气象灾害风险预估"（项目编号：2019YFA0606900）、国家自然科学基金面上项目"黄土高原干旱时空变异性致小麦和玉米减产机理及影响评估"（项目编号：52079114）、黄土高原土壤侵蚀与旱地农业国家重点实验室基金项目"气候变化对黄土高原冬小麦–夏玉米产量的影响"（项目编号：A314021402-2003）等的资助。感谢张强教授，刘峰贵教授，姚宁副教授，博/硕士研究生陈新国、李林超、李凤、胡侨宇、马茜及陈俊清等合作完成本书的修改工作。

本书共 13 章，各章内容及团队分工如下。

第 1 章为绪论，主要完成人是李毅、姚宁和刘峰贵；第 2 章为 IMERG V06 降水产品的评估校正，主要完成人是姚宁、马茜和李毅；第 3 章为不同类型降水产品的适用性分析，主要完成人是马茜、姚宁、李毅和刘峰贵；第 4 章为基于不同降水产品的气象干旱监测，主要完成人是姚宁、马茜、李毅和陈俊清；第 5 章为水分亏缺/盈余的关键环流驱动因子筛选，主要完成人是李毅、马茜和刘峰贵；第 6 章为基于关键环流指数的水分亏缺/盈余预测，主要完成人是胡侨宇、李毅和刘峰贵；第 7 章为社会经济状况对极端干湿事件的影响，主要完成人是李毅、胡侨宇、陈俊清和姚宁；第 8 章为气候变化和人类活动对干旱的贡献度，主要完成人是李毅、胡侨宇和姚宁；第 9 章为影响极端降水指数的关键环流指数，主要完成人是李毅、李凤、陈俊清和刘峰贵；第 10 章为基于环流指数的极端降水指数预测，主要完成人是李毅、李凤和姚宁；第 11 章为社会经济发展水平对极端降水事件的影响，主要完成人是李毅、李凤、陈俊清和姚宁；第 12 章为气候变化与人类活动对极端降水事件的贡献度，主要完成人是李毅和陈俊清；第 13 章为结论及建议，主要完成人是李毅、陈俊清。全书由李毅统稿。诚挚感谢团队成员共同付出的努力！

由于作者学术水平有限，书中难免有疏漏或不妥之处，恳请各位读者批评指正。

作　者

2021 年 10 月

目　　录

第一篇　降水产品适用性及在干旱监测中的应用

第二篇　气候变化和人类活动对中国不同分区干湿程度的影响

第一篇

降水产品适用性及在干旱
监测中的应用

第1章 绪 论

1.1 研究背景及意义

1.1.1 降水产品性能评估及其在干旱研究中的重要性

降水是最重要的水文气象要素之一，也是维持自然界能量平衡的关键因素（唐国强等，2015；Huffman，2014）。降水的时空分布变化与各种自然灾害的发生息息相关（Maggioni et al.，2016），它在空间分布上的不均匀性和时间变化上的不稳定性是引起如洪涝、干旱等自然灾害的直接原因，然而由于降水在小尺度上存在很大的变异性，对它的准确估计存在很多挑战（Beck et al.，2018，2017a），因此优质的高时空分辨率降水数据集对于水文模型驱动和干旱、洪水预测等科学研究与应用具有重要价值。

目前，降水观测资料的来源主要有三种，包括雨量计、天气雷达以及卫星传感器（江善虎等，2014）。其中，雨量计获得的降水观测资料具有精度高、时间尺度长等优势，应用最为广泛（章诞武等，2013），但雨量计只适用于点尺度，且空间监测能力易受经济、地理条件等因素的制约，在部分地区获得的降水观测资料空间代表性很差（刘俊峰等，2011；张强等，2011）。天气雷达具有空间分辨率高、数据获取滞后时间短等优势，但其对降水强度的估算难以准确反映降水在时间上的高变异性，此外，其获取的降水观测资料常因空间覆盖度有限、信号易受地形遮挡等因素影响，在空间上存在很大的不确定性（Sokol et al.，2021）。卫星传感器主要包括可见光/红外（Visible Light/Infrared Radiation，VIS/IR）传感器和主、被动微波传感器两种，可见光/红外传感器的可见光波段仅能观测白天的数据，红外波段观测的数据的时空分辨率高，但只能通过云顶亮温间接反演降水数据且误差较大（唐国强等，2015），而被动微波传感器可以直接观测降水颗粒的辐射特性且精度高于可见光/红外传感器，主动微波传感器则是目前卫星搭载的观测降水的传感器中最精准的仪器且具有高精度、高分辨率的特性（Kolassa et al.，2017；杨斌利等，2014），因此，将异源降水资料有机结合是目前获取高质量降水数据的主流发展方向。

近年来，已有大量全球降水产品（宋子珏等，2018）可用于水文、气候等研究的高时空分辨率分析。这些产品具有不同的时间序列长度、时空分辨率以及精度特征,根据数据来源和估算方法的差异,它们大致可分为三类(Sun et al.,2018):第一类是基于气象站观测降水数据分析得到的高分辨率格网数据产品,如全球降水气候中心(Global Precipitation Climatology Centre,GPCC)的数据产品等(Schneider et al.,2014),这类数据产品能够较为准确地捕捉降水的时间变化,但却难以反映降水的空间差异;第二类是以卫星传感器监测到的多源降水数据为基础的,通过各种反演、融合、校正算法而得到的高分辨率格网降水产品,如热带降雨测量任务多卫星降水分析(Tropical Rainfall Measuring Mission Multi-satellite Precipitation Analysis,TMPA)产品等(Huffman,2014),这类产品常具有较高的空间分辨率,可以很好地反映降水的空间分布特征,但由于卫星发射相比于气象站建立的时间较晚,这类产品的时间序列长度相对较短;第三类是将已有的气象观测资料与许多物理和动力学模型进行不断地模拟得到的再分析降水产品,如欧洲中期天气预报中心(European Centre for Medium-range Weather Forecast,ECMWF)的再分析资料(ECMWF Re-analysis-Interim,ERA-Interim)产品(Balsamo et al.,2015),这类产品的构建需要背景场、多源观测资料、数据同化系统以及陆面和气候过程模型,这类产品相比于气象站分析产品在空间上精度更高,相比于基于卫星的降水产品可跨越更长的时间段(何奇芳等,2018)。这几类降水产品由于数据来源和制作原理的不同,它们在不同时空条件下以及不同实际应用中的适用能力也会存在很大的差异,因此探究这些降水产品在不同条件下的时空分布、精度及频率分布表现,对于在不同研究与应用中降水产品的精准选择以及多源降水产品的融合发展具有重要意义。

在全球各类高时空分辨率的降水产品中,卫星降水产品是目前种类最多且最有发展前景的(Maggioni et al.,2016),自 1997 年热带降雨测量任务(Tropical Rainfall Measuring Mission,TRMM)卫星成功发射起,卫星遥感降水迎来了黄金时期,多种反演算法、降水产品层出不穷,其中 TMPA 系列是精度最高且最为稳健的一类降水产品,然而 2015 年 TRMM 卫星坠入大气层,TRMM 时代遗憾退场,但 TMPA 系列产品一直更新到 2019 年(Kirschbaum et al.,2017)。TRMM 的继承者全球降水观测(Global Precipitation Measurement,GPM)卫星于 2014 年成功发射,它是众多卫星降水观测计划中最有希望的一个,它的到来使卫星降水观测的发展进入了新纪元,在它的众多产品中,GPM 的多卫星联合反演(Integrated Multi-satellite Retrievals for GPM,IMERG)产品最受瞩目,随着算法的不断更新,目前 IMERG 系列产品已更新到第六版,这一版本与以往有很大的不同,它结合了 TRMM 和 GPM 两个时代的降水观测资料,具有更长的降水时间序列,这将使其具有更大的研究和使用价值（Ma et al.，2021），因此它的综合精度评价及其与 TMPA 系列降水数据集的比较具有重要意义。

干旱是在一定时间尺度上水分收支不平衡造成的水分持续短缺现象（李明等，2019；Mishra and Singh，2010）。干旱在全球范围内普遍存在，它不仅发生在干旱和半干旱地区，还发生在湿润地区（West et al.，2019；Azarakhshi et al.，2011）。近年来，全球气候变化显著导致气象灾害频发，据统计，自然灾害造成的经济损失约有 70%来源于气象灾害，而在这些气象灾害中，旱灾造成的经济损失已过半（王劲松等，2012）。作为一种频繁发生的自然灾害，干旱对人类的生存发展、自然的生态平衡构成了严重威胁，对社会和经济安全的影响仅次于洪水（陈少丹等，2018；沈彦军等，2013）。根据水文循环过程，干旱通常被分为气象、农业、水文、社会经济干旱四大类（李毅等，2021）。其中，气象干旱是指某时段内蒸发量和降水量的收支不平衡（水分蒸发大于水分收入）而造成的异常水分短缺现象（Esfahanian et al.，2016；Mishra and Singh，2010）；农业干旱是指在作物生长关键时期，外界环境因素造成土壤水分持续不足、严重亏缺，作物无法正常生长，从而减产或失收的农业气象灾害（Sheffield and Wood，2012）；水文干旱是指降水与地表水、地下水收支不平衡造成的异常水分短缺现象（Whitmore，2000）；社会经济干旱是指自然与人类社会经济系统中水资源供需不平衡造成的水分异常短缺现象。因而，从本质上讲，无论哪种干旱类型都是气象干旱影响的结果，它们的发生都晚于气象干旱，可以通过对气象干旱监测来做到预警。因此，气象干旱在时空上的准确监测具有重要意义。

气象干旱受多种因素影响，其中主导因素有降水和温度，降水以降雨和降雪的形式提供水分的补给，而温度通过影响蒸散来控制水分耗散（蔡鸿昆等，2020），因而气象干旱监测的关键在于对降水和温度（或蒸散）时空变化的准确捕捉，尤其是降水。由于计算气象干旱指数所需的数据一般来源于地面气象观测站点（王兆礼等，2017），而地面气象观测站点空间分布不均，部分地区站点稀疏，甚至不设立气象观测站点，有大量缺测值（Cai et al.，2016），因而基于点尺度计算的气象干旱指数难以评估大尺度的区域干旱状况，在这种情况下，基于格网的高分辨率降水、温度（或蒸散）产品被考虑用来计算气象干旱指数，然而这些高分辨率格网产品在气象干旱监测中的效用仍然未知。因此，评价不同类型降水产品在气象干旱监测中的效用具有重要意义。

1.1.2　旱灾和极端事件对社会经济系统的影响

干旱不是由单一因素引起的，而是气候变化和人类活动等包含的多种因素综合作用的结果。干旱的形成因素十分复杂，其发生机理和发展过程复杂多样。从全球各自然灾害来看，干旱发生频率高、持续时间长和波及范围广的特点使得旱灾的影响面最广，可能在世界上的任何区域发生（Schubert et al.，2016；Chen and Sun，2015），造成的经济损失大，因此旱灾被认为是破坏性极强、极具灾难性的自然灾害之一（郑远长，2000；Huang et al.，2019；Mishra and Singh，2010）。据统计，近年来，干旱这一种自然灾害所造成的总经济损失每年高达 60 亿～80 亿美元（Wilhite，2000），如 2002 年的美国干旱（Cook et al.，2007）、2010～2011 年的东非干旱（Dutra et al.，2013）、2005 年的亚马孙极端干旱事件（Sena et al.，2012）和发生在伊朗的极端干旱事件（Modarres et al.，2016）等。干旱给各个国家的农业、社会和生态系统造成巨大损失的同时对农作物的生产和供水造成的影响也不容小觑。

我国位于东亚、太平洋西岸，地域广阔，地形复杂，气候多样，人类活动较为复杂，极易受自然灾害的影响（Rim，2013）。根据农业灾区 1978～2016 年的统计数据，我国平均每年旱灾、水灾、风灾和低温冰冻灾害的覆盖面积分别约为 $2.27×10^7$ hm²、$1.09×10^7$ hm²、$4.48×10^6$ hm² 和 $3.19×10^6$ hm²（王丹丹等，2018）。此外，我国的旱灾未来有增加的趋势（Wang Q et al.，2018）。根据水利部的统计数据，2017 年我国共有 26 个省（自治区、直辖市）遭受干旱灾害，粮食损失和经济作物损失分别约为 $1.34×10^{10}$ kg 和 1168.4 亿元，因此以我国为研究区，研究多源降水产品的性能及其在干旱监测中的应用具有重要意义。

在全球变暖的背景下，干旱灾害是我国最主要的自然灾害之一。在干旱灾害的影响下，我国农作物受旱面积为 0.2 亿～0.27 亿 hm²/a，造成了 250 亿～300 亿 kg/a 的粮食损失量，每年受灾人口不计其数（姚玉璧等，2007）。干旱的频发和程度的日益加剧，对我国的粮食安全生产和社会稳定产生巨大威胁，同时也严重制约了我国经济的发展。据以往的数据统计，从公元前 206 年到中华人民共和国成立的 1949 年，我国发生旱灾的总次数为 1056 次，几乎是两年必发生一次。此外，我国干旱并不是短期的，而是持续且日益严重的，并且时至今日在我国所有的省份都有发生。例如，2004 年的四川大旱、2006 年的川渝高温大旱和 2007 年的湖南大旱；2009～2010 年在我国西南地区发生的极端干旱事件的影响范围包括云贵川三省，造成了 2100 万人口缺少饮用水；2011 年长江中下游发生了自 1954 年以来最为严重的旱灾，对当地的农业系统和水产养鱼业造成了不可估量的损失。

目前，我国应对干旱还处于"被动抗旱"的局面，未能进入"主动抗旱"的时代，其主要原因是对干旱的驱动机制认识不深，难以为干旱的监测、预报等提供科学的理论支撑。因此，对干旱的驱动因子进行研究在干旱的应对策略上具有十分重要的意义。国内外很多学者通过环流指数来分析环流对干旱的影响，如黄荣辉等（2012）在分析研究西南地区持续发生干旱时发现，西南地区持续性干旱的主要原因是北极涛动（Arctic Oscillation，AO）负异常引起的冷空气路径偏东。同时，北大西洋多年代际振荡（Atlantic Multi-decadal Oscillation，AMO）不但对东亚地区的降水量产生影响，还对大西洋、欧亚和北美洲地区的降水量产生影响，从而引发干旱。Gao 和 Yang（2009）分析发现，厄尔尼诺–南方涛动（El Niño-Southern Oscillation，ENSO）事件对华北地区的干旱具有促进和加强的作用。

1.1.3 旱涝和极端事件的驱动机制尚不明确

极端降水事件作为极端天气事件的一类，其发生的概率小于 5%，但却具有突发性强和破坏性强的特征（Duan et al.，2017；Chen et al.，2015）。近几十年来，全球极端降水事件的频率和强度也一直处于增加的趋势（Kayser et al.，2015）。1950～2018 年，由于区域降水不均衡，世界干旱地区的面积每十年增加约 1.74%。暴雨和干旱等极端天气事件发生的频率和强度也在增加（Yao et al.，2018；Wang et al.，2013）。极端天气事件的发生给经济和社会发展带来巨大影响（黄萌田等，2020；Pauw et al.，2011），引起不少研究者的关注（李凤等，2020；Pakalidou and Karacosta，2018；Sinclair，2000）。

我国降水量由西北往东南部沿海地区递增，季节上的差异体现在春夏季降水量较多，而秋冬季降水量较少。降水时空变化的巨大差异导致旱涝灾害频发，研究认为，极端降水事件在未来将会趋于加强（程诗悦等，2019；钱维宏等，2007）。其中，华南和长江流域极端降水事件呈现增加的趋势，而西北地区则呈现减少的趋势（杨金虎等，2008）。Wu 等（2020）分析了我国干旱趋势变化，结果表明，东北、西南和华中地区呈现干旱加重的趋势，而全国其他地区则呈现相对湿润的趋势。部分研究人员讨论了影响小区域、大区域、全国甚至全球极端降水事件的原因（Krichak et al.，2014；Tramblay et al.，2012）。联合国政府间气候变化专门委员会（Intergovernmental Panel on Climate Change，IPCC）2013 年的报告指出，全球极端降水事件的增加可能与自然气候变化和人类活动的影响有关。一方面，基于降水形成的物理机制，北半球北大西洋涛动（North Atlantic Oscillation，NAO）和北半球海表温度（Sea Surface Temperature，SST）的变化是降水变化的主要原因（Queralt et al.，2009；Sung et al.，2006）。Zhang 等（1999）比较了厄尔尼诺期间和其他时期的平均降水距平表现，结果表明，厄尔尼诺可以显著影响中国的降水。孙海滨和高涛（2012）利用大气类和海温类环流指数与呼伦贝尔地区降水建立了相关关系，结果发现，赤道东太平洋海域海温类环流指数和夏季北印度洋海域海温类环流指数会对该地区降水有明显的影响，而且这种影响存在一定滞后性。另一方面，人类活动对降水也产生了很大的影响（Jiang and Zhang，2012；Min et al.，2011；Jian，2008）。Gao 等（2018）通过使用位置、尺度和形状参数的广义相加模型（Generalized Additive Model for Location，Scale and Shape，GAMLSS）和 Mann-Kendall 检验研究了最大日降水量的均值和方差趋势，结果表明，在中国南方地区，与自然气候变化相比，人类活动对极端降水变化的影响更大。这表明人类活动相较于气候变化可能对极端降水事件的影响程度更大。在人类活动频繁的城市地区，自然土地表面被越来越多的高层建筑所覆盖，这将对该地区显热通量分布产生显著影响，进而影响到对流的发展和降水的分布（Carraça and Collier，2007）。20 世纪 70 年代在美国进行的大都市气象实验（Metropolitan Meteorogical Experiment，METROMEX）研究了城市环境对极端降水的影响，结果表明，夏季发生在市区顺风一侧的降水将比背风一侧增加 5%～25%，随着城市面积的扩大，降水的异常变化将更加明显（Changnon，1992）。He 等（2007）总结得出，城市土地利用的变化导致了城市热岛效应，城市热岛效应加速了水蒸气的输送和对流并使水蒸气迅速向市中心地区集中，从而导致市中心地区极端降水事件频发（Le and Gallus，2012；Han and Baik，2008）。

中国是极端降水事件的高发地区，而且在东南部地区尤为显著（Wan et al.，2017）。例如，2010 年 5～6 月中国东南部地区持续暴雨造成了 132 人死亡、超过 145 亿元的损失（王晓芳等，2011）。Gu 等（2017）研究指出，中国西北和东南部地区的极端降水量显著增加，而且普遍高发于 4～9 月。然而，以往研究学者仅分析了人类活动或气候变化对极端降水事件的影响，未能综合分析其贡献度。此外，大气环流会显著影响我国降水变化，以往大多数研究者在研究驱动机制方面仅选择几项常见的环流指数进行分析，未能全面筛选并分析其对我国不同分区和不同滞后月份极端降水事件的影响。通过分析大气环流指数滞后影响的特性，可对极端降水事件进行定量模拟及预测，也可为相关部门制定防汛干旱对策提供帮助。

大气环流对气候的影响主要是通过引导不同性质的气团活动、锋、气旋和反气旋的产生和移动完成的。当大气环流出现异常时，就会引起气压场、温度场等气象要素值出现明显的偏差，从而导致降水和气温发生异常。因此，对旱涝灾害形成的气候驱动机制进行研究，有助于更好地了解旱涝和极端旱涝事件对环流事件的响应规律。但是描述大气环流的指数的种类很多，旱涝（水分亏缺/盈余）、极端降水等水文气象事件是多种环流事件共同影响的结果，同时某一环流指数对不同分区乃至全国都可能有影响。此外，环流对我国干旱的影响存在一定的滞后性，也需要对其滞后特征进行深入分析。以往的研究都是选定某些常见的环流指数并在同一时期下分析其对干旱的影响，这样并不能全面地分析其他环流指数对我国不同分区干旱的影响。此外，社会经济和人类活动对我国干旱也存在一定程度的影响，以往多数研究大多集中在分析干旱对我国社会经济或人类活动的影响，而少数研究者将研究区域按照我国社会经济发展水平划分为多尺度级别，在此基础上分析研究社会经济和人类活动对我国干旱的影响。因此，本书基于前人的研究方法和理论，通过分析我国不同分区水分亏缺/盈余的时空变化规律并分析其内在关键环流指数，从而让我们对我国不同分区干旱特征有更清楚的认识，寻找我国不同分区干旱的关键环流指数，通过分析环流指数对干旱的滞后性影响，以期为我国不同地区干旱的监测、预报和预测提供一个新思路、新方法，为防汛、抗旱等决策提供有效的科学依据。

1.2　国内外研究进展

1.2.1　基于多源遥感和再分析产品的降水和干旱评估

1. 大尺度格网降水产品

近几十年来，为满足一些大规模水文应用研究的需要，国内外已经开发了一系列高时空分辨率的大尺度格网降水产品，这些产品的空间分辨率为 0.05°~2.5°，时间分辨率最小可达 30 分钟，最大为月尺度，空间覆盖度可为陆地也可为全球，时间跨度最长有 115 年，而这些产品的更新延迟时间也从 3 小时到数年不等（Beck et al.，2017b）。根据降水资料来源、估算方法的差异，这些大尺度高分辨率格网降水产品大致包括 3 类：基于气象站观测的网格化降水产品、基于卫星观测的反演降水产品、基于数据同化的再分析降水产品（Sun et al.，2018）。

1）基于气象站观测的网格化降水产品

基于气象站观测的网格化降水产品是由世界气象组织（World Meteorological Organization，WMO）收集各国的气象站观测降水数据资料联合构建的综合性全球大尺度数据集。世界气象组织的前身是成立于 1873 年的国际气象组织，现有国家会员 187 个和地区会员 6 个，它的建立促进了气候、水文学等领域观测网的发展，它主要负责相关数据的交换、处理和标准化。全球气候观测系统（Global Climate Observing System，GCOS）建立于 1992 年，其目标是满足对气候相关观测的需求，并向所有国家免费提供数据，其本质上是汇总观测系统中从全球尺度到局部尺度的所有与气候相关的活动（Houghton et al.，2012）。据估计，全球使用的雨量计总数为 150000～250000 个（Strangeways，2010）。由于观测站分布不规律且许多气候及相关应用都需要网格化数据，因而有许多基于气象站观测的网格化降水产品已经构建，并得到广泛使用（Sun et al.，2018），相关降水产品汇总见表 1-1。

表 1-1　基于气象站观测的网格化降水产品

数据集	数据来源	时间尺度	空间尺度	空间范围	起始年份	参考文献
CRU	气候研究组（Climate Research Unit）	月	0.5°×0.5°	全球	1901	Harris et al.，2014
GHCN-M	全球历史气候网络（Global Historical Climatology Network）	月	5°×5°	全球	1900	Peterson and Vose，1997
GPCC	全球降水气候中心（Global Precipitation Climatology Centre）	月	0.5°×0.5° 1.0°×1.0° 2.5°×2.5°	全球	1901	Rudolf et al.，2011
GPCC-daily		日	1.0°×1.0°	全球	1988	Schamm et al.，2014
PRECL	美国气候预测中心（Climate Prediction Center）	月	0.5°×0.5° 1.0°×1.0° 2.5°×2.5°	全球	1948	Chen et al.，2002
CPC-Global	美国国家海洋和大气管理局（National Oceanic and Atmospheric Administration，NOAA）	日	0.5°×0.5°	全球	1979	Xie et al.，2010
APHRODITE	亚洲降水高分辨率观测数据集成评价（Asian Precipitation Highly Resolved Observational Dataintegration towards Evaluation）	日	0.25°×0.25°	亚洲	1951	Yatagai et al.，2012

气候研究组（CRU）数据集因具有较长的历史和较高的空间分辨率而颇受欢迎，该数据集由一套包含降水的气候变量组成，其月度产品数据资料主要通过国家气象机构（National Meteorological Agencies，NMAs）、世界气象组织、联合国粮食及农业组织（FAO）等的赞助获得。全球历史气候网络月度（GHCN-M）数据集是一套旨在提供全球陆地地表温度和降水的历史性数据的全球陆地站点数据集，最初是在有限访问全球陆地站点的数字气候数据时开发的，该套数据集是通过正式和非正式的交流从众多不同来源整理而来的，是一套纯粹记录历史数据的数据集，最早观测可追溯至 18 世纪。

全球降水气候中心（GPCC）降水数据集建立在全球约 85000 个观测站点（包括气象观测站点、水文监测站点以及从 CRU、NMAs、GHCN、FAO 数据产品和某些区域数据集收集的站点）上，此外，GPCC 还接收来自 WMO 的每日地面天气观测和月度气候信息，数据库涵盖 200 多年，由于 GPCC 要求每个站点至少有连续 10 年的背景气候学数据，因此用于 GPCC 气候学的站点数量在覆盖最好的月份（6 月）有 67298 个，在覆盖最差的月份（12 月）有 67149 个，约 65335 个站点在一年内每个月都通过了 10 年的限制（Becker et al.，2012）。因为 GPCC 数据集是最大的基于气象站的观测数据集，其所用到的全球站点数量多于大部分基于气象站的网格化降水数据集，因此经常被用作数据验证的基准（Schneider et al.，2005），与其他气象站观测到的全球网格化降水数据集相比（Ahmadebrahimpour et al.，2019），它是最适合干燥/湿度监测的数据集。

地表降水重建（PRECL）数据集是由美国气候预测中心（Climate Prediction Center，CPC）于 1948 年构建的月度数据集，该数据集通过地表观测站插值和基于经验正交函数重建的海洋历史值构建，包含超过 17000 个站点的数据（Chen et al.，2002）。全球日降水量分析（CPC-Global）数据集是由美国国家海洋和大气管理局（NOAA）构建的首个统一降水数据集，NOAA 致力于利用最优插值目标分析技术，结合 CPC 所有可用的信息来源，创建一套数量一致、质量明显提高的统一降水数据集，该数据集的降水资料主要来源于 30000 个观测站，包括来自全球远程通信系统、合作观测网和其他国家气象机构的报告。

为了更准确地监测和预测亚洲水文气象环境，亚洲降水高分辨率观测数据集成评价（APHRODITE）项目开始于 2006 年，旨在开发最先进的网格化降水数据集，它的降水资料来源于亚洲各国和地区的地面观测站，与其他的地面观测站降水分析产品不同的是，APHRODITE 数据集考虑了不同的插值方案和气候特征，特别是在地形复杂的山区，如青藏高原（Yatagai et al.，2012）。自 APHRODITE 数据集发布以来，它已被广泛用作亚洲最先进的每日网格化降水数据集，用于与水文气候学相关的研究中（Sunilkumar et al.，2019）。事实证明，APHRODITE 数据集可以很好地反映地面实况观测值（Duncan and Biggs，2012），是分析历史降水变化的最佳数据集。

2）基于卫星观测的反演降水产品

卫星降水产品的引入改变了降雨测绘、干旱监测的效率和时空覆盖范围（Almazroui，2011），其中包括由美国国家航空航天局（National Aeronautics and Space Administration，NASA）与日本宇宙航空研究开发机构（Japan Aerospace Exploration Agency，JAXA）联合发行的 TRMM 卫星观测了热带和亚热带降水（35°S～35°N），并且其是第一颗搭载特定微波降水雷达的卫星，常用于评估热带降雨模式和干旱的大气驱动因素（Yan et al.，2018；Forootan et al.，2016）。TRMM

的继任者是全球降水观测（GPM）任务（Hou et al., 2014），该任务于 2014 年 2 月在核心天文台成功发射卫星，其覆盖范围为 65°S～65°N，空间分辨率提高到 0.1°。很多研究已经通过与现场测量数据和卫星遥感数据的相关性评估了 TRMM、GPM 产生的各种规模的数据产品的准确性，发现不同时间尺度、不同地理位置、不同季节，以及由不同算法产生的观测数据集具有不同的观测精度和适用性（李麒崙等，2018；Zambrano-Bigiarini et al., 2017；Yong et al., 2013），因此考虑到由不同仪器得到的数据源的测量范围、精度等特性有所差异，基于不同算法和数据来源提出了许多具有不同时空覆盖范围和精度的降水数据集（Huffman et al., 2007；Xie et al., 2010），可以根据不同的研究需要进行选择，目前应用较为广泛的几种基于卫星观测的反演降水产品见表 1-2。

表 1-2　基于卫星观测的反演降水产品

数据集	时间尺度	空间尺度	空间范围	起始年份	数据来源	参考文献
GPCP	月	2.5° × 2.5°	全球	1979	全球降水气候中心（GPCC）	Adler et al., 2003
CMPA	月	2.5°× 2.5°	全球	1979	美国国家海洋和大气管理局物理科学实验室（NOAA PSL）	Xie et al., 2003
CMORPH	半小时/3 小时/日	0.25° × 0.25°	60°S～60°N	1998	美国国家大气研究中心—美国大气研究大学联盟（NCAR-UCAR）	Joyce et al., 2004
TMPA 3B42 V7	3 小时/日/月	0.25° × 0.25°	50°S～50°N	1998	美国国家航空航天局（NASA）	Huffman et al., 2007
GSMaP	小时/日	0.1° × 0.1°	50°S～50°N	2000	日本宇宙航空研究开发机构（JAXA）	Ushio and Kachi, 2010
PERSIANN-CDR	3 小时/6 小时/日	0.25° × 0.25°	60°S～60°N	1983	美国国家海洋和大气管理局国家环境信息中心（NOAA NCEI）	Ashouri et al., 2014
CHIRPS V2.0	日	0.05° × 0.05°	50°S～50°N	1981	气候灾害中心（Climate Hazards Center）	Funk et al., 2015
MSWEP V2.0	3 小时/日	0.25° × 0.25°	全球	1979	普林斯顿大学气候实验室（PCA Lab）	Beck et al., 2017a
IMERG V06	半小时/日/月	0.1° × 0.1°	60°S～60°N	2000	NASA	Huffman et al., 2019

全球降水气候计划（Global Precipitation Climatology Project，GPCP）数据集，是由数十颗极轨和静止卫星的微波和红外资料综合，并经过全球多个地基测站资料校正后得到的卫星降水产品。该数据集作为热带地区降水研究的"准资料"历

经几十年的不断改进与完善，目前已更新至第四版。气候预测中心降水融合分析（Climate Prediction Center Merged Analysis of Precipitation，CMPA）数据集是由NOAAPSL 发布的全球逐月降水数据集，它合并了包括卫星、地基观测和美国国家环境预报中心（National Centers for Environmental Prediction，NCEP）–美国国家大气研究中心（National Center for Atmospheric Research，NCAR）再分析等多种来源的降水资料，因而相比于单一的数据源，其质量得到了显著的提升。尽管该数据集的资料来源与 GPCP 数据集基本相同，但二者所采用的估算方法差异却很大。

全球卫星制图（Global Satellite Mapping，GSMaP）数据集是由日本宇宙航空研究开发机构（Japan Aerospace Exploration Agency，JAXA）负责的，旨在开发精确的微波辐射计算法，并生成高分辨率的全球降水图。该降水数据集资料来源于TRMM 微波影像（TRMM Microwave Image）、先进的地球观测系统微波扫描辐射计（Advanced Microwave Scanning Radiometer for the Earth Observing System，AMSR-E）、特殊的传感器微波成像仪[Special Sensor Microwave/Imager，SSM/I（F13、F14、F15）]、高级微波测深装置[Advanced Microwave Sounding Unit-B，AMSU-B（N15、N16、N17、N18）]、合并的热红外数据，以及 NCEP-CPC 提供的所有现有地球同步卫星数据（Ushio and Kachi，2010）。多源加权集合降水（Multi-source Weighted-ensemble Precipitation，MSWEP）数据集是第一个通过优化合并一系列测量仪、卫星和再分析估算得出的完整的全球降水数据集，它的设计是出于将最高质量的降水数据源作为时间尺度和位置的函数进行优化合并的理念，它集合了多套降水产品的时空优势，其空间分辨率可达到 0.1°，时间上可追溯到 1979 年，目前在水文领域应用较为广泛（Beck et al.，2017a）。

气候预测中心变形技术（CPC Morphing Technique，CMORPH）数据集使用了通过半小时间隔地球静止卫星红外（IR）图像得出的运动矢量来传播被动微波数据的新技术，从而得出了相对高质量的降水估计（Joyce et al.，2004）。基于人工神经网络遥感信息估算的降水气候数据记录（Precipitation Estimation from Remotely Sensed Information Using Artificial Neural Networks - Climate Data Record，PERSIANN-CDR）数据集则是利用 NCEP 第四阶段的小时降水数据来训练人工神经网络，并用 GPCP 数据集以 2.5°的分辨率对其进行调整，以减小偏差，从而得到高分辨率的估算值（Ashouri et al.，2014）。然而，像 TMPA 3B42 V7、CMORPH 和 PERSIANN-CDR 等完全基于卫星信息从遥感信息中进行降水估计的数据集，具有低延迟的特性，但此类网格数据缺乏长期记录，当近来极端情况置于历史背景下进行分析研究时，将会面临很大的挑战。为填补这一空白，气候灾害组红外降水合并站点（Climate Hazards Group Infrared Precipitation with

Stations，CHIRPS）观测产品为此而设计，其提供了覆盖大多数全球陆地区域且具有相当低的延时、高分辨率、低偏差和长记录时间的混合轨距降水估算。该数据集可以与陆地表面模型一起使用，以进行有效的中期干旱预报或分析依赖对流降雨的数据稀疏区域中年代际降水的最新变化（Funk et al.，2015）。

3）基于数据同化的再分析降水产品

20 世纪末，科学家们提出了一种利用数据同化技术来还原长期历史气候数据的新方法，这种方法的主要思想是将不规则的观测数据和许多物理动力学模型进行融合，以产生一个综合的具有空间同质性、时间连续性和多维层次的估计系统，即再分析资料（Bosilovich et al.，2008）。自此，再分析数据集成为国际上的主流，美国、欧洲、日本相继构建了一系列大气再分析产品，主要产品汇总见表 1-3。

1996 年，NCEP-NCAR 联合发布了第一代 40 年大气再分析数据集（NCEP1），它们收集了地面、卫星、测风气球、无线电探空、船舶、飞机等多种来源的观测资料，并采用了当今最先进的全球资料同化系统对其进行质量控制和同化处理，获得了一套完整的再分析数据集，它不仅要素资料丰富，覆盖范围广，而且可延伸时段长，是一个综合的数据集（Kalney，1996）。NCEP 和美国能源部（DOE）联合构建了 NECP2 数据集，这套数据集被视为 NCEP1 数据集的改进版本，它具有与 NECP1 数据集相似的输入数据和垂直分辨率（Kanamitsu et al.，2002），该

表 1-3　基于数据同化的再分析降水产品

数据集	数据来源	时间尺度	空间尺度	空间范围	起始年份	同化方案	参考文献
NCEP 1	美国国家环境预报中心—美国国家大气研究中心（NCEP-NCAR）	6 小时/日/月	$2.5° \times 2.5°$	全球	1948	三维变分数据同化（光谱统计插值）	Kalney，1996
NCEP 2	NCEP-DOE	6 小时/月	$1.875° \times 1.875°$	全球	1979	三维变分数据同化	Kanamitsu et al.，2002
ERA-40	欧洲中期天气预报中心（ECMWF）	6 小时/月	$2.5° \times 2.5°$ $1.125° \times 1.125°$	全球	1957	三维变分数据同化	Uppala et al.，2005
ERA-Interim	ECMWF	6 小时/月	$1.87° \times 1.875°$	全球	1979	四维变分数据同化	Dee et al.，2011
JRA-55	日本气象厅（JMA）	3 小时/6 小时/月	60km	全球	1958	四维变分数据同化	Ebita et al.，2011
MERRA	NASA	日	$0.5° \times 0.67°$	全球	1979	三维变分数据同化	Reichle et al.，2011
ERA5	ECMWF	小时	31km	全球	1950	四维变分数据同化	Hersbach et al.，2020

版本修正了 NCEP1 数据集中的错误，并更新了物理参数化过程，然而一些对这两套数据集的比较评估结果表明，二者的精度表现差异不大。

与此同时，ECMWF 也提出了第一代再分析数据集 ERA-15，随后与多机构合作，对 1957 年 9 月～2002 年 8 月的气象观测结果重新分析，得到了第二代 ERA-40 再分析数据集，在重新分析期间，观测系统发生了巨大变化，从 20 世纪 70 年代开始，一系列卫星仪器提供了可收集的数据，海洋浮标、飞机和其他水面站台的观测数量不断增加，但自 80 年代后期以来探空仪上升的次数有所下降，因此 ERA-40 相比于第一代数据集有了更多的数据资料来源（Uppala et al.，2005）。由于 ERA-40 的数据同化存在一些问题，ECMWF 创建了第三代再分析数据集 ERA-Interim，该数据集采用了四维变分数据同化方案，这种方案可以完全自动化地调整卫星辐射观测的偏差，从而修正了 ERA-40 因湿度分析方案和红外辐射偏置调整而高估的热带海洋的降水量（Dee et al.，2011）。ERA-Interim 数据集于 2019 年 8 月 31 日停止更新，ERA5 接替了该产品，其使用先进的建模和数据同化系统将大量的历史观测数据整合到全球估算，ERA5 产品可提供每小时的气候变量估计值，具有更高的时空分辨率（Hersbach et al.，2020）。

日本 55 年再分析（Japanese 55-year Reanalysis，JRA-55）数据集，是由日本气象厅（JMA）生产的，其改进克服了 JRA-25 的缺陷，并提供了一个长期全面的大气数据集。JRA-55 采用了一种新的数据同化和预报系统（Ebita et al.，2011）。此外，JRA-55 还包括随时间变化的温室气体浓度，以提高数据质量。NASA 将地球观测系统的卫星观测结果置于气候环境中，构建了现代研究与应用回顾分析（Modern-era Retrospective Analysis for Research and Application，MERRA）数据集，该套数据集与以往的再分析数据集相比，显著改善了降水和水汽气候数据（Reichle et al.，2011）。

2. IMERG 降水产品的发展

TRMM 于 1997 年 11 月 27 日启动，旨在提高我们对作为当前气候系统水循环一部分的热带地区降水分布和变化率的了解。遗憾的是，TRMM 卫星上的仪器在 2015 年 4 月 8 日被迫关闭，飞船在 2015 年 6 月 15 日重新进入地球大气层。作为 TRMM 的继任者，GPM 核心观测站于 2014 年 2 月 28 日启动，并提供了对微量降水和固态降水的改进估计（Hou et al.，2014；Kirschbaum et al.，2017）。这些产品有不同的时空分辨率和时序长度，数据资料来源于 TRMM 和 GPM 时代的多个传感器，使用的估算方法有 TRMM 的多卫星降水分析（TMPA）或 GPM 的集成多卫星的检索算法。各种版本的数据集在戈达德地球科学数据和信息服务中心（Goddard

Earth Sciences Data and Information Services Center，GESDISC）不断更新。大量研究表明，在卫星反演的降水产品中，TMPA 和 IMERG 系列产品对降水估计相对准确（Gao and Liu，2013；Shen et al.，2010）。

以往的工作对 TMPA 和 IMERG 系列降水产品的性能进行了评价，结果表明，这些降水产品具有较高的精度和适用性，在大多数研究区域具有广泛的应用前景，特别是 IMERG 系列降水产品在空间分辨率和小降水量监测方面均优于 TMPA 系列降水产品。然而，由于 IMERG 系列降水产品是在 2014 年之后才开始研发的，这些研究的研究周期短是一个很大的缺点。Su 等（2008）在南美洲拉普拉塔平原测试了 1998～2006 年的 TMPA 3B42 V6 数据，结果表明，日尺度 TMPA 3B42 V6 降水数据与观测数据具有较好的相关性，月尺度 TMPA 3B42 V6 降水数据与观测数据具有较好的相关性（r=0.95）。Asong 等（2017）在 2014 年 3 月 12 日～2016 年 1 月 31 日对加拿大南部不同陆地生态区的 IMERG V3 Final run 降水产品进行了评估，他们发现，IMERG V3 Final run 降水产品倾向于高估太平洋海洋生态区的月度高降水值。Li R 等（2018）认为，GPM 每日降水产品比近实时降水产品（早期和后期运行产品）提供更准确的结果，在水文和气候研究中被广泛采用。Tarek 等（2017）分析了 1998～2010 年的年尺度 TRMM 3B42 V7 数据集在孟加拉国的适用性，认为 TRMM 3B42 V7 数据与气象站实测降水数据吻合较好。Ma 等（2019）于 2014 年 4 月～2017 年 12 月对青藏高原 78 个气象站 IMERG V5 最终运行产品的精度进行了评估。他们指出，当 IMERG 降水产品的搜索算法在复杂地形和干旱地区得到改进时，可以提供更准确的降水数据。杨荣芳等（2019）在 2006～2015 年对京津冀地区 TRMM 3B43 V7 与台站观测年降水的相关性进行了检验，得到了 0.85 以上的皮尔逊相关系数，卫星降水数据在描述大尺度降水特征方面发挥了非常重要的作用。

然而，GESDISC 对 TMPA 系列降水产品的更新于 2019 年 12 月 31 日终止，IMERG 系列降水产品被视为替代产品，最新版本的 IMERG 系列降水产品可以追溯到 2000 年 6 月，其首次结合 TRMM 和 GPM 时代数据资料，并且可以同时应用于大多数领域。为了更好地了解最新数据集的性能，首要问题是确定与 TMPA 数据集相比，新产品的性能如何，是否能够成功接替 TMPA 系列数据集。自 IMERG V06 数据集发布以来，对其进行评价的研究很少，特别是在中国不同分区的长期、多时间尺度和不同季节的研究。例如，Anjum 等（2019）对天山地区的 IMERG V06 数据集进行了评价，但研究周期仅为 2014 年 6 月～2017 年 12 月。Yang 等（2020）评估了最新 IMERG V06 数据集在小时、日和月时间尺度上的精度，但仅在中国中东部丘陵地区双溪河流域进行了研究。

此外，以往多数研究发现，尽管 TMPA 和 IMERG 系列数据集性能良好，但仍存在可纠正的错误（Mahmoud et al.，2018；Darand et al.，2017）。一些最先进的研究主要通过卫星–轨距合并方法来修正卫星降水偏差（Bai et al.，2019；Wu et al.，2018）。前期研究发现，TMPA 和 IMERG 系列降水产品与地面观测降水具有良好的相关性（Liu et al.，2020；Wang et al.，2017）。因此，利用长期卫星和地面观测数据序列的相关性，在没有最新观测数据的情况下对卫星降水进行校正和预测，对于我国研究人员应用更准确的降水数据是一种完善和扩展。

3. 降水产品的评估

降水是水循环中最重要的驱动力，在各类气候要素中降水产品的数量和种类均居于首位，此外，水文模拟、天气预测、旱涝灾害预报、灌溉、水库调节等领域都离不开准确的降水数据，其至还需要高分辨率大尺度的降水数据，因而降水产品的准确评估与选用是一直以来的热门话题，目前，已经有很多学者对不同地区、不同种类的降水产品进行研究。

对于基于气象站观测的网格化降水数据，王芬等（2013）利用中国气象局的气象站 1979~2006 年的月降水实测资料对比分析了 APHRODITE、GPCC、CRU、CMPA 和 GPCP 共 5 套降水产品对云南及周边地区的适用性，由评估结果可知各套降水产品与实测产品的相关性、均方根以及空间分布差异；姜贵祥和孙旭光（2016）利用中国 756 个气象站观测降水，比较了 PREC、CRU、APHRODITE 和 GPCC 4 套降水产品在中国东部夏季降水变率中的差异；刘丹丹等（2017）运用经验正交函数（Empirical Orthogonal Function，EOF）分解、相关分析、气候倾向率和 Mann-Kendall 检验等方法评价了 GPCC 产品在东北地区的适用性，这些研究在参照数据方面仅选取了气象站而没有对多套产品进行互相关分析，此外，研究对降水的评估多基于误差、相关性以及空间特征和趋势分析，很少考虑到降水的频率分布情况，在研究方法上种类繁多但没有综合性指标。

关于卫星降水产品的评估，卫林勇等（2019）利用国家气象信息中心基于地面雨量计的逐日降水分析（China Gauge-based Daily Precipitation Analysis，CGDPA）产品，运用分类度量方法和 4 个评价指标，评估了 CHIRPS、PERSIANN-CDR、CMORPH-BLD、TMPA 3B42 V7 等卫星数据产品在中国 5 个省份、在各尺度下的精度表现；Sun 等（2018）在全球范围内对所有的基于卫星观测的降水数据产品进行了汇总，并评价了它们的精度特征，其中 PERSIANN-CDR 在热带区域内具有更高的精度和可校正性以及较长的时间范围，可用于监测气象干旱；Beck 等（2017a）对 2000~2016 年的 22 个网格化全球日降水数据集进行了全面评估，在未校正的降水数据集中，基于卫星和再分析的多源加权集合降水数据集 MSWEP V1.2 和 MSWEP V2.0 通常显示与观测值具有最佳的时间相关性；邓越等（2018）基于 824 个气象站点 1979~2015 年的数据评估了 MSWEP 数据集在中国的精度，其在月尺度上具有较好的相关性，且在四季内的空间分布特征与实测结果较为一致；Xu 等（2019）评估了 MSWEP 数据集在中国的适用性，发现该数据在月尺度下与气象站实测数据在时间上的表现高度吻合，并且在干旱监测方面具有很高的潜力，除此之外，CHIRPS V2.0（时间分辨率为 1981 年至今）数据集也是不错的替代品。

对于再分析产品的评估，王宗敏等（2021）比较了 MERRA-2 再分析产品与 TRMM 和 GPM 遥感降水产品在海河流域的适用性，选取了流域内 57 个气象站点 2014~2018 年的日尺度数据作为参照，发现 MERRA-2 再分析产品的表现优于 TRMM 遥感降水产品。蓝玉峰等（2020）利用 1980~2017 年的气象站降水资料评估了目前应用较为广泛的 3 套再分析产品 JRA-55、ERA 和气候预测系统再分析（Climate Forecast System Reanalysis，CFSR），检验了 3 套产品在华南地区的年际、时空变化，发现 JRA-55 产品更适合对夏季和秋季降水特征进行捕捉。

此外，对于三种类型降水产品的综合评估，孙赫和苏凤阁（2020）在雅鲁藏布江分析了基于站点插值的中国气象局降水数据和 APHRODITE 产品、基于卫星遥感的 PERSIANN-CDR 和 GPM 产品以及基于再分析的全球陆面数据同化系统和高精度分析产品的时空变化，选取了气象站资料作为参照，并利用水文模型评估了它们对流域径流模拟的能力。Sun 等（2018）全面总结了基于气象站、卫星和再分析三类产品的构建原理与发展历程，对它们的精度在全球范围内做了评估，并分析了它们在不同季节下的效用，这些综合评估没有考虑各类产品的更新，所选用的评估产品没有包含最新一代如基于卫星的 IMERG V06 和再分析的 ERA5，其次对于中国各分区的比较研究较少。

4. 基于多源降水产品的气象干旱监测

气象干旱的主要影响因素为降水和温度，降水起主导作用，温度通过影响蒸发来引起水分变化。气象干旱指数经历了从单一考虑降水要素阶段，到考虑温度影响的蒸发阶段，现在发展到考虑多气象指标的综合气象指数阶段。20 世纪初，主要通过降水变化来监测气象干旱，其指标主要有假定年降水量服从正态分布，通过降水量标准差来划分干旱等级的标准差指标；根据某时段降水量与历年同时段的均值的距平百分比来划分等级的降水距平百分率指标；将假设某时段服从 Pearson-Ⅲ型分布的降水量正态化处理得到以 Z 为变量的概率密度函数值划分干旱等级的降水 Z 指数等（姚玉璧等，2007）。

Bhalme 和 Mooley（1980）提出了考虑年内降水量分配的 Bhalme-Mooley 干旱指数（BMDI），弥补了简单指数计算精度不高的缺陷。McKee 等（1993）明确提出基于多时间尺度上计算降水概率分布，得到了标准化降水指数（SPI）指标。Tsakiris 等（2007）增加了蒸散因素，研发了基于潜在降水和蒸散累积的干旱侦测指数（Reconnaissance Drought Index，RDI）。Palmer（1968）不仅考虑了降水、蒸散因素，还综合考虑了土壤水分供给、径流及地表土壤水分损失等因素，发明了影响因素最全面的旱情指标帕默尔干旱指数（Palmer Drought Severity Index，PDSI），该指数从概率学角度确定了干旱的起止时间和强度，在国内外得以广泛运用。然而，传统 PDSI 通常具有较差的可移植性和空间可比性，面对这一挑战，Wells 等（2004）提出了一种自校准的 PDSI（Self-calibrated PDSI，scPDSI），它可以根据当地气候自动调整持续时间因子和修正权重，scPDSI 经常用于与气候变化和全球变暖相关的研究中（Wang Z et al.，2018）。Pongracz 等（1999）引入概率因子对 PDSI 进行修正，建立了 Palmer 修正干旱指数（Palmer Modified Drought Index，PMDI）。此外，Yao 等（2010）开发了长期大尺度的反演土壤表层水分的蒸发干旱指数（Evaporative Drought Index，EDI）。Vicente-Serrano 等（2010）利用 SPI 的原理，考虑了温度的影响，通过将蒸散量（ET）估计值纳入 SPI 结构中，得到了标准化降水蒸散指数（Standardized Precipitation and Evapotranspiration Index，SPEI），该指数既继承了 SPI 多尺度灵活的特点，又弥补了 SPI 未考虑温度影响的不足，成为近期较有代表性的气象干旱指数，且与作物产量有较高的相关性，其由于考虑温度变化的特性，可以用来分析全球气候变化对干旱的影响。Kim 和 Rhee（2016）结合实际蒸散量，根据 Bouchet 假说和 SPEI 的结构进行估算，开发出完全基于实际蒸散量的标准化蒸散亏缺指数（Standardized Evapotranspiration Deficit Index，SEDI），该指数不仅与依赖降水的指数间有较高的时间相关性，还可以很好地识别植物或农业干旱，因此具有很高的发展潜力。

目前，大多数的干旱监测均基于地面气象站观测资料，为点尺度监测，难以监测大尺度干旱和分析干旱的空间特征，因而基于高分辨率格网气象数据的干旱监测成为全面了解旱情的重要手段。降水作为气象干旱的主导因素，高分辨率降水产品在气象干旱监测中的适用性成为众多学者的研究热点。张学君等（2020）通过误差校正的方式拼接了卫星产品 TMPA-RT 与地面观测产品 CN05.1，获得了1961～2016 年的长时间序列格网降水产品，计算了不同时间尺度下的 SPI，监测了辽宁省的旱情，发现该格网降水产品可以合理监测旱情且估算干旱面积。陈少丹等（2018）以河南为例，基于 SPI 评估了 TRMM 3B43 月度产品在不同时间尺度下的干旱监测能力，对比了站点实测数据与格网降水产品计算的 SPI 间的相关性，分析了历史干旱事件，证明了 TRMM 系列降水产品具有能够替代站点数据监测干旱的能力。任立良等（2019）以基于雨量站的降水数据 CGDPA 和基于彭曼公式利用气象站数据计算的空间插值蒸散数据为参照，以 SPEI 作为干旱监测指标，评估了 CHIRPS 降水数据和全球土地蒸发阿姆斯特丹模型（Global Land Evaporation Amsterdam Model，GLEAM）蒸散数据对中国干旱的监测效用，结果表明，基于 CHIRPS 和 GLEAM 产品计算的 SPEI 可以很好地监测中国东部、西南部的旱情。

此外，Lai 等（2018）选用中国南方湿润地区的一个中型盆地为研究区，探讨了两种长期卫星遥感降水产品 PERSIANN-CDR 和 CHIRPS 对水文干旱监测的适用性，以标准径流指数（Standardized Streamflow Index，SSI）为例，利用基于格网的新安江水文模型生成基于卫星遥感降水产品模拟的流量，结果表明，两种卫星遥感降水产品均可适用于水文干旱监测，但 CHIRPS 更好一些。Alijanian 等（2019）比较了 PERSIANN-CDR 和 MSWEP 降水产品在伊朗地区不同分区下干旱分析方面的性能，对不同时间尺度下 SPI 的反演精度进行评价，为伊朗地区干旱评估资料的选用提供了参考依据。Bai 等（2020）利用 scPDSI 和 SPEI，选用中国月降水量分析产品（China Monthly Precipitation Analysis Product，CPAP）作为参考，评价了 PERSIANN-CDR 和 CHIRPS 降水产品在中国各农业区对气象干旱监测的效用，结果表明，基于格网降水产品的 scPDSI 指标比 SPEI 指标的精度更差。

1.2.2 气候变化和人类活动对旱涝的影响

1. 干旱的发展过程

气象灾害在全球自然灾害中所占的比例为 70%，其中干旱灾害在全球气象灾害中占 50%左右。在全球陆地总面积中，干旱及半干旱地区面积所占比例约为 35%（Tannehill，1947），干旱既发生在干旱半干旱地区，也可能发生在湿润地区（Chen and Sun，2015）。2010～2017 年全球干旱所造成的经济损失平均为 231.25 亿美元/年，远比其他气象灾害所造成的损失要多（Buda et al.，2018）。中国是干旱灾害发生频率最高且受旱面积最广的国家之一，长期发生大范围的干旱灾害，农作物的年平均受旱面积达到 2.09×10^7 hm^2，最高可达 4.05×10^7 hm^2；年平均干旱成灾面积达 8.87×10^6 hm^2，最高年份可达为 2.68×10^7 hm^2，粮食产量的下降从几百万吨逐年增长到 3000 多万吨，干旱的年直接经济损失高达 440 亿元（Buda et al.，2018）。可见，旱灾严重威胁国家的粮食安全和社会稳定。

　　早期由于降水等资料的缺乏，干旱的研究工作具有一定的局限性，学者多以史料记载、群众经验及少量的降水资料为依据，从干旱的现象和特点开始研究，分析干旱的特征及其危害性。后来随着观测网站的逐步完善和监测手段的不断进步，对干旱时空变化特征的研究获得了一系列成果，发现区域干旱的发生频率高、影响大，虽然大范围的干旱发生频率低，但危害十分严重。例如，1900 年、1928～1929 年、1934 年、1956～1961 年和 1972 年我国出现了大面积的干旱，发生频率约为 11%，且大多数发生在我国北方地区（任瑾和罗哲贤，1989）。进入 21 世纪，干旱在我国北方地区发生次数较多，而且我国南方地区干旱的发生频率也存在增加的趋势，其中季节性的干旱表现最为显著（韩兰英等，2019）。Wang 和 Li（2018）的研究结果表明，我国持续性干旱在北方地区的发生概率远远大于南方地区，而且干旱的受灾面积呈增加趋势，农作物的受灾面积也随之上升（马柱国和任小波，2007）；进入 21 世纪以后，重大干旱事件也明显增多（Wang et al.，2011）。

　　干旱的发生具有时空变异性，而干旱的形成机制具有复杂性，致使得出的很多结论都只是定性甚至有些模糊（王绍武和赵宗慈，1979）。20 世纪 80 年代，学者们深入研究干旱的形成机理和变化规律，逐渐认识到大气环流异常会对某个区域的干旱产生影响；植被退化、积雪增加和土地利用等陆面因子会导致干旱，青藏高原的动力和热力过程会对东亚干旱事件产生影响，海温异常对干旱事件有一定影响；人类活动改变地表状况，间接对区域的干旱造成影响（张强等，2020）。进入 21 世纪以来，研究者们对干旱灾害风险的发展过程展开研究，提出了一个干旱灾害风险形成机理的新概念模型（张继权等，2013），基于风险因子等评估方法对干旱灾害风险进行评估（尹占娥，2012），发现干旱灾害危险性表现为北高南低的格局（费振宇等，2014）；近十年来，骤发性干旱（简称骤旱）受到了学术界的大量关注，研究表明，骤旱与传统的持续性干旱既存在共同特性又有其自身的特点（Zhang et al.，2017）。

2. 干旱指数

　　为便于对干旱进行分析、量化干旱严重程度和进行干旱的监测、预报，学者们提出了很多干旱指数。一类是未经过标准化的干旱指数，包括干燥度（Budyko，1974）、水分亏缺/盈余（D）（Vicente-Serrano et al.，2010）、降水距平百分率（Pa）（Rooy and Van，1965）、比湿干旱指数（Sahin，2012）和 UNEP 指数（UNEP，1993）等。这些非标准化干旱指数可以通过气象数据简单地计算得到，但是它们对于干旱等级的分类不同，没有一个统一的标准，无法将不同的非标准化干旱指数进行对比。为了解决这个问题，学者们提出了标准化干旱指数，到目前为止，常用的标准化干旱指数有：地表水供应指数（Surface Water Supply Index，SWSI）（Shafer and Dezman，1982）、十分位数（Gibbs，1967）、作物水分指数（Crop Moisture Index，CMI）（Palmer，1968）、帕尔默干旱指数（PDSI）（Palmer，1965）、标准化降水指数（SPI）（McKee et al.，1993）、植被条件指数（Vegetation Condition Index，VCI）（Liu and Kogan，1996）和标准化降水蒸散指数（SPEI）（Vicente-Serrano et al.，2010）等，虽然标准化干旱指数计算较为复杂，但是它们对于干旱等级的分类相同、具有可比性。不同的标准化干旱指数有各自的优缺点。例如，既能反映气象干旱，又能对农业干旱进行评价的标准化干旱指数有 PDSI、SPI 和 SPEI，其中 PDSI 的优点是它适用于不同的气候区域，并且能够较好地反映长期干旱，但是 PDSI 尺度单一，不能表征多尺度的干旱情况，于是 McKee 等（1993）提出了 SPI，SPI 计算较为简单，又能表征多尺度不同类型干旱。然而，SPI 只考虑了水分供给且忽略了地表水分需求。为弥补这个缺陷，Vicente-Serrano 等（2010）提出 SPEI 来反映干旱严重程度。通过对多种干旱指数的对比发现，SPEI 用于干旱的评估、监测及预报性能很好（庄少伟等，2013），因此近年来 SPEI 已在世界范围内被广泛应用。

3. 大气环流对干旱的影响

在区域和全国范围内，干旱与大气–海洋异常环流之间存在潜在联系（Asong et al.，2018）。大气环流广义上是大气在一定范围内的运行情况，如某一区域或者某一大气层的大气长时间运动的平均状态，或某一时段大气运动的变化过程（朱抱真，1984）。其形成原因主要是地球自转、大气内部南北之间热量和动量的相互交换、地球表面海陆分布不均匀和太阳辐射。按成因可将大气环流分为大气类、海温类和其他类。大气环流的强度通常用环流指数来表示，其值越大，表明强度越大。全球大气环流的变化和异常存在相关性，一个区域的环流异常可以引起距离遥远的另一个区域的环流异常，这种距离遥远的大气环流变化与异常间的相互关联称为遥相关，是低频的、重复的、持续的、大规模的压力和环流异常模式（Feng et al.，2020a）。

在大气环流与干旱之间关系的研究中，部分研究者通过降水和温度等气象要素来描述干旱，进而分析其与环流指数之间的关系。研究发现，在东亚夏季风较弱的年份，我国华北区域西太平洋副热带高压位置偏南，导致降水量具有减少趋势，从而造成干旱（张庆云等，2003）。Tan 等（2017）研究认为，我国西南地区降水不足主要是北极涛动（AO）转为负相位和较为频发的厄尔尼诺现象，尤其是发生在太平洋中部的厄尔尼诺现象导致的。中亚及东亚夏季的干湿状况受到南亚季风的影响（Zhao et al.，2014）。此外，海洋作为水汽的主要发源地，可通过改变东亚地区季风、西风带等气候系统影响水汽输送的强弱、路径、来源及汇合地等，从而对东亚地区干旱产生影响（Xing and Wang，2017；Zhang et al.，2016）。

然而，在全球变暖的大趋势下，仅通过降水和温度来描述干旱，进而分析其与环流指数之间的关系不够全面（温家兴等，2016；王莺等，2014）。在此基础上，环流指数对干旱的影响方面的研究逐步得到扩展和重视。例如，刘蕾和张鑫（2015）在对我国青海省干旱的研究上，用 SPI、海表温度距平（Sea Surface Temperature Anomaly，SSTA）指数和南方涛动指数（Southern Oscillation Index，SOI）进行了谱分析和相关分析，结果表明，正相位的 ENSO 对青海省东部农业地区干旱的影响程度比负相位的大。苏宏新和李广起（2012）采用交叉小波分析法分析了北京地区 SPEI 与 NAO、太平洋年代际振荡（Pacific Decadal Oscillation，PDO）、ENSO 和 AO 指数之间的相关性，发现它们之间显著相关。Wang 等（2020）利用交叉小波分析法分析了我国华北地区的干旱指数 GGDI（GRACE-based Groundwater Drought Index）与环流指数之间的关系，发现 ENSO 对华北平原地区的干旱影响较大。沈晓琳等（2012）分析了 2010 年秋冬两季发生在华北地区的连续性干旱，发现这次极端干旱事件是由同一时期 AO 指数的负相位和拉尼娜事件共同影响的。Zhang 等（2013）对我国黄河流域的旱涝进行研究，结果表明，北大西洋海表温度（SST）和 NAO 影响该流域的旱涝演变模式，且影响北方大多数地区的东风异常，从而引起反气旋，进而使得降水减少和干旱程度增加。Forootan 等（2019）研究发现，ENSO 对澳大利亚大部分地区和亚洲北部的水文干旱影响较大，印度洋偶极子（Indian Ocean Dipole，IOD）指数和 NAO 对水文干旱的影响具有区域性。此外，Ummenhofer 等（2011）也研究发现，澳大利亚南部干旱的发生不仅受 IOD 的影响，而且 ENSO 也是该地区干旱的驱动因子。Kim 等（2016）研究发现，1976～2013 年朝鲜半岛的春季干旱受 NAO 的影响，因此可以通过研究 NAO 的变化情况来预测未来春季干旱的变化情况。此外，Dezfuli 等（2010）分析了 SOI 和 NAO 与伊朗西南部地区气象干旱之间的关系，发现 SOI 与秋季降水在 6～8 月表现为显著负相关，10～12 月 NAO 与春季干旱的皮尔逊相关系数大于 0.5，而且 SOI 和 NAO 对冬季干旱的影响不存在滞后性。

4. 干旱驱动机制

以往对干旱驱动因子的研究较多，影响干旱的主要驱动因子分为气候变化和人类活动两大类。例如，在气候变化的影响方面，Zavareh（1999）采用海–气耦合全球气候模式（Global Climate Models，GCMs）在 CO_2 增加条件下进行模拟，结果发现，澳大利亚东部地区在温室效应加强时会导致干旱持续时间延长、干旱强度增大。游珍和徐刚（2003）以秀山县为例，定量分析了人类活动对该地区农业干旱的影响，发现人类活动对该地区农业的影响在 20 世纪 60 年代、70 年代、80 年代、90 年代的影响程度分别为 27.9%、–6.8%、–15.3%和–39.4%，且该地区的农业旱情先加剧后缓解。在人类活动的影响方面，Kirono 等（2011）利用 14 种 GCMs 模拟了温室效应强度增加情况下，澳大利亚干旱程度的变化特征，结果表明，干旱面积和干旱频率在大多数地区有增加的趋势。

由于旱灾对国家粮食安全和社会稳定造成巨大威胁，因此对干旱进行预测对于防灾减灾极有必要，对干旱的预测可以为决策者提供干旱应对策略，从而减少干旱所造成的损失。一般来说，干旱预测有三种方法：统计方法、动态方法和混合方法（Pozzi et al.，2013）。樊高峰等（2011）基于支持向量机模型预测浙江省秋季的干旱情况，研究发现，该模型能够直接准确地进行干旱预测。刘代勇等（2012）采用灰色系统理论方法预测华县地区干旱情况，结果表明，该地区发生干旱的年份分别为 2012 年、2013 年、2019 年、2020 年。董亮等（2014）采用多元线性回归方法建立了四种西南地区秋季干旱与环流指数的预测模型，发现非线性模型在干旱预测方面的效果好于线性模型，欧亚及亚洲经向环流、大西洋和北非副热带高压、北半球极涡等是西南地区的主要致旱因子。Li 等（2019）采用 28 个 GCMs 集成，对我国552 个气象站点的极端干旱情况进行了长期预测，结果表明，发生极端干旱的次数具有一定的上升趋势。此外，Feng 等（2019）也基于 28 个 GCMs 模型，估算了在具有代表性的浓度途径（the Representative Concentration Pathway，RCP）8.5 情景下，未来干旱特征受澳大利亚东南部小麦带气候变化的影响，发现环流指数对干旱的影响存在滞后性。Yao 等（2019）采用 28 个 GCMs 数据，预测了 2011～2100 年RCP4.5 和 RCP8.5 情景下 12 个月尺度的 SPEI 值，同时对 7 个气候分区和全国未来时期的干旱演变规律进行了分析，结果表明，干旱站点百分比、干旱频率、干旱事件发生次数、干旱历时、干旱严重程度和干旱峰值时空变化都表明，未来我国，尤其西北地区干旱更加严重、频繁。Feng 等（2020a）通过大尺度的气候驱动因子预测澳大利亚小麦生长季的气象干旱状况,结果显示,NINO3.4 区海温和多变量 ENSO是主导整个小麦带生长季干旱状况最重要的指数。

5. 社会经济发展和人类活动对干旱的贡献度

早期对干旱的影响研究主要集中在气候变化角度，但是近年来随着经济的迅速发展，很多学者通过研究发现，社会经济发展和人类活动对干旱也存在一定的影响，且影响不能忽略。

　　人类活动使地表状况发生变化，从而改变地–气能量、动量和水分交换，进而间接对区域性干旱产生影响（Findell et al.，2007）。此外，诸如灌溉、土地利用和地表覆盖的改变以及城市化和工业化之类的人类活动对水资源有重要影响，从而对干旱产生一定的影响（Mann and Gleick，2015；Sheffield et al.，2012）。Sherwood和 Fu（2014）的研究结果表明，过度地进行土地垦田、放牧及地下水开采等会造成土地退化和严重的生态环境问题，这种现象在半干旱地区尤为明显，在退化的土地上的干旱表现出正反馈作用，从而使得干旱更加严重。此外，类似的正反馈机制在东非的干旱半干旱地区也有发生。Charney（1975）在研究北非大旱与人类活动的关系时，通过对陆–气相互作用的正反馈致旱机制的模拟，发现了这种正反馈机制。何旭强等（2012）研究表明，人类活动可以直接影响径流量，从而间接对干旱产生影响；人类活动对黑河上游径流量的增大和中游径流量的降低分别贡献了 40.29%和 74.77%。年雁云等（2015）指出，对黑河水源的拦截、工农业用水的需求量提高以及对土地不合理的利用，会直接影响河流上游的来水量，同时也造成了下游生态环境的恶化，最终使西居延海和东居延海干涸。人类活动用水导致的湖泊面积减少和水位下降对干旱也会产生一定的影响（周驰等，2010）。另外，大气中颗粒物浓度的上升受到太阳辐射和散射作用的影响，同时在云的催化作用下，改变云的密度分布和降水效率，可以影响到大气中的热量和水汽以及陆面水文和生态过程。一般在较干旱地区，颗粒物浓度的增加使降雨减少、干旱进程逐渐加快（Lin et al.，2018；Fu and Feng，2014）。

1.2.3　气候变化和人类活动对极端水文气象事件的影响

1. 极端降水事件研究进展

　　极端降水事件可从不同角度定义。从极端降水事件变化的相对敏感性出发，Katz 和 Brown（1992）认为，降水在一定时期内超过了一定阈值，而这种变化又超过了气候变化的平均敏感性，且降水事件越极端，这种敏感性就越大。胡宜昌等（2007）认为，在较长时间范围内，极端降水事件的平均状态相对于普通降水事件的平均状态要更加极端，可认定为极端降水事件。

　　极端降水事件的特征可以采用相应的极端降水指数（Extreme Precipitation Index，EPI）来反映（Shawul and Chakma，2020；蔡敏等，2013）。气候变化探测和指数专家组提出了 11 个极端降水指数（Alexander et al.，2006），主要包括以下几类：从极端降水事件发生频率角度看，强降水日数 R10、特强降水日数 R20 等指数表征了不同降水量发生的日数；从分位数阈值角度看，大于 95 分位数的总降水量（R95p）和大于 99 分位数的总降水量（R99p）则能克服固定阈值不足的缺点；从发生降水持续时间角度看，连续干旱日数（Consecutive Dry Days，CDD）和连续湿润日数（Consecutive Wet Days，CWD）能很好地反映干旱或者降水的连续性；从某日或者某段时间的降水极值角度看，最大 1 日降水量（Rx1day）和最大 5 日降水量（Rx5day）则能很好地反映一次强降水过程所带来的灾害影响。此外，从时间角度看，年、季和月尺度能够表征短期或长期极端降水的特征；从空间角度看，从小尺度再到大尺度能够让我们对极端降水的空间分布有充分的了解。针对降水量、降水频率和降水强度等特征，国内外研究学者也开展了不少研究（Xu et al.，2021；Cheng et al.，2019；孔锋等，2019）。

从全球极端降水变化特征来看，降水量较为丰富的湿润地区发生的极端湿润事件更多，而降水量较少的干旱地区则面临更频繁的极端干旱事件（Chen et al.，2017）。Alexander 等（2006）根据全球 600 多个降水观测站的数据分析了极端降水的变化，结果显示，极端降水指数呈现复杂的时空变化趋势，除连续干旱日数（CDD）和连续湿润日数（CWD）外，大多数降水指数呈现显著增加的趋势，且主要分布在湿润地区。Donat 等（2017）分析的结论则有所不同，他们认为干旱地区的湿润日降水总量（Total Precipitation from Days ≥ 1 mm，PRCPTOT）和 Rx1day 均呈现显著增加趋势，而湿润地区这两个指数的变化则相对较小。尽管人们有关降水总量变化的研究存在不确定性，但在过去 60 年中，在观测和气候模型中日平均降水量都呈快速增加趋势，而根据气候预测结果，21 世纪其余时间的最大 1 日降水量将持续加剧（Donat et al.，2017）。翟盘茂等（2007）针对我国北方 1951～1999 年极端降水的变化规律进行了研究，结果表明，极端降水事件在华北大部分地区呈现减少的趋势，但在西北地区却呈现增加的趋势。杨金虎等（2008）分析了我国 1955～2004 年极端降水的时空变化特征，结果发现，湿润类极端降水指数在东北、西北和华北大部分区域呈现减少的趋势，而在西部、长江中下游流域以及华南区域呈现增加的趋势。此外，全国范围内年极端降水量和极端降水日数增加，说明国内极端降水事件的影响将越来越大。从季节尺度的差异来看，我国 90%以上的极端降水事件发生在 4～9 月，而 10 月到次年 3 月则容易出现旱情。从空间的变化趋势来看，长江中下游、华南、西南和西北区域的极端降水指数呈现明显增加的趋势，而东北和华北地区变化不大（Fu et al.，2013；Xu et al.，2011）。

此外，我国极端降水指数（除 CDD 以外）的空间分布与年降水总量的空间分布具有相似的特征。湿润类极端降水指数呈由东南沿海向西北内陆递减的格局，降水空间分布差异较大（武文博等，2018；Chi et al.，2015）。蔡敏等（2007）研究了我国东部地区 1953～2002 年极端降水指数的空间分布规律，结果表明，极端降水指数呈东南大、西北小的空间格局，且高值主要在两湖盆地、黄海海湾及辽东半岛等地区。袁文德等（2014）对我国西南地区极端降水事件进行研究发现，湿润日降水总量（PRCPTOT）、降水强度以及最大 5 日降水量（Rx5day）均呈现出由东南地区向西北地区递减的趋势。

频率分析可为探究极端降水特征提供参考，国内外有关极端降水频率方面的研究成果较多。李占玲等（2014）发现，广义帕累托分布（General Parato Distribution，GPD）能够很好地拟合黑河流域极端降水的分布特征，结果显示，20 世纪 60 年代是极端降水事件的高发期，而 20 世纪 70 年代和 80 年代则较少。从空间分布来看，黑河下游地区发生的极端降水事件最多，面临的洪涝风险最大。郑泳杰等（2016）采用 5 种概率分布模型对淮河流域 43 个气象站的极端降水频率进行分析，结果发现，该流域站点极端降水的概率分布模型差异较大，具体时空变化方面的差异也较大，北部地区极端降水发生的时间集中在 7 月下旬，而南部地区则稍早于北部地区。Norbiato 等（2007）基于指数变量法和 L-矩的区域频率分析方法，对意大利东北部 Friuli-Venezia-Giulia 地区的短时年最大降水量进行了分析，结果表明，基于 Kappa 分布的区域增长曲线为降水频率分析提供了很好的框架。

2. 大气环流对极端降水事件的影响及定量模拟预测

1）大气环流对极端降水事件的影响

大气环流可以为气候变化提供相应的背景支撑，当大气环流变化异常时，降水就会发生变化，进而对全球气候产生重要影响（Lu et al.，2014）。有证据表明，SST 指数的变化将带来全球气候模式的变化，赤道以南和以北的降水和水汽都不同程度地增加，该区域的这种变化主要受环流驱动的影响，其次才受人类活动的影响（Gu and Adler，2013）。有许多研究学者指出，环流指数与降水之间存在一定的相关性（孙从建等，2020；Mallakpour and Villarini，2016）。Deng 等（2018）分析了 NAO 指数、SO 指数、PDO 指数和 IOD 指数对我国极端降水频率和强度的影响，结果显示，环流指数对极端降水频率的影响更大，且除华南地区外，全国大部分地区受 IOD 指数影响的滞后时间为 1 年。当西太平洋副热带高压面积指数长时间处于较高的值时，我国东南沿海地区的降水也会更频繁且强度更大（Ding et al.，2008）。对于国外而言，ENSO 指数的变化是热带印度洋区域气候变化的主要因素之一，Mishra 等（2020）发现厄尔尼诺和印度季风相互耦合，使极端干旱增加了 1.5 倍，但当夏季风增加 10%左右时，降水的频率也会随之增加。Lenters和 Cook（1999）发现，在厄尔尼诺期间，南太平洋辐合带的东移现象可能会带来增强的锋面活动，导致安第斯山脉中部凉爽、干燥和对流等情形。

在区域尺度上，王蕾（2015）使用耦合模型相互比较第 5 阶段模式（the Fifth Stage of Coupled Model Intercomparison Programme，CMIP5）对环流指数进行模拟评估，结果发现，4 种东亚大气类环流指数与长江中下游地区的降水之间的相关性很好。郝姣姣（2020）在分析环流指数对辽宁中部地区极端降水事件影响的过程中发现，NAO 指数是影响该地区极端降水指数较为显著的环流指数，并且夏秋两季的相关性最高。不仅如此，孙伯才（2020）利用北京朝阳区近 60 年的降水数据计算了该地区 10 项极端降水指数，通过相关性分析发现，NAO 对该地区 Rx1day 和降水强度（SDII）有较为明显的影响。陈星任等（2020）通过分析几项环流指数对中国区域极端降水影响的过程发现，不同环流指数影响的区域差异性较大，如内蒙古、新疆和青藏地区受到西太平洋副热带高压强度指数的影响较大，而我国东部地区则受到西太平洋暖池/副热带高压强度指数的双重影响，其他学者也同样发现这一规律（Huang et al.，2017；Sui et al.，2013）。当然，在有些情况下，环流指数不会直接对降水产生影响，而是通过中间纽带作为一种传递机制。吴丹（2018）发现环流指数的异常变化会引起热带气旋出现变性过程，最终引起降水时空分布的差异性。一般某区域在经历一轮强降水过程之前都会有一个"酝酿"的过程，水汽输送环境和冷暖空气的交汇需要通过各种环流指数的驱动才能形成，最终达到临界值便形成降水（董春艳等，2011）。此外，当某些环流指数出现异常偏高时，同样会对某些区域带来高温热浪天气，进而影响降水的形成和转化（陈敏等，2013）。Chen 和 Cayan（1994）利用大尺度大气–海洋环流模式设计了相应的统计方法来模拟美国东南部各个区域的降水和温度变化。结果表明，环流模式变化带来温度异常变化，最终引起降水时空变化的差异。

2）极端降水事件的定量模拟及预测

极端降水造成的极端旱涝事件影响广泛，如 2016 年的南方强降水过程导致多次洪水和地质灾害发生（Li C et al.，2018）。对区域未来几个月极端降水进行定量分析及预测，有利于有关部门制定专项措施加以防范，从而降低极端降水事件带来的风险。目前，有关极端降水定量分析预测的方法有很多，一般分为两类，即动力模式和统计模式。研究人员采用了耦合模型相互比较（CMIP5 或 CMIP6）计划预测未来极端降水（Zamani et al.，2020；Smalley et al.，2019），如 Yin 等（2016）对比分析了 1961～2000 年和 2001～2050 年黄淮海地区极端降水在不同重现期的变化规律，结果显示，在 20 年和 50 年重现期下，该地区的极端降水都将呈现显著增加的趋势，部分地区的增幅可能超过 30%。吴佳等

（2015）采用 24 个 CMIP5 模式模拟了我国未来不同升温情景下的极端降水，结果显示，极端降水指数 R99p 和 R95p 在未来呈现不同程度的增加趋势，且在青藏高原和西南地区尤为显著。

近年来，随着机器学习在各个领域的应用越来越广泛，不少学者将其应用于临时预报（Han et al.，2017；McGovern et al.，2017）。例如，Shi（2020）采用机器学习方法实现智能动态降尺度，通过对三个亚热带/热带地区的数据进行训练，用卷积神经网络保留了 92%～98%的极端降水事件。钟海燕（2019）分别采用支持向量机、梯度提升树和极限提升树作为机器学习方法，通过对预测结果的对比发现，极限提升树在短时极端降水的预测中效果最好。

此外，不少研究学者采用环流指数作为预报因子，构建了环流指数与极端降水之间的关系（Ullah et al.，2021；Wang and Zhang，2008）。程玉琴等（2003）采用 5 项环流指数作为预报因子，通过构建多指标集成法较准确地预测了赤峰地区 7 月的干旱和洪涝灾害。Feng 等（2020b）采用来自太平洋、印度洋和南大洋的多个环流指数来开发季节性降水的预测模型，结果显示，在四个季节运用随机森林方法对季节性降水预测的效果分别达到了 28%、167%、219%和 76%。Hartmann 等（2008）利用主成分分析方法将长江流域划分成 6 个区域，然后利用神经网络技术输入 1993～2000 年 5～9 月的环流指数并将其作为自变量，同时预测了该流域 2005 年 5～9 月的降水情况，结果显示，神经网络技术能够很好地解释该流域极端降水的变异性，6 个区域中有 5 个达到了 77%以上的预测精度。陈红（2013）利用 5 项环流指数与极端降水事件频率之间的相关性分别确定了最大相关性对应的月份，并构建了环流指数与极端降水事件频率的多元线性预测模型，模型的皮尔逊相关系数可达到 0.67，预测效果较好。

3. 人类活动对极端降水事件的影响

从 20 世纪初至今，人类社会发生了翻天覆地的变化，同时也给全球气候带来了巨大影响。在社会快速发展的背景下，人类活动会导致温室气体、土地利用类型以及水文循环的变化，进而影响到全球或区域极端降水强度、持续时间和频率等方面的变化（Zhang and Zhou，2019；Westra et al.，2013）。在全球尺度上，当全球温度升高 2℃时，人类活动对极端降水的贡献度达 40%左右，一些罕见的极端天气事件大部分是由人类活动引起的（Fischer and Knutti，2015）。Zhang 等（2013）对 1951～2005 年北半球陆地表面的 Rx1day 和 Rx5day 影响因素进行分析，结果发现，人类活动的影响使北半球各站点的 Rx1day 平均增加了 3.3%。沙祎等（2019）通过分析人类活动对极端降水趋势的影响，结果发现，人类活动在不同时段不同分区对极端降水的影响具有较大的差异性，但可以肯定的是，人类活动影响程度越大，降水的极端特性就越强。人类活动除了给城市地区带来更多高楼大厦外，在乡村区域也会通过植树造林活动增加植被覆盖率，进而对区域降水产生影响（Layton and Ellison，2016）。韩丹丹（2020）通过分析黄土高原归一化植被指数对气候的影响发现，植树造林活动使当地的植被覆盖增加，而极端降水并未发生明显变化，表明有益于生态恢复的植树造林活动能很好地缓解极端气候事件。

具体而言，目前用于表征人类活动所采用的指标不尽相同，其目的都是表征人类活动的影响程度。例如，不少研究学者采用人口、GDP、温室气体排放量或城市化水平等作为人类活动指数（Zhang et al.，2019；Rosa and Dietz，2012）。Lin 等（2020）计算了一定范围内建筑物的比例，进而将中国划分成 20 个不同城市化水平的城市群，最终分析各个城市群的城市化过程对极端降水事件的影响，结果表明，城市化对沿海地区的极端降水事件影响不大，但对中西部地区极端降水事件有加剧的影响。随着人口不断涌入大城市，当地人口和 GDP 都将实现快速增长，随之而来的城市化建设便会增加更多的城市土地面积（Paula et al.，2020）。相比于农村地区，当城市地表热量反射率增加时，夏季城市地区发生极端降水的频率和强度都将显著增加（Wu et al.，2019）。焦毅蒙等（2020）通过分析代表人类活动水平的人口、GDP 以及夜间灯光数据，将北京地区划分成城市和乡村，结果显示，城市地区极端降水虽然增加不显著，但却比乡村地区有更多极端降水事件。此外，人类活动导致温室气体排放，有学者检测到极端降水增强背后温室气体的影响（Paik et al.，2020）。Rush 等（2021）通过构建气候模型，模拟了全球 CO_2 上升的热效应对极端降水事件的影响，结果显示，大西洋中部海岸的模拟值和观测值一致，这也间接表明了 CO_2 的增加导致平均和极端降水的增加。当全球范围内的温室气体增加而导致温度上升时，大气对水汽的容纳能力以及水汽本身的输送能力都将增加，这样就会导致地球越来越"湿润"，而这种影响在时空尺度上都存在一定差异性（Carmichael et al.，2018）。当人类活动不断增加时，人类社会排放的气溶胶也会随之增加（Daellenbach et al.，2020）。

综合以上分析，人类活动对极端降水事件的影响在全球或区域尺度上存在差异，且在不同时间尺度上表现出一定周期性（Martel et al.，2018；Cochran and Brunsell，2012）。人类活动加剧极端降水事件的发生也是不争的事实，未来需要更精细化的分析方法来进行量化，以便相关部门制定专项措施加以防范。

1.3 目前的研究中存在的问题

目前，国内外学者对水分亏缺/盈余、极端降水事件等的驱动机制研究较多，获得了非常丰富的研究成果，但是仍然存在如下问题：

（1）IMERG 系列降水产品作为基于卫星监测的降水产品中最具发展前景的产品，它的每一次更新都有意义，目前 IMERG 系列降水产品已经更新到第六版本，但由于发行时间晚，其在中国的综合性评估研究十分欠缺。在关于高分辨率的全球降水数据产品的研究方面，大多数研究仅针对某一类降水数据产品，没有将基于气象站、卫星和再分析三种不同类型的降水数据进行系统的对比，且没有考虑和更新版本如 IMERG V06、ERA5 产品的比较。

（2）大多数的气象干旱监测基于气象站，基于气象站网格化降水产品和再分析产品的干旱监测研究严重欠缺，特别是对于中国，基于不同类型降水产品的干旱评价的对比性研究较少，没有比较最新一代的降水产品的干旱监测性能。

（3）描述大气环流的指数种类众多，而以往在干旱的环流驱动因子的研究上都是选择某个或某些特定的环流指数进行分析，并没有对环流指数进行严格的筛选，从而忽略了其他环流指数对不同分区干旱的影响。目前，定量分析气候变化中环流指数对全国不同分区干旱的影响并将其用于预测的研究较少。

（4）以往基于大气环流对极端降水事件影响所采用的环流指数较为单一，未能全面选用并从不同滞后月份实现逐步筛选，此外，用于极端降水事件定量模拟及预测的方法较多，但针对每个区域各个极端降水指数实现实时定量模拟预测的方法有待改进。

（5）由于数据缺乏或选取指标的差异，以往研究社会经济发展所带来的人类经济活动对极端降水事件的影响大多只是按照城市区域和农村区域对比分析，关于社会经济发展和人类活动对干旱和极端事件的影响方面的研究较少，从而无法确定气候变化和人类活动对旱涝事件的贡献度。

为弥补目前研究中存在的不足，本书利用我国 1961～2020 年多个气象站点的长序列、多要素气象数据，将我国分为 7 个气候和自然地理特征差异明显的子区域，即西北荒漠地区、内蒙古草原地区、青藏高原地区、东北湿润半湿润温带地区、华北湿润半湿润温带地区、华中华南湿润亚热带地区和华南湿润热带地区，评估 9 种不同的降水卫星遥感和再分析产品在大尺度降水和干旱监测方面的性能。利用共线性分析、皮尔逊相关分析及显著性检验，对影响水分亏缺/盈余、极端降水指数等多种指标的关键环流指数进行严格的筛选，建立了不同指标与筛选的关键环流指数的多元线性回归模型，并将其用于 2021 年不同分区的水分亏缺/盈余、极端降水指数的预测。基于上述研究结果，采用人口和社会经济指标，将我国各研究站点划分为 6 个不同的社会经济发展水平,探究不同社会经济发展水平下,气候变化和人类活动对我国旱涝、极端降水事件的影响，并从不同站点、不同分区和不同社会经济发展水平方面确定了气候变化（以环流指数表示）和人类活动（以温室气体表示）对干旱的贡献度。本书获得了较多有意义的成果,可为我国建立水分亏缺/盈余和极端事件的灾害预警系统、降低水文气象灾害提供参考。

参 考 文 献

蔡鸿昆, 雷添杰, 程慧, 等. 2020. 旱情监测指标体系研究进展及展望[J]. 水利水电技术, 51: 77-87.

蔡敏, 丁裕国, 江志红. 2007. 我国东部极端降水时空分布及其概率特征[J]. 高原气象, 2: 309-318.

蔡敏, 黄艳, 吴惠娟, 等. 2013. 浙江省极端降水事件分布及其概率特征[J]. 浙江气象, 34(2): 10-15.

陈红. 2013. 淮河流域夏季极端降水事件的统计预测模型研究[J]. 气候与环境研究, 18(2): 221-231.

陈敏, 耿福海, 马雷鸣, 等. 2013. 近 138 年上海地区高温热浪事件分析[J]. 高原气象, 32(2): 2597-2607.

陈少丹, 张利平, 郭梦瑶, 等. 2018. TRMM 卫星降水数据在区域干旱监测中的适用性分析[J]. 农业工程学报, 34: 126-132.

陈星任, 杨岳, 何佳男, 等. 2020. 近60年中国持续极端降水时空变化特征及其环流因素分析[J]. 长江流域资源与环境, 29(9): 2068-2081.

程诗悦, 秦伟, 郭乾坤, 等. 2019. 近 50 年我国极端降水时空变化特征综述[J]. 中国水土保持科学, 17(3): 155-161.

程玉琴, 张少文, 安新宇. 2003. 多指标集成法在极端降水预测方面的应用[J]. 内蒙古气象, 3: 9-13.

邓越, 蒋卫国, 王晓雅, 等. 2018. MSWEP 降水产品在中国大陆区域的精度评估[J]. 水科学进展, 29(4): 10.

董春艳, 辛秀芬, 许践, 等. 2011. 锡林郭勒盟一次暴雨天气过程分析[J]. 内蒙古气象, 5: 21-23.

董亮, 陆桂华, 吴志勇, 等. 2014. 基于大气环流因子的西南地区干旱预测模型及应用[J]. 水电能源科学, 32(8): 5-8.

樊高峰, 张勇, 柳苗, 等. 2011. 基于支持向量机的干旱预测研究[J]. 中国农业气象, 32(3): 475-478.

费振宇, 孙宏巍, 金菊良, 等. 2014. 近50年中国气象干旱危险性的时空格局探讨[J]. 水电能源科学, 32(12): 5-10.

龚道溢, 王绍武. 1999. 大气环流因子对北半球气温变化影响的研究[J]. 地理研究, 18(1): 31-38.

郭昆明, 颉耀文, 王晓云, 等. 2020. 黑河流域 1960—2015 年气温时空变化特征[J]. 水土保持研究, 27(2): 253-260.

韩丹丹. 2020. 黄土高原植被变化及其对极端气候的响应[D]. 咸阳: 中国科学院大学(中国科学院、教育部水土保持与生态环境研究中心).

韩兰英, 张强, 贾建英, 等. 2019. 气候变暖背景下中国干旱强度、频次和持续时间及其南北差异性[J]. 中国沙漠, 39(5): 1-10.

郝姣姣. 2020. 辽宁中部地区近 63 年极端降水指数变化特征及其与大气环流相关度分析[J]. 黑龙江水利科技, 48(12): 44-47.

何奇芳, 曾小凡, 赵娜, 等. 2018. ERA-Interim 再分析数据集在长江上游的适用性[J]. 人民长江, 49: 30-33.

何旭强, 张勃, 孙力炜, 等. 2012. 气候变化和人类活动对黑河上中游径流量变化的贡献率[J]. 生态学杂志, 31(11): 2884-2890.

胡宜昌, 董文杰, 何勇. 2007. 21 世纪初极端天气气候事件研究进展[J]. 地球科学进展, 10: 1066-1075.

胡泽银, 王世杰, 白晓永, 等. 2020. 近百年来贵州高原气温时空演变特征及趋势[J]. 中国岩溶, 39(5): 724-736.

黄萌田, 周佰铨, 翟盘茂. 2020. 极端天气气候事件变化对荒漠化、土地退化和粮食安全的影响[J]. 气候变化研究进展, 16(1): 17-27.

黄荣辉, 刘永, 王林. 2012. 2009 年秋至 2010 年春我国西南地区严重干旱的成因分析[J]. 大气科学, 36(3): 443-457.

江善虎, 任立良, 雍斌, 等. 2014. TRMM 卫星降水数据在洣水流域径流模拟中的应用[J]. 水科学进展, 25: 641-649.

姜贵祥, 孙旭光. 2016. 格点降水资料在中国东部夏季降水变率研究中的适用性[J]. 气象科学, 36: 448-456.

焦毅蒙, 赵娜, 岳天祥, 等. 2020. 城市化对北京市极端气候的影响研究[J]. 地理研究, 39(2): 461-472.

孔锋, 方建, 乔枫雪, 等. 2019. 透视中国小时极端降水强度和频次的时空变化特征(1961~2013年)[J]. 长江流域资源与环境, 28(12): 259-275.

蓝玉峰, 侯君杏, 黄嘉宏. 2020. 三套再分析降水资料在华南地区的适用性评估[J]. 气象研究与应用, 41: 14-20.

李春兰. 2019. 蒙古高原多时空尺度极端气候变化特征及其影响研究[D]. 上海: 华东师范大学.

李凤, 李毅, 于强, 等. 2020. 1961—2019 年陕西省极端旱涝事件的时空演变规律[J]. 陕西气象, 6: 23-29.

李明, 胡炜霞, 王贵文, 等. 2019. 基于 Copula 函数的中国东部季风区干旱风险研究[J]. 地理科学, 39: 506-515.

李麒崙, 张万昌, 易路, 等. 2018. GPM 与 TRMM 降水数据在中国大陆的精度评估与对比[J]. 水科学进展, 29: 303-313.

李毅, 姚宁, 陈新国, 等. 2021. 新疆地区干旱严重程度时空变化研究[M]. 北京: 中国水利水电出版社.

李占玲, 王武, 李占杰. 2014. 基于 GPD 分布的黑河流域极端降水频率特征分析[J]. 地理研究, 33(11): 2169-2179.

李纵横, 李崇银, 宋洁, 等. 2015. 1960—2011 年江淮地区夏季极端高温日数的特征及成因分析 [J]. 气候与环境研究, 20(5): 511-522.

刘代勇, 梁忠明, 赵卫民, 等. 2012. 灰色系统理论在干旱预测中的应用研究[J]. 水力发电, 38(2): 10-12.

刘丹丹, 梁丰, 王婉昭, 等. 2017. 基于 GPCC 数据的 1901—2010 年东北地区降水时空变化[J]. 水土保持研究, 24: 124-131.

刘慧芝. 2016. 西北干旱区极端气候事件变化及其对北大西洋涛动指数的响应[D]. 乌鲁木齐: 新疆大学.

刘俊峰, 陈仁升, 卿文武, 等. 2011. 基于 TRMM 降水数据的山区降水垂直分布特征[J]. 水科学进展, 22: 447-454.

刘蕾, 张鑫. 2015. 青海省东部高原农业区干旱对 ENSO 事件的响应[J]. 西北农林科技大学学报 (自然科学版), 43(3): 182-190.

鲁同所, 王红宾, 雷阳, 等. 2021. 拉萨市近 50 年极端气温的时间特征分析[J]. 昆明理工大学学报(自然科学版), 46(1): 115-125.

吕越敏, 李宗省, 冯起, 等. 2019. 近 60 年来祁连山极端气温变化研究[J]. 高原气象, 38(5): 959-970.

马柱国, 任小波. 2007. 1951—2006 年中国区域干旱化特征[J]. 气候变化研究进展, 3(4): 195-201.

年雁云, 王晓利, 蔡迪花. 2015. 黑河流域下游额济纳三角洲气候及生态环境变化分析[J]. 干旱气象, 33(1): 28-37.

祁晓凡, 李文鹏, 李海涛, 等. 2017. 黑河流域气象要素与全球性大气环流特征量的多尺度遥相关分析[J]. 干旱区地理, 40(3): 564-572.

钱维宏, 符娇兰, 张玮玮, 等. 2007. 近 40 年中国平均气候与极值气候变化的概述[J]. 地球科学进展, 7: 673-684.

任瑾, 罗哲贤. 1989. 从降水看我国黄土高原地区的干旱气候特征[J]. 干旱地区农业研究, 2: 36-43.

任立良, 卫林勇, 江善虎, 等. 2019. CHIRPS 和 GLEAM 卫星产品在中国的干旱监测效用评估[J]. 农业工程学报, 35: 146-154.

沙祎, 徐影, 韩振宇, 等. 2019. 人类活动对 1961～2016 年长江流域降水变化的可能影响[J]. 大气科学, 43(6): 1265-1279.

沈晓琳, 祝从文, 李明. 2012. 2010 年秋、冬季节华北持续性干旱的气候成因分析[J]. 大气科学, 36(6): 1123-1134.

沈彦军, 李红军, 雷玉平. 2013. 干旱指数应用研究综述[J]. 南水北调与水利科技, 11(4): 128-133.

宋子珏, 何建新, 李学华, 等. 2018. 星载降水测量雷达降水产品研究进展[J]. 气象科技, 46: 631-637.

苏宏新, 李广起. 2012. 基于 SPEI 的北京低频干旱与气候指数关系[J]. 生态学报, 32(17): 5467-5475.

孙伯才. 2020. 朝阳地区极端降水指数变化趋势及其与大气环流的相关性分析[J]. 水土保持应用技术, 5: 4-6.

孙从建, 王佳瑞, 郑振婧, 等. 2020. 黄土高原塬面保护区降雨侵蚀力时空分布特征及其影响因素研究[J]. 干旱区地理, 43(3): 15-23.

孙海滨, 高涛. 2012. 大气环流指数和海温对呼伦贝尔地区年降水预测的指示意义[J]. 内蒙古气象, 2: 5-10.

孙赫, 苏凤阁. 2020. 雅鲁藏布江流域多源降水产品评估及其在水文模拟中的应用[J]. 地理科学进展, 39: 1126-1139.

唐国强, 万玮, 曾子悦, 等. 2015. 全球降水测量(GPM)计划及其最新进展综述[J]. 遥感技术与应用, 30: 607-615.

汪宁. 2014. 欧亚遥相关型演变的动力机制及其气候效应[D]. 南京: 南京大学.

王丹丹, 潘东华, 郭桂祯. 2018. 1978—2016 年全国分区农业气象灾害灾情趋势分析[J]. 灾害学, 33(2): 114-121.

王芬, 曹杰, 李腹广, 等. 2013. 多套格点降水资料在云南及周边地区的对比[J]. 应用气象学报, 24: 472-483.

王劲松, 李耀辉, 王润元, 等. 2012. 我国气象干旱研究进展评述[J]. 干旱气象, 30: 497-508.

王蕾. 2015. 基于大气环流指数与区域降水关系的模式评估方法及其应用[D]. 南京: 南京大学.

王绍武, 赵宗慈. 1979. 我国旱涝36年周期及其产生的机制[J]. 气象学报, 37(1): 64-73.

王晓芳, 黄华丽, 黄治勇. 2011. 2010 年 5—6 月南方持续性暴雨的成因分析[J]. 气象, 37(10): 1206-1215.

王莺, 李耀辉, 胡田田. 2014. 基于 SPI 指数的甘肃省河东地区干旱时空特征分析[J]. 中国沙漠, 34(1): 244-253.

王兆礼, 钟睿达, 陈家超, 等. 2017. TMPA 卫星遥感降水数据产品在中国大陆的干旱效用评估[J]. 农业工程学报, 33: 163-170.

王宗敏, 王治中, 杨瑶, 等. 2021. 多时间尺度下遥感降水产品与再分析降水产品在海河流域适用性对比分析[J]. 科学技术与工程, 21: 2186-2193.

卫林勇, 江善虎, 任立良, 等. 2019. 多源卫星降水产品在不同省份的精度评估与比较分析[J]. 中国农村水利水电, (11): 38-44.

温家兴, 张鑫, 王云, 等. 2016. 多时间尺度干旱对青海省东部农业区小麦的影响[J]. 灌溉排水学报, 35(4): 92-97.

吴丹. 2018. 大尺度环流对热带气旋变性过程中降水分布的影响[D]. 长沙: 国防科技大学.

吴佳, 周波涛, 徐影. 2015. 中国平均降水和极端降水对气候变暖的响应: CMIP5 模式模拟评估和预估[J]. 地球物理学报, 58(9): 3048-3060.

武文博, 游庆龙, 王岱, 等. 2018. 中国东部夏季极端降水事件及大气环流异常分析[J]. 气候与环境研究, 23(1): 47-58.

肖玮钰, 王连喜, 薛红喜, 等. 2013. 1959—2009 年甘肃极端温度时空变化及其与 AO 相关分析[J]. 气象科学, 33(2): 190-195.

谢贤胜, 王升, 闫妍, 等. 2020. 广西西江流域近50年气温和降水变化趋势及突变分析[J]. 水力发电, 46(12): 19-25.

杨斌利, 段崇棣, 李浩. 2014. 星载主被动联合遥感技术[J]. 测绘通报, (S1): 36-39.

杨金虎, 江志红, 王鹏祥, 等. 2008. 中国年极端降水事件的时空分布特征[J]. 气候与环境研究, 1: 75-83.

杨荣芳, 曹根华, 张婧. 2019. TRMM 3B43 卫星降水数据在京津冀地区的适用性研究[J]. 冰川冻土, 41(3): 689-696.

姚玉壁, 张存杰, 邓振镛, 等. 2007. 气象、农业干旱指数综述[J]. 干旱地区农业研究, 25(1): 185-189.

尹姗, 冯娟, 李建平. 2013. 前冬北半球环状模对春季中国东部北方地区极端低温的影响[J]. 气象学报, 71(1): 96-108.

尹占娥. 2012. 自然灾害风险理论与方法研究[J]. 上海师范大学学报(自然科学版), 41(1): 99-103.

游珍, 徐刚. 2003. 农业旱灾中人为因素的定量分析——以秀山县为例[J]. 自然灾害学报, 12(3): 19-24.

袁文德, 郑江坤, 董奎. 2014. 1962—2012 年西南地区极端降水事件的时空变化特征[J]. 资源科学, 36(4): 766-772.

翟盘茂, 王萃萃, 李威. 2007. 极端降水事件变化的观测研究[J]. 气候变化研究进展, 3(3): 144-148.

张继权, 刘兴朋, 刘布春. 2013. 农业灾害风险管理和农业灾害与减灾对策[M]. 北京: 中国农业大学出版社.

张强, 孙鹏, 陈喜, 等. 2011. 1956~2000 年中国地表水资源状况: 变化特征, 成因及影响[J]. 地理科学, 31: 1430-1436.

张强, 姚玉壁, 李耀辉, 等. 2020. 中国干旱事件成因和变化规律的研究进展与展望[J]. 气象学报, 78(3): 500-521.

张庆云, 卫捷, 陶诗言. 2003. 近 50 年华北干旱的年代际和年际变化及大气环流特征[J]. 气候与环境研究, 8(2): 307-318.

张学君, 马苗苗, 苏志诚, 等. 2020. 基于卫星降雨的辽宁省气象干旱实时监测研究[J]. 中国水利水电科学研究院学报, 18: 40-47.

章诞武, 丛振涛, 倪广恒. 2013. 基于中国气象资料的趋势检验方法对比分析[J]. 水科学进展, 24: 490-496.

郑泳杰, 张强, 陈晓宏, 等. 2016. 1951—2010 年淮河流域极端降水区域频率特征及其环流背景[J]. 武汉大学学报, 62(4): 381-388.

郑远长. 2000. 全球自然灾害概述[J]. 中国减灾, 10(1): 14-19.

钟海燕. 2019. 机器学习方法在临近降雨预报中的应用研究[D]. 南宁: 南宁师范大学.

周驰, 何隆华, 杨娜. 2010. 人类活动和气候变化对艾比湖湖泊面积的影响[J]. 海洋地质与第四纪地质, 30(2): 121-126.

周强. 2011. 中国东部夏季极端高温的气候变化特征及其影响因子[D]. 南京: 南京信息工程大学.

朱抱真. 1984. 第十四讲 大气环流动力学问题[J]. 气象, 3: 34-38.

庄少伟, 左洪超, 任鹏程, 等. 2013. 标准化降水蒸发指数在中国区域的应用[J]. 气候与环境研究, 18(5): 617-625.

Adler R F, Huffman G J, Chang A, et al. 2003. The Version-2 Global Precipitation Climatology Project(GPCP) monthly precipitation analysis(1979–present)[J]. Journal of Hydrometeorology, 4(6): 1147-1167.

Ahmadebrahimpour E, Aminnejad B, Khalili K. 2019. Assessment of the reliability of three gauged-based global gridded precipitation datasets for drought monitoring[J]. International Journal of Global Warming, 18(2): 103-119.

Alexander L V, Zhang X, Peterson T C, et al. 2006. Global observed changes in daily climate extremes of temperature and precipitation[J]. Journal of Geophysical Research, 111: D05109.

Alijanian M, Rakhshandehroo G R, Mishra A, et al. 2019. Evaluation of remotely sensed precipitation estimates using PERSIANN-CDR and MSWEP for spatio-temporal drought assessment over Iran[J]. Journal of Hydrology, 579: 124189.

Almazroui M. 2011. Calibration of TRMM rainfall climatology over Saudi Arabia during 1998–2009[J]. Atmospheric Research, 99: 400-414.

Anjum M N, Ahmad L, Ding Y, et al. 2019. Assessment of IMERG-V06 precipitation product over different Hydro-Climatic Regimes in the Tianshan Mountains, North-Western China[J]. Remote Sensing, 11: 2314.

Ashouri H, Hsu K L, Sorooshian S, et al. 2014. PERSIANN-CDR: Daily precipitation climate data record from multisatellite observations for hydrological and climate studies[J]. Bulletin of the American Meteorological Society, 96: 197-210.

Asong Z E, Razavi S, Wheater H S, et al. 2017. Evaluation of integrated multisatellite retrievals for GPM(IMERG) over Southern Canada against ground precipitation observations: A preliminary assessment[J]. Journal of Hydrometeorology, 18: 1033-1050.

Asong Z E, Wheater H S, Bonsal B, et al. 2018. Historical drought patterns over Canada and their teleconnections with large-scale climate signals[J]. Hydrology and Earth System Sciences, 22(6): 3105-3124.

Azarakhshi M, Mahdavi M, Arzani H, et al. 2011. Assessment of the Palmer drought severity index in arid and semi arid rangeland (Case study: Qom province, Iran)[J]. Desert, 16(2): 77-86.

Bai X, Shen W, Wu X, et al. 2020. Applicability of long-term satellite-based precipitation products for drought indices considering global warming[J]. Journal of Environmental Management, 255: 109846.

Bai X, Wu X, Wang P. 2019. Blending long-term satellite-based precipitation data with gauge observations for drought monitoring: Considering effects of different gauge densities[J]. Journal of Hydrology, 577: 124007.

Balsamo G, Albergel C, Beljaars A, et al. 2015. ERA-Interim/Land: A global land surface reanalysis data set[J]. Hydrology and Earth System Sciences, 19: 389-407.

Beck H E, van Dijk A I, Levizzani V, et al. 2017a. MSWEP: 3-hourly 0.25° global gridded precipitation (1979–2015) by merging gauge, satellite, and reanalysis data[J]. Hydrology and Earth System Sciences, 21: 589-615.

Beck H E, Vergopolan N, Ming P, et al. 2017b. Global-scale evaluation of 22 precipitation datasets using gauge observations and hydrological modeling[J]. Hydrology and Earth System Sciences, 21: 6201-6217.

Beck H E, Wood E F, Pan M, et al. 2018. MSWEP V2 global 3-hourly 0.1° precipitation:

Methodology and quantitative assessment[J]. Bulletin of the American Meteorological Society, 100(3): 473-500.

Becker A, Finger P, Meyer-Christoffer A, et al. 2012. A description of the global land-surface precipitation data products of the Global Precipitation Climatology Centre with sample applications including centennial (trend) analysis from 1901–present[J]. Earth System Science Data Discussions, 5(2): 921-998.

Bhalme H N, Mooley D A. 1980. Large-scale droughts/floods and monsoon circulation[J]. Monthly Weather Review, 108: 1197-1211.

Bosilovich M G, Chen J, Robertson F R, et al. 2008. Evaluation of global precipitation in reanalyses[J]. Journal of Applied Meteorology and Climatology, 47(9): 2279-2299.

Buda S, Huang J L, Fischer T, et al. 2018. Drought losses in China might double between the 1.5°C and 2.0°C warming[J]. Proceedings of the National Academy of Sciences, 115(42): 10600-10605.

Budyko M I. 1974. Climate and Life[M]. Orlando: Academic Press.

Cai Y, Jin C, Wang A, et al. 2016. Comprehensive precipitation evaluation of TRMM 3B42 with dense rain gauge networks in a mid-latitude basin, northeast, China[J]. Theoretical and Applied Climatology, 126(3-4): 659-671.

Carmichael M J, Pancost R D, Lunt D J. 2018. Changes in the occurrence of extreme precipitation events at the Paleocene-Eocene thermal maximum[J]. Earth and Planetary Science Letters, 501: 24-36.

Carraça M G D, Collier C G. 2007. Modelling the impact of high rise buildings in urban areas on precipitation initiation[J]. Meteorological Applications, 14(2): 149-161.

Changnon S A. 1992. Inadvertent weather modification in urban areas: Lessons for global climate change[J]. Bulletin of the American Meteorological Society, 73(5): 619-627.

Charney J G. 1975. Dynamics of deserts and drought in the Sahel[J]. Quarterly Journal of the Royal Meteorological Society, 101(428): 193-202.

Chen H, Sun J. 2015. Changes in drought characteristics over China using the standardized precipitation evapotranspiration index[J]. Journal of Climate, 28(13): 5430-5447.

Chen J, Brissette F P, Zielinski P A. 2015. Constraining frequency distributions with the probable maximum precipitation for the stochastic generation of realistic extreme events[J]. Journal of Extreme Events, 2(2): 1585-1590.

Chen M, Xie P, Janowiak J, et al. 2002. Global land precipitation: A 50-yr monthly analysis based on gauge observations[J]. Journal of Hydrometeorology, 3: 249-266.

Chen S C, Cayan D R. 1994. Low-frequency aspects of the large-scale circulation and West Coast United States temperature/precipitation fluctuations in a simplified general circulation model[J]. Journal of Climate, 7(11): 1668-1683.

Chen S, Zhang L, Tang R, et al. 2017. Analysis on temporal and spatial variation of drought in Henan Province based on SPEI and TVDI[J]. Transactions of the Chinese Society of Agricultural Engineering, 33(24): 126-132.

Cheng Q, Gao L, Zuo X, et al. 2019. Statistical analyses of spatial and temporal variabilities in total, daytime, and nighttime precipitation indices and of extreme dry/wet association with large-scale circulations of Southwest China, 1961–2016[J]. Atmospheric Research, 219: 166-182.

Chi X, Yin Z, Wang X, et al. 2015. Spatiotemporal variations of precipitation extremes of China during the past 50 years(1960–2009)[J]. Theoretical and Applied Climatology, 124(3-4):

555-564.

Cochran F V, Brunsell N A. 2012. Temporal scales of tropospheric CO_2, precipitation, and ecosystem responses in the central Great Plains[J]. Remote Sensing of Environment, 127: 316-328.

Cook E R, Seager R, Cane M A, et al. 2007. North American drought: Reconstructions, causes and consequences[J]. Earthence Reviews, 81(1-2): 93-134.

Daellenbach K R, Uzu G, Jiang J, et al. 2020. Sources of particulate-matter air pollution and its oxidative potential in Europe[J]. Nature, 587(7834): 414-419.

Darand M, Amanollahi J, Zandkarimi S. 2017. Evaluation of the performance of TRMM Multi-satellite Precipitation Analysis(TMPA) estimation over Iran[J]. Atmospheric Research, 190: 121-127.

Dee D P, Uppala S M, Simmons A J, et al. 2011. The ERA-Interim reanalysis: Configuration and performance of the data assimilation system[J]. Quarterly Journal of the Royal Meteorological Society, 137: 553-597.

Deng Y, Jiang W, He B, et al. 2018. Change in intensity and frequency of extreme precipitation and its possible teleconnection with large-scale climate index over the China from 1960 to 2015[J]. Journal of Geophysical Research: Atmospheres, 123(4): 2068-2081.

Dezfuli A K, Karamouz M, Araghinejad S. 2010. On the relationship of regional meteorological drought with SOI and NAO over southwest Iran[J]. Theoretical and Applied Climatology, 100(1-2): 57-66.

Ding Y, Wang Z, Sun Y. 2008. Inter-decadal variation of the summer precipitation in East China and its association with decreasing Asian summer monsoon. Part I : Observed evidences[J]. International Journal of Climatology, 28(9): 1139-1161.

Donat M G, Lowry A L, Alexander L V, et al. 2017. More extreme precipitation in the world's dry and wet regions[J]. Nature Climate Change, 7(2): 154-158.

Duan L, Zheng J, Li W, et al. 2017. Multivariate properties of extreme precipitation events in the Pearl River basin, China: Magnitude, frequency, timing, and related causes[J]. Hydrological Processes, 31(21): 3662-3671.

Duncan J, Biggs E M. 2012. Assessing the accuracy and applied use of satellite-derived precipitation estimates over Nepal[J]. Applied Geography, 34: 626-638.

Dutra E, Magnusson L, Wetterhall F, et al. 2013. The 2010–2011 drought in the Horn of Africa in ECMWF reanalysis and seasonal forecast products[J]. International Journal of Climatology, 33(7): 1720-1729.

Ebita A, Kobayashi S, Ota Y, et al. 2011. The Japanese 55-year reanalysis "JRA-55": An interim report[J]. Scientific Online Letters on the Atmosphere: SOLA, 7(1): 149-152.

Esfahanian E, Nejadhashemi A P, Abouali M, et al. 2016. Defining drought in the context of stream health[J]. Ecological Engineering, 94: 668-681.

Feng P Y, Wang B, Liu D L, et al. 2020a. Machine learning-based integration of large-scale climate drivers can improve the forecast of seasonal rainfall probability in Australia[J]. Environmental Research Letters, 15(8): 084051.

Feng P Y, Wang B, Luo J J, et al. 2020b. Using large-scale climate drivers to forecast meteorological drought condition in growing season across the Australian wheatbelt[J]. Science of the Total Environment, 724: 138162.

Feng P, Liu D L, Wang B, et al. 2019. Projected changes in drought across the wheat belt of southeastern Australia using a downscaled climate ensemble[J]. International Journal of Climatology, 39(2): 1041-1053.

Findell K L, Shevliakova E, Milly P C D, et al. 2007. Modeled impact of anthropogenic land cover change on climate[J]. Journal of Climate, 20(14): 3621-3634.

Fischer E M, Knutti R. 2015. Anthropogenic contribution to global occurrence of heavy-precipitation and high-temperature extremes[J]. Nature Climate Change, 5(6): 560-564.

Forootan E, Awange J, Schumacher M, et al. 2016. Quantifying the impacts of ENSO and IOD on rain gauge and remotely sensed precipitation products over Australia[J]. Remote Sensing of Environment, 172: 50-66.

Forootan E, Khaki M, Schumacher M, et al. 2019. Understanding the global hydrological droughts of 2003–2016 and their relationships with teleconnections[J]. Science of the Total Environment, 650: 2587-2604.

Fu G, Yu J, Yu X, et al. 2013. Temporal variation of extreme rainfall events in China, 1961–2009[J]. Journal of Hydrology, 487: 48-59.

Fu Q, Feng S. 2014. Responses of terrestrial aridity to global warming[J]. Journal of Geophysical Research Atmospheres, 119(13): 7863-7875.

Funk C, Peterson P, Landsfeld M, et al. 2015. The climate hazards infrared precipitation with stations-a new environmental record for monitoring extremes[J]. Scientific Data, 2: 150066.

Gao H, Yang S. 2009. A severe drought event in northern China in winter 2008—2009 and the possible influences of La Niña and Tibetan Plateau[J]. Journal of Geophysical Research, 114: D24104.

Gao L, Huang J, Chen X, et al. 2018. Contributions of natural climate changes and human activities to the trend of extreme precipitation[J]. Atmospheric Research, 205: 60-69.

Gao Y C, Liu M F. 2013. Evaluation of high-resolution satellite precipitation products using rain gauge observations over the Tibetan Plateau[J]. Hydrology and Earth System Sciences, 17: 837-849.

Gibbs W J. 1967. Rainfall Deciles as Drought Indicators[R]. Melbourne: Australian Bureau of Meteorology Bulletin.

Gu G, Adler R F. 2013. Interdecadal variability/long-term changes in global precipitation patterns during the past three decades: Global warming and/or pacific decadal variability[J]. Climate Dynamics, 40(11-12): 3009-3022.

Gu X, Zhang Q, Chen X, et al. 2017. The spatiotemporal rates of heavy precipitation occurrence at difference scales in China[J]. Journal of Hydraulic Engineering, 48(5): 505-515.

Han J Y, Baik J J. 2008. A theoretical and numerical study of urban heat island-induced circulation and convection[J]. Journal of the Atmospheric Sciences, 65(6): 1859-1877.

Han L, Sun J, Zhang W, et al. 2017. A machine learning nowcasting method based on real-time reanalysis data[J]. Journal of Geophysical Research, 122(7): 4038-4051.

Harris I P, Jones P D, Osborn T J, et al. 2014. Updated high-resolution grids of monthly climatic observations-the CRU TS3.10 Dataset[J]. International Journal of Climatology, 34(3): 623-642.

Hartmann H, Becker S, King L. 2008. Predicting summer rainfall in the Yangtze River basin with neural networks[J]. International Journal of Climatology, 28(7): 925-936.

He J F, Liu J Y, Zhuang D F, et al. 2007. Assessing the effect of land use/land cover change on the change of urban heat island intensity[J]. Theoretical and Applied Climatology, 90(3): 217-226.

Hersbach H, Bell B, Berrisford P, et al. 2020. The ERA5 global reanalysis[J]. Quarterly Journal of the

Royal Meteorological Society, 146(730): 1999-2049.

Hou A Y, Kakar R K, Neeck S, et al. 2014. The global precipitation measurement mission[J]. Bulletin of the American Meteorological Society, 95: 701-722.

Houghton J, Townshend J, Dawson K, et al. 2012. The GCOS at 20 years: The origin, achievement and future development of the Global Climate Observing System[J]. Weather, 67: 227-235.

Huang J, Lei Y, Zhang F, et al. 2017. Spatio-temporal analysis of meteorological disasters affecting rice, using multi-indices, in Jiangsu Province, Southeast China[J]. Food Security, 9(4): 661-672.

Huang S, Wang L, Wang H, et al. 2019. Spatio-temporal characteristics of drought structure across China using an integrated drought index[J]. Agricultural Water Management, 218: 182-192.

Huffman G J, Bolvin D T, Braithwaite D. 2019. NASA Global Precipitation Measurement(GPM) Integrated Multi-satellitE Retrievals for GPM(IMERG)[R]. Washington, DC: National Aeronautics and Space Administration.

Huffman G J, Bolvin D T, Nelkin E J, et al. 2007. The TRMM multisatellite precipitation analysis (TMPA): Quasi-global, multiyear, combined-sensor precipitation estimates at fine scales[J]. Journal of Hydrometeorology, 8: 38-55.

Huffman G. 2014. Algorithm Theoretical Basis Document(ATBD) Version 4.4 for the NASA Global Precipitation Measurement(GPM) Integrated Multi-satellitE Retrievals for GPM(I-MERG)[R]. Washington, DC: National Aeronautics and Space Administration.

Jian Z. 2008. Eco-environmental impact assessment of the change of regional industrial structure and regulative measures[J]. Chinese Journal of Population Resources and Environment, 6(2): 8-17.

Jiang X, Zhang P. 2012. Study on the Relationship and Influence Factors between Land Use Change and Economic Development in Liaoning Coastal Economic Belt[C]. Nanjing: IEEE 2012 2nd International Conference on Remote Sensing, Environment and Transportation Engineering.

Joyce R J, Janowiak J E, Arkin P A, et al. 2004. CMORPH: A method that produces global precipitation estimates from passive microwave and infrared data at high spatial and temporal resolution[J]. Journal of Hydrometeorology, 5: 287-296.

Kalney. 1996. The NCEP/NCAR 40-year reanalysis project[J]. Bulletin of the American Meteorological Society, 74: 789-799.

Kanamitsu M, Ebisuzaki W, Woollen J, et al. 2002. NCEP-DOE AMIP-II reanalysis(R-2)[J]. Bulletin of the American Meteorological Society, 83(11): 1631-1643.

Katz R W, Brown B G. 1992. Extreme events in a changing climate: Variability is more important than averages[J]. Climatic Change, 21(3): 289-302.

Kayser G, Maurer E P, Doyle L, et al. 2015. Projections of Increasing Flood Frequency and Magnitude Across the Western United States[C]. San Francisco: AGU Fall Meeting.

Kenawy A E, López-Moreno J I, Vicente-Serrano S M. 2012. Trend and variability of surface air temperature in northeastern Spain(1920–2006): Linkage to atmospheric circulation[J]. Atmospheric Research, 106: 159-180.

Kim D, Rhee J. 2016. A drought index based on actual evapotranspiration from the Bouchet hypothesis[J]. Geophysical Research Letters, 43(19): 10277-10285.

Kim J S, Seo G S, Jang H W, et al. 2016. Correction analysis between Korean spring drought and large-scale teleconnection patterns for drought forecasting[J]. KSCE Journal of Civil Engineering, 21(1): 458-466.

Kirono D G C, Kent D M, Hennessy K J, et al. 2011. Characteristics of Australian droughts under enhanced greenhouse conditions: Results from 14 global climate models[J]. Journal of Arid Environments, 75: 566-575.

Kirschbaum D B, Huffman G J, Adler R F, et al. 2017. NASA's remotely sensed precipitation: A reservoir for applications users[J]. Bulletin of the American Meteorological Society, 98: 1169-1184.

Kolassa J, Gentine P, Prigent C, et al. 2017. Soil moisture retrieval from AMSR-E and ASCAT microwave observation synergy. Part 2: Product evaluation[J]. Remote Sensing of Environment, 195: 202-217.

Krichak S O, Breitgand J S, Gualdi S, et al. 2014. Teleconnection-extreme precipitation relationships over the Mediterranean region[J]. Theoretical and Applied Climatology, 117(3-4): 679-692.

Lai C, Zhong R, Wang Z, et al. 2018. Monitoring hydrological drought using long-term satellite-based precipitation data[J]. Science of the Total Environment, 649: 1198-1208.

Layton K, Ellison D. 2016. Induced precipitation recycling(IPR): A proposed concept for increasing precipitation through natural vegetation feedback mechanisms[J]. Ecological Engineering, 91: 553-565.

Le T V, Gallus W A. 2012. Effect of an extratropical mesoscale convective system on water vapor transport in the upper troposphere/lower stratosphere: A modeling study[J]. Journal of Geophysical Research: Atmospheres, 117(3): D03111.

Lenters J D, Cook K H. 1999. Summertime precipitation variability over South America: Role of the large-scale circulation[J]. Monthly Weather Review, 127(3): 409-431.

Li C, Tian Q, Yu R, et al. 2018. Attribution of extreme precipitation in the lower reaches of the Yangtze River during May 2016[J]. Environmental Research Letters, 13(1): 014015.

Li L, Yao N, Liu D L, et al. 2019. Historical and future projected frequency of extreme precipitation indicators using the optimized cumulative distribution functions in China[J]. Journal of Hydrology, 579: 124170.

Li R, Wang K, Qi D. 2018. Validating the integrated multisatellite retrievals for global precipitation measurement in terms of diurnal variability with hourly gauge observations collected at 50, 000 stations in China[J]. Journal of Geophysical Research: Atmospheres, 123(18): 10423-10442.

Lin L, Gao T, Luo M, et al. 2020. Contribution of urbanization to the changes in extreme climate events in urban agglomerations across China[J]. Science of the Total Environment, 744: 140264.

Lin L, Gettelman A, Fu Q, et al. 2018. Simulated differences in 21st century aridity due to different scenarios of greenhouse gases and aerosols[J]. Climatic Change, 146(3-4): 407-422.

Liu J, Du J, Yang Y, et al. 2020. Evaluating extreme precipitation estimations based on the GPM IMERG products over the Yangtze River Basin, China[J]. Geomatics, Natural Hazards and Risk, 11: 601-618.

Liu W, Kogan F. 1996. Monitoring regional drought using the vegetation condition index[J]. International Journal of Remote Sensing, 17(14): 2761-2782.

Liu Z, Jian Z, Yooshimura K, et al. 2015. Recent contrasting winter temperature changes over North America linked to enhanced positive Pacific-North American pattern[J]. Geophysical Research Letters, 42(18): 7750-7757.

Lu E, Liu S, Luo Y, et al. 2014. The atmospheric anomalies associated with the drought over the Yangtze River basin during spring 2011[J]. Journal of Geophysical Research: Atmospheres, 119(10): 5881-5894.

Ma L, Zhao L, Tian L M, et al. 2019. Evaluation of the integrated multi-satellite retrievals for global precipitation measurement over the Tibetan Plateau[J]. Journal of Mountain Science, 16(7): 1500-1514.

Ma Q, Li Y, Feng H, et al. 2021. Performance evaluation and correction of precipitation data using the 20-year IMERG and TMPA precipitation products in diverse subregions of China[J]. Atmospheric Research, 249(19): 105304.

Maggioni V, Meyers P C, Robinson M D. 2016. A review of merged high resolution satellite precipitation product accuracy during the Tropical Rainfall Measuring Mission(TRMM)-Era[J]. Journal of Hydrometeorology, 17(4): 1101-1117.

Mahmoud M T, Al-Zahrani M A, Sharif H O. 2018. Assessment of global precipitation measurement satellite products over Saudi Arabia[J]. Journal of Hydrology, 559: 1-12.

Mallakpour I, Villarini G. 2016. Investigating the relationship between the frequency of flooding over the Central United States and large-scale climate[J]. Advances in Water Resources, 92: 159-171.

Mann M E, Gleick P H. 2015. Climate change and California drought in the 21st century[J]. Proceedings of the National Academy of Sciences, 112(13): 3858-3859.

Martel J L, Mailhot A, Brissette F, et al. 2018. Role of natural climate variability in the detection of anthropogenic climate change signal for mean and extreme precipitation at local and regional scales[J]. Journal of Climate, 31(11): 4241-4263.

McGovern A, Elmore K L, Gagne D J, et al. 2017. Using artificial intelligence to improve real-time decision-making for high-impact weather[J]. Bulletin of the American Meteorological Society, 98(10): 2073-2090.

McKee T B, Doesken N J, Kleist J. 1993. The Relationship of Drought Frequency and Duration to Time Scales[C]. Boston: Proceedings of the 8th Conference on Applied Climatology.

Min S K, Zhang X, Zwiers F W, et al. 2011. Human contribution to more-intense precipitation extremes[J]. Nature, 470(7334): 378-381.

Mishra A K, Singh V P. 2010. A review of drought concepts[J]. Journal of Hydrology, 391(1-2): 202-216.

Mishra V, Thirumalai K, Singh D, et al. 2020. Future exacerbation of hot and dry summer monsoon extremes in India[J]. NJP Climate and Atmospheric Science, 3(16): 4887-4895.

Modarres R, Sarhadi A, Burn D H. 2016. Changes of extreme drought and flood events in Iran[J]. Global Planet Change, 144: 67-81.

Norbiato D, Borga M, Sangati M, et al. 2007. Regional frequency analysis of extreme precipitation in the eastern Italian Alps and the August 29, 2003 flash flood[J]. Journal of Hydrology, 345(3-4): 149-166.

Paik S, Min S K, Zhang X B, et al. 2020. Determining the anthropogenic greenhouse gas contribution to the observed intensification of extreme precipitation[J]. Geophysical Research Letters, 47(12): e2019GL086875.

Pakalidou N, Karacosta P. 2018. Study of very long-period extreme precipitation records in Thessaloniki, Greece[J]. Atmospheric Research, 208: 106-115.

Palmer W C. 1965. Meteorological Drought[R]. Washington, DC: US Department of Commerce Weather Bureau.

Palmer W C. 1968. Keeping track of crop moisture conditions, nationwide: The new crop moisture index[J]. Weatherwise, 21: 151-161.

Paula A J, Hwang G, Koo H. 2020. Dynamics of bacterial population growth in biofilms resemble spatial and structural aspects of urbanization[J]. Nature Communications, 11(1): 1354.

Pauw K, Thurlow J, Bachu M, et al. 2011. The economic costs of extreme weather events: A hydrometeorological CGE analysis for Malawi[J]. Environment and Development Economics, 16(2): 177-198.

Perkins S E. 2015. A review on the scientific understanding of heatwaves—Their measurement, driving mechanisms, and changes at the global scale[J]. Atmospheric Research, 164-165: 242-267.

Peterson T C, Vose R S. 1997. An overview of the global historical climatology network temperature database[J]. Bulletin of the American Meteorological Society, 78: 2837.

Pongracz R, Bogardi I, Duckstein L. 1999. Application of fuzzy rule-based modeling technique to regional drought[J]. Journal of Hydrology, 224: 100-114.

Pozzi W, Sheffield J, Stefanski R, et al. 2013. Toward global drought early warning capability: Expanding international cooperation for the development of a framework for monitoring and forecasting[J]. Bulletin of the American Meteorological, 94(6): 776-785.

Queralt S, Hernández E, Barriopedro D, et al. 2009. North Atlantic Oscillation influence and weather types associated with winter total and extreme precipitation events in Spain[J]. Atmospheric Research, 94(4): 675-683.

Reichle R H, Koster R D, Lannoy G D, et al. 2011. Assessment and enhancement of MERRA land surface hydrology estimates[J]. Journal of Climate, 24: 6322-6338.

Rim C S. 2013. The implications of geography and climate on drought trend[J]. International Journal of Climatology, 33: 2799-2815.

Rooy M, Van P. 1965. A rainfall anomaly index independent of time and space[J]. Notos, 14(43): 6.

Rosa E A, Dietz T. 2012. Human drivers of national greenhouse-gas emissions[J]. Nature Climate Change, 2(8): 581-586.

Rudolf B, Becker A, Schneider U, et al. 2011. New GPCC Full Data Reanalysis Version 5 Provides High-Quality Gridded Monthly Precipitation Data[R]. Offenbach, Germany: Global Precipitation Climatology Centre.

Rush W D, Kiehl J T, Shields C A, et al. 2021. Increased frequency of extreme precipitation events in the North Atlantic during the PETM: Observations and theory[J]. Palaeogeography Palaeoclimatology Palaeoecology, 568(2): 110289.

Sahin S. 2012. An aridity index defined by precipitation and specific humidity[J]. Journal of Hydrology, 444-445(12): 199-208.

Schamm K, Ziese M, Becker A, et al. 2014. Global gridded precipitation over land: A description of the new GPCC First Guess Daily product[J]. Earth System Science Data, 6: 49-60.

Schneider U, Becker A, Finger P, et al. 2014. GPCC's new land surface precipitation climatology based on quality-controlled in situ data and its role in quantifying the global water cycle[J]. Theoretical and Applied Climatology, 115: 15-40.

Schneider U, Fuchs T, Meyer-Christoffer A, et al. 2005. Global Precipitation Analysis Products of the GPCC[R]. Offenbach, Germany: Global Precipitation Climatology Centre.

Schubert S D, Stewart R E, Wang H, et al. 2016. Global meteorological drought: A synthesis of current understanding with a focus on SST drivers of precipitation deficits[J]. Journal of Climate, 29(11): 3989-4019.

Sena J A, Deus L, Freitas M, et al. 2012. Extreme events of droughts and floods in Amazonia: 2005 and 2009[J]. Water Resources Management, 26(6): 1665-1676.

Shafer B, Dezman L. 1982. Development of a Surface Water Supply Index(SWSI) to Assess the

Severity of Drought Conditions in Snowpack Runoff Areas[C]. Colorado: Proceedings of the Western Snow Conference.

Shawul A A, Chakma S. 2020. Trend of extreme precipitation indices and analysis of long-term climate variability in the Upper Awash basin, Ethiopia[J]. Theoretical and Applied Climatology, 140(1): 635-652.

Sheffield J, Wood E F, Roderick M L. 2012. Little change in global drought over the past 60 years[J]. Nature, 491(7424): 435-438.

Sheffield J, Wood E F. 2012. Drought: Past problems and future scenarios[J]. International Journal of Digital Earth, 5(5): 456-457.

Shen Y, Xiong A Y, Wang Y, et al. 2010. Performance of high-resolution satellite precipitation products over China[J]. Journal of Geophysical Research: Atmospheres, 115: D02114.

Sherwood S, Fu Q. 2014. A drier future[J]? Science, 343(6172): 737-739.

Shi J, Cui L, Ma Y, et al. 2018. Trends in temperature extremes and their association with circulation patterns in China during 1961—2015[J]. Atmospheric Research, 212: 259-272.

Shi X. 2020. Enabling smart dynamical downscaling of extreme precipitation events with machine learning[J]. Geophysical Research Letters, 47(19): e2020GL090309.

Sinclair C M. 2000. Global warming or not: The global climate is changing and the United States should too[J]. Georgia Journal of International and Comparative Law, 28(555): 556-593.

Smalley K M, Glisan J M, Gutowski W J. 2019. Alaska daily extreme precipitation processes in a subset of CMIP5 global climate models[J]. Journal of Geophysical Research, 124(8): 4584-4600.

Sokol Z, Szturc J, Orellana-Alvear J, et al. 2021. The role of weather radar in rainfall estimation and its application in meteorological and hydrological modeling—A review[J]. Remote Sensing, 13(3): 351-351.

Song J, Wang Z H, Myint S W, et al. 2017. The hysteresis effect on surface-air temperature relationship and its implications to urban planning: An examination in Phoenix, Arizona, USA[J]. Landscape and Urban Planning, 167: 198-211.

Strangeways I. 2010. A history of rain gauges[J]. Weather, 65: 133-138.

Su F, Hong Y, Lettenmaier D P. 2008. Evaluation of TRMM Multisatellite Precipitation Analysis(TMPA) and its utility in hydrologic prediction in the La Plata Basin[J]. Journal of Hydrometeorology, 9(4): 622-640.

Sui Y, Jiang D, Tian Z. 2013. Latest update of the climatology and changes in the seasonal distribution of precipitation over China[J]. Theoretical and Applied Climatology, 113(3-4): 599-610.

Sun Q, Miao C, Duan Q, et al. 2018. A review of global precipitation data sets: Data sources, estimation, and intercomparisons[J]. Reviews of Geophysics, 56: 79-107.

Sung M K, Kwon W T, Baek H J, et al. 2006. A possible impact of the North Atlantic Oscillation on the east Asian summer monsoon precipitation[J]. Geophysical Research Letters, 33(21): L21713.

Sunilkumar K, Yatagai A, Masuda M. 2019. Preliminary evaluation of GPM-IMERG rainfall estimates over three distinct climate zones with APHRODITE[J]. Earth and Space Science, 6: 1-15.

Tan H J, Cai R S, Chen J L, et al. 2017. Decadal winter drought in southwest China since the latter 1990s and its atmospheric teleconnection[J]. International Journal of Climatology, 37(1): 455-467.

Tannehill I R. 1947. Drought-its causes and effects[J]. Journal of the South African Forestry

Association, 18(1): 83-84.

Tarek M H, Hassan A, Bhattacharjee J, et al. 2017. Assessment of TRMM data for precipitation measurement in Bangladesh[J]. Meteorological Applications, 24(3): 349-359.

Tramblay Y, Badi W, Driouech F, et al. 2012. Climate change impacts on extreme precipitation in Morocco[J]. Global Planet Change, 82-83: 104-114.

Tsakiris G, Pangalou D, Vangelis H. 2007. Regional drought assessment based on the Reconnaissance Drought Index(RDI)[J]. Water Resources Management, 21: 821-833.

Ullah W, Wang G, Lou D, et al. 2021. Large-scale atmospheric circulation patterns associated with extreme monsoon precipitation in Pakistan during 1981—2018[J]. Atmospheric Research, 253: 105489.

Ummenhofer C C, Gupta A S, Briggs P R, et al. 2011. Indian and Pacific ocean influences on Southeast Australian drought and soil moisture[J]. Journal of Climate, 24(5): 1313-1336.

UNEP. 1993. World Atlas of Desertification[R]. London: United Nations Environment Programme.

Uppala S M, Kallberg P W, Simmons A J, et al. 2005. The ERA-40 re-analysis[J]. Quarterly Journal of the Royal Meteorological Society, 131: 2961-3012.

Ushio T, Kachi M. 2010. Kalman Filtering Applications for Global Satellite Mapping of Precipitation(GSMaP)[M]. Netherlands: Springer.

Vicente-Serrano S M, Beguería S, López-Moreno J I. 2010. A multiscalar drought index sensitive to global warming: The standardized precipitation evapotranspiration index[J]. Journal of Climate, 23(7): 1696-1718.

Wan B, Gao Z, Chen F, et al. 2017. Impact of Tibetan-Plateau surface heating over on persistent extreme precipitation events in Southeastern China[J]. Monthly Weather Review, 145(9): 3485-3505.

Wang A H, Lettenmaier D P, Sheffield J. 2011. Soil Moisture drought in China, 1950—2006[J]. Journal of Climate, 24(13): 3257-3271.

Wang B, Zhang M, Wei J, et al. 2013. Changes in extreme events of temperature and precipitation over Xinjiang, northwest China, during 1960—2009[J]. Quaternary International, 298: 141-151.

Wang F, Wang Z M, Yang H B, et al. 2020. Utilizing GRACE-based groundwater drought index for drought characterization and teleconnection factors analysis in the North China Plain[J]. Journal of Hydrology, 585: 124849.

Wang H, Li D L. 2018. Decadal variability in summer precipitation over eastern China and its response to sensible heat over the Tibetan Plateau since the early 2000s[J]. International Journal of Climatology, 39(3): 1604-1617.

Wang J, Zhang X. 2008. Downscaling and projection of winter extreme daily precipitation over North America[J]. Journal of Climate, 21(5): 923-937.

Wang Q, Liu Y, Tong L, et al. 2018. Rescaled statistics and wavelet analysis on agricultural drought disaster periodic fluctuations in China from 1950 to 2016[J]. Sustainability, 10(9): 3257.

Wang Z, Zhong R, Lai C, et al. 2017. Evaluation of the GPM IMERG satellite-based precipitation products and the hydrological utility[J]. Atmospheric Research, 196: 151-163.

Wang Z, Zhong R, Lai C, et al. 2018. Climate change enhances the severity and variability of drought in the Pearl River Basin in South China in the 21st century[J]. Agricultural and Forest Meteorology, 249: 149-162.

Wells N, Goddard S, Hayes M J. 2004. A Self-calibrating Palmer drought severity index[J]. Journal of Climate, 17: 2335-2351.

West H, Quinn N, Horswell M. 2019. Remote sensing for drought monitoring and impact assessment: Progress, past challenges and future opportunities[J]. Remote Sensing of Environment, 232: 111291.

Westra S, Alexander L V, Zwiers F W. 2013. Global increasing trends in annual maximum daily precipitation[J]. Journal of Climate, 26(11): 3904 -3918.

Whitmore J S. 2000. Drought Management on Farmland[M]. Dordrecht: Springer Science and Business Media.

Wilhite D A. 2000. Drought: A Global Assessment[M]. London: Routledge.

Wu M, Li Y, Hu W, et al. 2020. Spatiotemporal variability of standardized precipitation evapotranspiration index in Chinese mainland over 1961—2016[J]. International Journal of Climatology, 40(11): 4781-4799.

Wu M, Luo Y, Chen F, et al. 2019. Observed link of extreme hourly precipitation changes to urbanization over coastal South China[J]. Journal of Applied Meteorology and Climatology, 58(8): 1799-1819.

Wu Z, Zhang Y, Sun Z, et al. 2018. Improvement of a combination of TMPA(or IMERG) and ground-based precipitation and application to a typical region of the East China Plain[J]. Science of the Total Environment, 640-641: 1165-1175.

Xie P, Chen M, Shi W. 2010. CPC Unified Gauge-Based Analysis of Global Daily Precipitation[C]. Atlanta: 24th Conference on Hydrology.

Xie P, Janowiak J E, Arkin P A, et al. 2003. GPCP pentad precipitation analyses: An experimental dataset based on gauge observations and satellite estimates[J]. Journal of Climate, 16: 2197-2214.

Xing W, Wang B. 2017. Predictability and prediction of summer rainfall in the arid and semi-arid regions of China[J]. Climate Dynamics, 49(1-2): 419-431.

Xu H, Chen H, Wang H. 2021. Interannual variation in summer extreme precipitation over southwestern China and the possible associated mechanisms[J]. International Journal of Climatology, 41(6): 3425-3438.

Xu X, Du Y G, Tang J P, et al. 2011. Variations of temperature and precipitation extremes in recent two decades over China[J]. Atmospheric Research, 101(1-2): 143-154.

Xu Z, Wu Z, He H, et al. 2019. Evaluating the accuracy of MSWEP V2.1 and its performance for drought monitoring over Chinese mainland[J]. Atmospheric Research, 226: 17-31.

Yan G, Liu Y, Chen X. 2018. Evaluating satellite-based precipitation products in monitoring drought events in southwest China[J]. International Journal of Remote Sensing, 39: 3186-3214.

Yao N, Li L, Feng P, et al. 2019. Projections of drought characteristics in China based on a standardized precipitation and evapotranspiration index and multiple GCMs[J]. Science of the Total Environment, 704: 135245.

Yao N, Li Y, Lei T, et al. 2018. Drought evolution, severity and trends in Chinese mainland over 1961-2013[J]. Science of the Total Environment, 616-617: 73-89.

Yao Y, Liang S, Qin Q, et al. 2010. Monitoring drought over the conterminous United States using MODIS and NCEP Reanalysis-2 data[J]. Journal of Applied Meteorology and Climatology, 49: 1665-1680.

Yatagai A, Kamiguchi K, Arakawa O, et al. 2012. APHRODITE: Constructing a long-term daily gridded precipitation dataset for Asia based on a dense network of rain gauges[J]. Bulletin of the American Meteorological Society, 93: 1401-1415.

Yin J, Yan D, Yang Z, et al. 2016. Projection of extreme precipitation in the context of climate change in Huang-Huai-Hai region, China[J]. Journal of Earth System Science, 125(2): 417-429.

Yong B, Ren L, Hong Y, et al. 2013. First evaluation of the climatological calibration algorithm in the real-time TMPA precipitation estimates over two basins at high and low latitudes[J]. Water Resources Research, 49: 2461-2472.

Zamani Y, Monfared S A H, Moghaddam M A, et al. 2020. A comparison of CMIP6 and CMIP5 projections for precipitation to observational data: The case of Northeastern Iran[J]. Theoretical and Applied Climatology, 142(3-4): 1613-1623.

Zambrano-Bigiarini M, Nauditt A, Birkel C, et al. 2017. Temporal and spatial evaluation of satellite-based rainfall estimates across the complex topographical and climatic gradients of Chile[J]. Hydrology and Earth System Sciences, 21: 1295-1320.

Zavareh K. 1999. The duration and severity of drought over eastern Australia simulated by a coupled ocean atmosphere GCM with a transient[J]. Environmental Modelling and Software, 14: 243-252.

Zhang Q, Han L Y, Jia J Y. 2016. Management of drought risk under global warming[J]. Theoretical Applied Climatology, 125(1-2): 187-196.

Zhang Q, Liu S, Wang T, et al. 2019. Urbanization impacts on greenhouse gas(GHG) emissions of the water infrastructure in China: Trade-offs among sustainable development goals(SDGs)[J]. Journal of Cleaner Production, 232: 474-486.

Zhang R, Sumi A, Kimoto M. 1999. A diagnostic study of the impact of El Niño on the precipitation in China[J]. Advances in Atmospheric Sciences, 16(2): 229-241.

Zhang W, Zhou T. 2019. Significant increases in extreme precipitation and the associations with global warming over the global land monsoon regions[J]. Journal of Climate, 32(24): 8465-8488.

Zhang X, Wan H, Zwiers F W, et al. 2013. Attributing intensification of precipitation extremes to human influence[J]. Geophysical Research Letters, 40(19): 5252-5257.

Zhang Y Q, You Q L, Chen C C, et al. 2017. Flash droughts in a typical humid and subtropical basin: A case study in the Gan River Basin, China[J]. Journal of Hydrology, 551: 162-176.

Zhao Y, Huang A N, Zhou Y. 2014. Impact of the middle and upper tropospheric cooling over Central Asia on the summer rainfall in the Tarim Basin, China[J]. Journal of Climate, 27(12): 4721-4732.

第2章 IMERG V06 降水产品的评估校正

IMERG 是近年来更新变动较大、分辨率精度较高、应用较为广泛且很具有发展前景的遥感降水产品。本章基于气象站降水数据，在日、月、年尺度下，对 2000～2019 年全国 7 个子区域 677 个气象站的 IMERG V06 降水产品和 TMPA 3B42 V7 降水产品最终运行的准确性进行了评估，并对其进行了校正，以用于降水预测。

2.1 材料与方法

2.1.1 研究区域概况

中国地处亚洲东部太平洋西海岸，地势西高东低，呈三级阶梯式分布。受季风气候和复杂地形显著影响，降水量时空分布不均，呈明显的东多西少、夏多冬少的趋势。由于季节性降水和区域性降水存在典型差异（张强等，2011），中国被划分为 7 个分区（赵松乔，1983），编号依次为Ⅰ～Ⅶ，对应西北荒漠地区、内蒙古草原地区、青藏高原地区、东北湿润半湿润温带地区、华北湿润半湿润温带地区、华中华南湿润亚热带地区和华南湿润热带地区，不同分区的气候特征依次为中温带干旱气候、中温带半干旱气候、高原亚寒带半干旱气候、中温带半湿润气候、暖温带半湿润气候、北亚热带湿润气候和热带湿润气候。

每个分区的气候特征和年均降水量、面积等信息见表 2-1。

我国气象站、高程、分区以及 TMPA 3B42 V7 和 IMERG V06 数据格网分布详见图 2-1。

2.1.2 研究数据

从中国气象数据网（http://data.cma.cn）上收集了 839 个气象站的逐日降水数据。为保证数据质量（在研究期间 2000 年 6 月 1 日～2019 年 6 月 30 日，有 99%的时段具有实测值），共 677 个站点符合条件（图 2-1），并被选作评估 IMERG V06 和 TMPA 3B42 V7 降水数据集精度的参照数据，其缺失数据采用反距离权重插值法，由同时期最邻近的 10 个无缺测站点进行插补。观测数据均经过严格的质量控制，包括气候极值检查、站极值检查和时空一致性检查和非参数检验（Kendall

表 2-1　中国 7 个分区的气候特征和年均降水量、面积等信息表

编号	分区	气候特征	面积 /10^6 km^2	T_{max} /℃	T_{min} /℃	U_2 /（m/s）	RH /%	N /h	Pr /mm
I	西北荒漠地区	中温带干旱气候	1.856	15.1	1.6	1.9	50	8.1	134
II	内蒙古草原地区	中温带半干旱气候	0.803	12.1	−1.1	2.2	54	8.1	307
III	青藏高原地区	高原亚寒带半干旱气候	2.694	11.7	−2.7	1.7	53	7.2	468
IV	东北湿润半湿润温带地区	中温带半湿润气候	0.934	10.7	−1.3	2.1	65	6.9	593
V	华北湿润半湿润温带地区	暖温带半湿润气候	0.917	17.0	6.0	1.9	63	6.7	593
VI	华中华南湿润亚热带地区	北亚热带湿润气候	1.906	21.3	12.8	1.4	77	4.5	1293
VII	华南湿润热带地区	热带湿润气候	0.549	26.3	18.3	1.6	79	5.2	1600
	中国陆地		9.659	17.8	7.2	1.7	67	6.1	869

注：T_{max} 为最高气温，T_{min} 为最低气温，U_2 为 2m 高平均风速，RH 为相对湿度，N 为日照时数，Pr 为降水量。

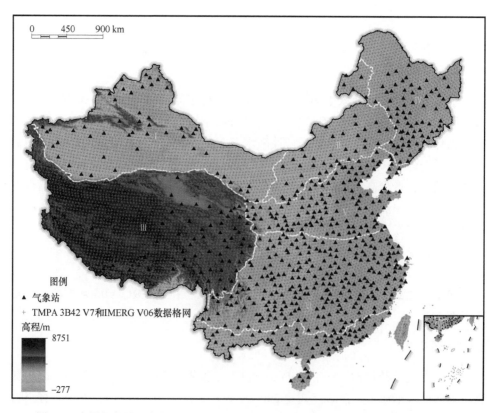

图 2-1　中国气象站、高程、分区以及 TMPA 3B42 V7 和 IMERG V06 数据格网分布

缺少台湾省气象站相关数据

相关性检验和 Mann-Whitney 均匀性检验）（Helsel and Hirsch，1992），每日的降水数据是从北京时间 8:00 记录到次日 8:00，换算成世界时间[协调世界时

（Universal Time Coordinated，UTC）]为当日 00:00～24:00，其与卫星降水数据集观测时间同步。

　　TRMM 于 1997 年执行，这项任务是由 NASA 和 JAXA 联合发布的，主要提供基于卫星的全球降水监测（Zhao et al.，2015），监测卫星在 240mi[①]的低轨道高度飞行，使用一些仪器来探测降雨，包括雷达、微波成像和闪电传感器；然而不幸的是，该任务于 2015 年 4 月 8 日被迫关闭，飞船在 2015 年 6 月 15 日重新进入地球大气层。虽然这项任务终止了，但仍可以使用星座内其他卫星的输入数据检索继续更新多源卫星 TMPA 数据集。由于 TRMM 系列应用的算法是多卫星降水分析算法（Huffman et al.，2010，2007），因此数据集称为 TMPA。在 TMPA 数据集中，3B42 处理能够最大限度地提高数据质量，并强烈建议许多研究使用。TMPA 3B42 V7 数据集可在（https://disc.gsfc.nasa.gov）免费获得，其空间覆盖范围为 50°S～50°N，时间覆盖范围为 1998 年 1 月 1 日～2019 年 12 月 30 日。本章中，选用 2000 年 6 月 1 日～2019 年 6 月 30 日的 0.25°×0.25°的 TMPA 3B42 V7 降水估计数据，最小的研究时间尺度为日尺度，日尺度数据是由时间分辨率为 3 小时的 TMPA 3B42 V7 降水数据集在 00:00～24:00 时段内累加而得的，月尺度、年尺度数据分别由日尺度、月尺度数据累加而得。

　　GPM 是成功建立在 TRMM 基础上的一个国际卫星网络降水监测计划。GPM 大约拥有 10 颗星座卫星和 1 颗于 2014 年 2 月 27 日从日本种子岛航天中心发射的核心卫星，该卫星携带多通道 GPM 微波成像仪，该成像仪以一组频率和首个星载 Ku/Ka 波段双频降水雷达（Dual-frequency Precipitation Radar，DPR）为参考标准，统一来自调查和执行星座卫星的降水测量，该频率在过去的 20 年里被优化过，双频降水雷达对轻降雨和降雪具有较高的探测灵敏度（Hou et al.，2013）。适用于该产品的 IMERG 算法旨在校准、融合和内插所有卫星微波降水估算值，包括微波校准的红外卫星估算值，以及 TRMM 和 GPM 时代的精细时空尺度的沉降分析和潜在降水估算值。目前，最新版本的 IMERG V06 降水产品已追溯至 TRMM 时代，时间范围从 2000 年 6 月开始到现在，该产品的空间分辨率为 0.1°×0.1°，空间覆盖范围为 60°S～60°N，日尺度数据在 UTC 时间 0:00～24:00 记录，源自 2 小时后释放的半小时 GPM_3IMERGHH 数据产品，每日累计降水的最终估算值会延迟 2～3 个月更新（Li et al.，2018），下载地址为（https: //disc.gsfc.nasa.gov/datasets/GPM_3IMERGDF_V05/）。选用该产品的研究期间为 2000 年 6 月 1 日～2019 年 7 月 31 日。为了与 TMPA 3B42V7 数据产品的空间分辨率保持一致（Ma et al.，2016；Tang et al.，2016），从戈达德地球科学数据和信息服务中心（GESDISC）

---

① 1mi=1.609344 km。

获取重采样后的空间分辨率为 0.25°×0.25° 的 IMERG V06 产品，它是使用气候数据运算器（Climate Data Operator，CDO）软件，通过球面坐标系中网格之间字段的四个最近邻值的距离加权重映射创建的（Zender，2008）。数据计算的具体过程参考网站 https://code. mpimet.mpg.de/projects/cdo/embedded/cdo.pdf。

2.1.3 卫星数据的重采样

由于将气象站观测数据插值到空间上可能会引入一些误差（金晓龙等，2016），因而在站点尺度上对 TMPA 和 IMERG 系列降水数据的精度进行了比较和评估。研究利用气象站坐标与格网对应关系提取卫星降水数据（Chen et al.，2018），如果每个格网内有一个站点，则该站点对应的观测值为实测值，如果每个格网内有一个以上站点，则取格网内站点观测降水数据的平均值作为实测值，所在栅格值为卫星反演降水的估计值。另外，如果站点坐标落在两个栅格之间的边界线上，则使用包含气象站的两个卫星栅格的降水数据均值作为卫星反演降水的估计值。站点与栅格可能的对应关系示例见图 2-2。

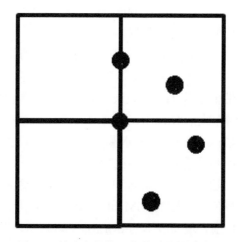

图 2-2　站点与栅格可能的对应关系示例

2.1.4 TMPA 3B42 V7 和 IMERG V06 产品性能评价

本章选取了均方根误差（RMSE）、相对偏差（RB）、相对均方根误差（RRMSE）、决定系数（R^2）、探测率（POD）、误报率（FAR）和关键成功指数（CSI）等指标评估了日、月、年三个时间尺度的两种卫星产品（IMERG V06、TMPA 3B42 V7）在中国 7 个分区不同月份的表现。各指标具体计算公式如下：

$$\mathrm{RMSE} = \sqrt{\frac{\sum\limits_{i=1}^{\mathrm{nn}} \left(\mathrm{Pr}_{\mathrm{sat},i} - \mathrm{Pr}_{\mathrm{obs},i}\right)^2}{\mathrm{nn}}} \tag{2-1}$$

$$\mathrm{RB} = \frac{\sum\limits_{i=1}^{\mathrm{nn}} \left(\mathrm{Pr}_{\mathrm{sat},i} - \mathrm{Pr}_{\mathrm{obs},i}\right)}{\sum\limits_{i=1}^{\mathrm{nn}} \mathrm{Pr}_{\mathrm{obs},i}} \tag{2-2}$$

$$\mathrm{RRMSE} = \frac{\sqrt{\dfrac{1}{\mathrm{nn}}\sum\limits_{i=1}^{\mathrm{nn}} \left(\mathrm{Pr}_{\mathrm{sat},i} - \mathrm{Pr}_{\mathrm{obs},i}\right)^2}}{\dfrac{1}{\mathrm{nn}}\sum\limits_{i=1}^{\mathrm{nn}} \mathrm{Pr}_{\mathrm{obs},i}} \tag{2-3}$$

$$R^2 = \left(\frac{\sum\limits_{i=1}^{\mathrm{nn}} \left(\mathrm{Pr}_{\mathrm{sat},i} - \overline{\mathrm{Pr}_{\mathrm{sat}}}\right)\left(\mathrm{Pr}_{\mathrm{obs},i} - \overline{\mathrm{Pr}_{\mathrm{obs}}}\right)}{\sqrt{\sum\limits_{i=1}^{\mathrm{nn}} \left(\mathrm{Pr}_{\mathrm{sat},i} - \overline{\mathrm{Pr}_{\mathrm{sat}}}\right)^2 \times \sum\limits_{i=1}^{\mathrm{nn}} \left(\mathrm{Pr}_{\mathrm{obs},i} - \overline{\mathrm{Pr}_{\mathrm{obs}}}\right)^2}}\right)^2 \tag{2-4}$$

$$\mathrm{POD} = \frac{\mathrm{HH}}{\mathrm{HH} + \mathrm{MM}} \tag{2-5}$$

$$\mathrm{FAR} = \frac{\mathrm{FF}}{\mathrm{HH} + \mathrm{FF}} \tag{2-6}$$

$$\mathrm{CSI} = \frac{\mathrm{HH}}{\mathrm{HH} + \mathrm{MM} + \mathrm{FF}} \tag{2-7}$$

式中，nn 为站点总数；$\mathrm{Pr}_{\mathrm{sat},i}$ 和 $\mathrm{Pr}_{\mathrm{obs},i}$ 分别为卫星反演和气象站点观测降水（mm）；$\overline{\mathrm{Pr}_{\mathrm{sat}}}$ 和 $\overline{\mathrm{Pr}_{\mathrm{obs}}}$ 分别为卫星反演的降水均值和气象站观测的降水均值；HH 为卫星正确探测到的观测降水；MM 为没有被卫星探测到的观测降水；FF 为被卫星探测到未被气象站观测到的降水。对此，Ebert 等（2007）提供了 POD、FAR 和 CSI 的详细解释，它们一般只适用于日尺度。7 个指标可以评估卫星反演降水产品的表现优劣。例如，当 RMSE、RRMSE 和 RB 接近于 0 或 R^2 接近于 1 时，说明卫星反演降水产品表现更优，POD 值越高说明该产品对降水的漏报率就越低，FAR 值越接近于 0 卫星错误预报降水的概率就越低，CSI 值越高则说明该套卫星产品预测降水的综合能力越强。

2.1.5　卫星降水产品的率定与验证

为了对卫星产品进行校正和预测，利用 20 年的月尺度数据，对每个气象站的

TMPA 3B42 V7、IMERG V06 与气象站实测降水组合进行线性回归分析，得到参数 a 和 b，其关系式如下：

$$\text{Pr}_{\text{obs}} = a\,\text{Pr}_{\text{sat}} + b \tag{2-8}$$

式中，Pr_{sat} 为卫星反演的降水；Pr_{obs} 为气象站观测的降水；a 为回归系数；b 为残差。通过计算决定系数 R^2 来比较两卫星产品的表现和定标参数的可靠性。

为验证卫星降水校正的可靠性，选用 2000 年 6 月～2017 年 5 月的月尺度降水数据用于率定、2017 年 6 月～2019 年 6 月的月降水数据用于验证。

2.1.6 卫星降水的校正与预测

式（2-8）中的参数 a 和 b 可以进一步用于校正和预测卫星降水数据，这些数据已经得到验证，在未来几年的不同月份对中国所有网格都表现出更好的性能。根据以往的研究（Macharia et al.，2020；Wehbe et al.，2017；Dinku et al.，2010），普通克里金插值法可以用来将参数 a、b 由站点插值到与卫星同分辨率的格网上，然后月尺度的卫星降水数据根据参数 a、b 通过式（2-8）得到校正、预测后的结果。

为检验参数插值的可靠性，研究对校正、预测后的降水进行了十折交叉验证，并采用纳什效率（Nash-Sutcliffe Efficiency，NSE）系数和标准误差估计（Standard Error of Estimates，SEE）来检验结果（Gravetter and Wallnau，2009；Nash and Sutcliffe，1970），公式为

$$\text{NSE} = 1 - \frac{\sum_{i=1}^{n}\left(\text{Pr}_{\text{obs}} - \text{Pr}_{\text{pre}}\right)^2}{\sum_{i=1}^{n}\left(\text{Pr}_{\text{obs}} - \overline{\text{Pr}_{\text{obs}}}\right)^2} \tag{2-9}$$

$$\text{SEE} = \sqrt{\frac{\sum_{i=1}^{n}\left(\text{Pr}_{\text{pre}} - \text{Pr}'_{\text{obs}}\right)^2}{n-2}} \tag{2-10}$$

式中，Pr_{obs} 为气象站观测的降水；Pr_{pre} 为卫星预测的降水；$\overline{\text{Pr}_{\text{obs}}}$ 为气象站观测的降水均值；Pr'_{obs} 为气象站降水回归值。NSE 值的范围是 $(-\infty, -1)$。当 NSE 值为 0～1 时，交叉验证的结果可以接受；当 NSE 值为 1 时，交叉验证的结果表现最佳；当 NSE 值小于 0 时，交叉验证的结果失败。SEE 值越小，说明预测降水值偏离回归线的偏差越小。

2.2　结果与分析[①]

2.2.1　日尺度下 IMERG 和 TMPA 降水产品精度评估

IMERG 和 TMPA 降水产品与气象站观测日尺度降水值在全国及 7 个分区分别进行了比较，研究期为 2000 年 6 月 1 日～2019 年 6 月 30 日。气象站观测与卫星反演的日降水在全国及 7 个分区的散点密度图及回归线如图 2-3 所示。

由图 2-3 可知：①TMPA 降水产品的 RMSE、R^2 和回归线斜率值的波动范围分别为 2.1～11.3mm/d、0.12～0.46 和 0.31～0.7；其中，它们的最优值分别出现在Ⅰ、Ⅶ和Ⅲ（Ⅵ）区，最劣值分别出现在Ⅶ、Ⅰ和Ⅰ区。由于 RMSE 受降水基数值影响不能用于对比各区间表现，结合散点分布以及 R^2 和回归线斜率等参数值可以看出，TMPA 降水产品在Ⅰ区表现最差，而在其他区域的表现明显优于Ⅰ区，其中在Ⅵ区表现最优。此外，TMPA 降水产品在Ⅰ～Ⅶ区以及全国的回归线斜率值均在 1∶1 线之下，说明该产品低估了日降水。②IMERG 降水产品的 RMSE、R^2 和回归线斜率值的波动范围分别为 1.8～10.2mm/d、0.26～0.55 和 0.41～0.7；其中，它们的最优值分别出现在Ⅰ、Ⅳ区（全国）和Ⅵ区（Ⅶ区、全国），最劣值分别出现在Ⅶ、Ⅰ和Ⅰ区。综合散点分布以及 R^2 和回归线斜率值等参数值的表现可以看出，IMERG 降水产品在Ⅰ区表现最差，在全国表现最优，而在其他区域的表现都较为接近，特别是Ⅵ、Ⅶ区。此外，IMERG 降水产品各区的回归线斜率值也均在 1∶1 线之下，说明该产品也低估了日降水。③综合比较 IMERG 和 TMPA 降水产品，在各个分区以及全国 IMERG 降水产品的表现均优于 TMPA 降水产品，特别是体现在决定系数 R^2 值上。两产品在Ⅰ区均表现较差是降水量偏低、微量降水发生较为频繁而卫星对微量降水的捕捉能力较差导致的，此外Ⅰ区受地理条件等因素限制，该区域所设立的气象站点数量较少，样本量较为局限，这也会导致Ⅰ区的评估结果表现较差。

为了更直观地比较两套卫星降水产品（TMPA 和 IMERG）在各分区与站点观测降水数据间的差异，本书绘制了 2018 年 IMERG 和 TMPA 降水产品反演降水与气象站观测降水在我国 7 个分区以及全国日均值的时间变化图（图 2-4）。其中，逐日平均降水值是通过对子区域各气象站点观测降水值和相应的卫星反演降水求均值而得到的。

从图 2-4 可以看出：①TMPA 降水产品在Ⅱ、Ⅳ、Ⅴ、Ⅵ、Ⅶ区和全国均能捕捉到实测降水主要的日变化规律，且在总体上其日变化值与实测日变化值无明

[①] 本节中 IMERG 降水产品指 IMERG V06；TMPA 降水产品指 TMPA 3B42 V7。

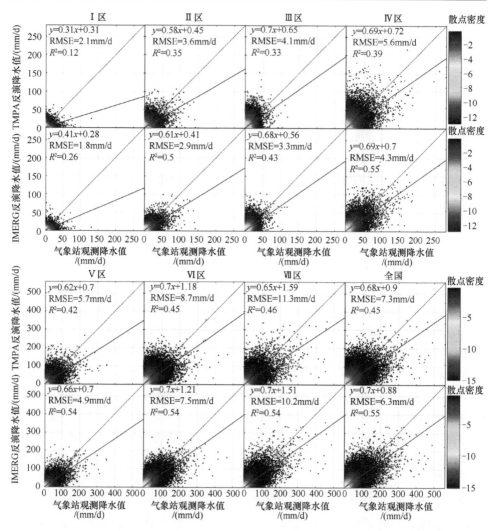

图 2-3　气象站观测与卫星反演的日降水在全国及 7 个分区的散点密度图及回归线

显偏差。该产品在平均降水相对较低（小于 5mm/d）的Ⅰ和Ⅲ区与实测值偏离较大，特别是在降水值较低的干燥月份常出现明显高估，且不能够较好地捕捉该区域的降水峰值，常出现低估或早估现象。②IMERG 降水产品在除Ⅰ和Ⅲ区外的其他区域与气象站观测降水值的时间变化有较高的一致性，在Ⅰ和Ⅲ区，特别是Ⅰ区，IMERG 降水产品难以准确捕捉降水产品的峰值，常出现对峰值的高估和早估现象，但在降水量较低的时段展现出较好的捕捉能力，说明最新版的 IMERG 降水产品虽然跨越了 TRMM 和 GPM 两个时代，但其继承和保留了 GPM 时代的卫星对微量降水观测的优势。③综合比较 IMERG 和 TMPA 降水产品，两者在Ⅱ、

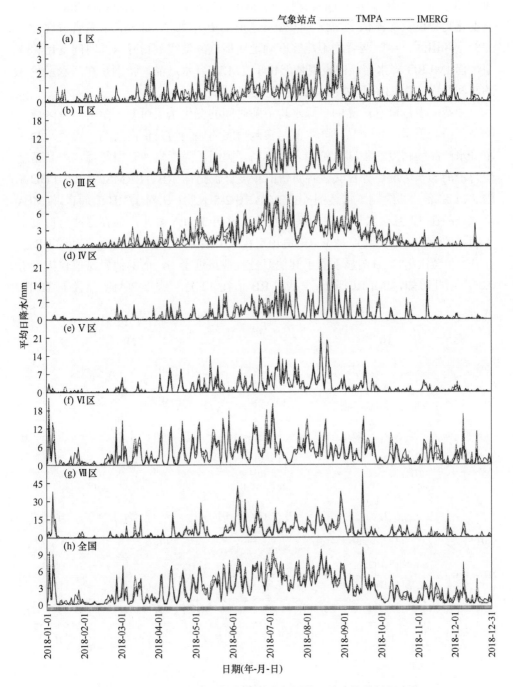

图 2-4　2018 年降水产品和气象站点观测的日降水均值时间变化

Ⅳ～Ⅶ区以及全国均有较好的表现，但 IMERG 降水产品与气象站观测的日降水从变化趋势以及实测值上均较 TMPA 降水产品更为接近，此外，在两者表现均较差的Ⅰ和Ⅲ区，尽管两者均不能够准确地捕捉气象站实测日降水的时间变化和峰值，但 IMERG 降水产品的表现依然优于 TMPA 降水产品，特别是在降水量较低的时间段内，IMERG 降水产品的优势更为明显。

由两套卫星降水产品的日降水均值随时间的变化结果可知，除受研究区域影响外，两套卫星降水产品日降水值与实测值间的偏差随月份而波动，说明两套卫星降水产品的精度在不同月份的表现不同。因而，为探索两套卫星降水产品精度受月份的影响情况，计算其在各月份的精度评价指标 RB、RRMSE、R^2、POD、FAR、CSI 值，并绘制了雷达图（图 2-5）。图 2-5 表明：①对于 RB 值而言，TMPA 降水产品在 12 月至次年 2 月出现了负值，说明 TMPA 降水产品在这些月份发生了明显的低估，但在其他月份 RB 值稳定在 0.05 左右；IMERG 降水产品的 RB 值在 12 月至次年 2 月明显不同于其他月份且很接近于 0，而其他月份值较接近于 0.05；由此可知，IMERG 降水产品的 RB 值在 12 月至次年 2 月明显优于 TMPA

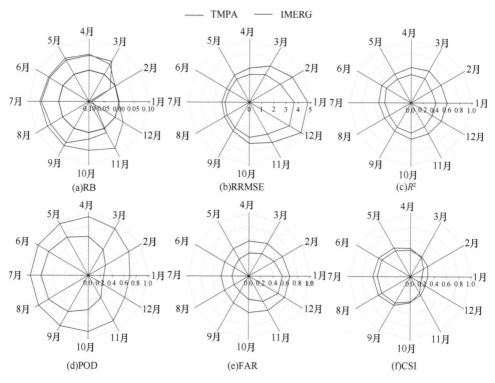

图 2-5　基于卫星日降水产品在中国各月的 6 个精度评价指标的雷达图

降水产品，但在其他月份略差于 TMPA 降水产品。②从 RRMSE 的结果可以看出，TMPA 和 IMERG 降水产品在 12 月至次年 2 月的 RRMSE 值均明显高于其他月份，而其他月份的值较为稳定，但在各个月份 IMERG 降水产品的 RRMSE 值均优于 TMPA 产品。③关于决定系数 R^2，两套卫星降水产品在各个月份的 R^2 值表现较为稳定，TMAP 和 IMERG 降水产品各月份的 R^2 值分别均在 0.4 和 0.6 附近，R^2 值随月份波动不大，但 IMERG 降水产品的 R^2 值在各月份表现更优。④由 POD 值结果可知，IMERG 和 TMAP 降水产品的 POD 值在 12 月至次年 2 月均低于其他月份，说明两套卫星降水产品在干燥月份对降水事件的探测能力较差于其他月份，但 IMERG 降水产品在各月份的 POD 值表现都远优于 TMPA 降水产品，尤其是在 12 月至次年 2 月。⑤就 FAR 值而言，两套卫星降水产品的 FAR 值在 6～8 月相对较低，在 12 月至次年 2 月相对较高，说明两套卫星降水产品对降水时间的误报率在冬季较高、在夏季较低。但 TMPA 降水产品在各月份的 FAR 值均低于 IMERG 降水产品。⑥关于 CSI 值，两套卫星降水产品的 CSI 值在夏季优于冬季，且 TMPA 降水产品在夏季表现较佳，IMERG 降水产品在冬季表现较佳。综合上述各指标的结果可以看出，两套卫星降水产品在潮湿月份表现较好、在干燥月份表现较差，且 IMERG 降水产品在所有月份的表现基本优于 TMPA 降水产品。

　　为了解 TMPA 和 IMERG 降水产品的空间表现情况，本书计算了全国 677 个站点用于评估 TMPA 和 IMERG 日降水产品精度的 6 个统计指标（RB、RRMSE、R^2、POD、FAR 和 CSI），其在不同分区的变化情况如图 2-6、图 2-7 所示。

　　图 2-6 及图 2-7 表明：①6 个指标值随站点位置的变化而改变，但具有明显的区域性特征。RB 值在中国大部分区域为正值（卫星反演降水出现高估），且在中国东部较低，但在中国中南部也存在少部分负值（卫星反演降水发生低估），基于 RB 指标的评判，IMERG 降水产品优于 TMPA 降水产品。②IMERG 降水产品的 RRMSE 值通常低于 TMPA 降水产品的 RRMSE 值，且在中国南部较低，说明 IMERG 降水产品的 RRMSE 表现优于 TMPA 降水产品，且在华南地区表现较佳。③两套卫星降水产品均具有较高的 R^2 值，但在华东地区优于华西地区，且 IMERG 降水产品的 R^2 值在较多站点高于 TMPA 降水产品。④IMERG 降水产品在大部分站点的 POD 值均大于 TMPA 降水产品，说明该产品有较高的探测率。⑤IMERG 降水产品的 FAR 值高于 TMPA 降水产品的 FAR 值，并且随着纬度的减小而减小。⑥TMPA 降水产品的 CSI 值略大于 IMERG 降水产品的 CSI 值，在华南地区则更高。⑦在 7 个分区中，IMERG 降水产品在除 I 区外的所有子区域中的 RB 值均较小且波动范围较小。对于除 I 区外的大多数子区域，IMERG 降水产品的 RRMSE 值较低。7 个分区尤其是 I 区中，IMERG 降水产品的 R^2 和 POD 值显著高于 TMPA

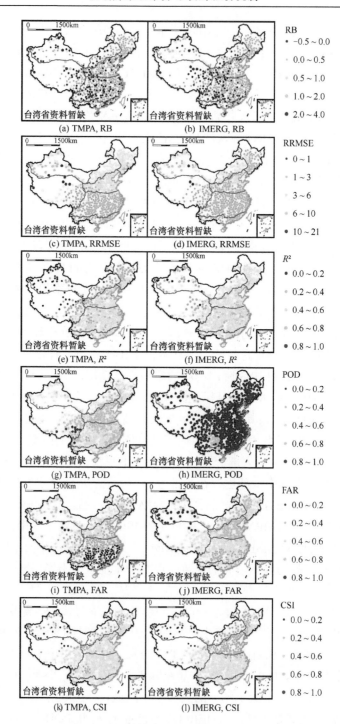

图 2-6　日尺度下不同卫星降水产品的精度评价指标空间分布

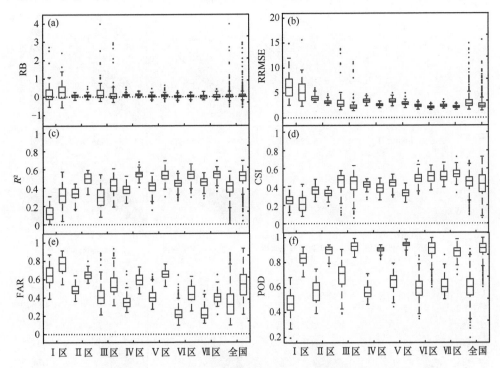

图 2-7　日尺度下不同卫星降水产品的精度评价指标箱形图

图中蓝色代表 TMPA；红色代表 IMERG

降水产品。最高的 FAR 值发生在Ⅰ区，最低的 FAR 值发生在Ⅵ区。在除Ⅵ和Ⅶ区之外的其他区域，TMPA 降水产品的 CSI 值高于 IMERG 降水产品。

　　综上，从时间和空间角度评估，日尺度下，两套卫星降水产品在Ⅰ区的表现最差，但 IMERG 的日尺度降水产品在 7 个分区均优于 TMPA 降水产品，且在Ⅰ区最为明显，此外，两套卫星降水产品的精度受到月份的影响，在干燥月份表现较差，但 IMERG 降水产品在各个月份的表现均优于 TMPA 降水产品，特别是在 12 月至次年 2 月。

2.2.2　月尺度下 IMERG 和 TMPA 降水产品精度评估

　　气象站观测和 IMERG、TMPA 两卫星降水产品的月尺度降水数据值在全国和不同分区绘制了散点密度图和回归线（图 2-8），并计算了 RMSE 和 R^2 指标，研究时段为 2000 年 6 月～2019 年 6 月。结果表明：①TMPA 降水产品在各个分区及全国的 RMSE、R^2 和回归线斜率值的波动范围分别为 14～52.6mm/月、0.46～0.88 和 0.63～0.96；其中，它们的最优值分别出现在Ⅱ区、全国和Ⅲ（Ⅳ）区，

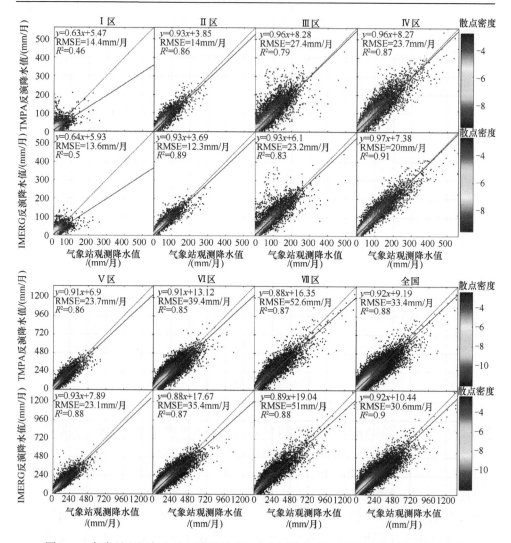

图2-8　气象站观测与卫星反演的月降水在全国及7个分区的散点密度图及回归线

它们分别在Ⅶ、Ⅰ和Ⅰ区表现最差。综合散点分布以及 R^2 和回归线斜率值等参数值等表现情况可以看出，TMPA 降水产品在Ⅰ区表现最差、在Ⅳ区表现最好，而在其他区域的表现远优于Ⅰ区且具有很高的精度。此外，根据 TMPA 降水产品在各区的回归线斜率值可以看出，该产品均低估了月降水。②IMERG 降水产品的 RMSE、R^2 和回归线斜率值的波动范围分别为 12.3～51mm/月、0.5～0.91 和 0.64～0.97；其中，它们的最优值分别出现在Ⅱ、Ⅳ和Ⅳ区，最劣值分别出现在Ⅶ、Ⅰ和Ⅰ区。综合散点分布以及 R^2 和回归线斜率值等参数值的表现可以看出，IMERG

降水产品在Ⅰ区表现最差、在Ⅳ区表现最优，而在其他区域的精度都很高。此外，IMERG 降水产品各区的回归线斜率值表现说明该降水产品也低估了月降水。③综合比较 IMERG 和 TMPA 降水产品在各个分区以及全国的表现可以看出，IMERG 降水产品更具优势，即使是在两套卫星降水产品均表现最差的Ⅰ区。此外，IMERG 和 TMPA 降水产品的降水值在月尺度下的表现明显优于日尺度，除Ⅰ区外，R^2 值均大于等于 0.79，回归线也均接近于 1∶1 线，且斜率值范围为 0.88～0.97（Ⅰ区除外）。月尺度下，两套卫星降水产品的精度相对于日尺度有了明显的提高，这是由于这两套卫星降水产品都经过 GPCC 的月尺度产品校正。

为了解月尺度下 IMERG 和 TMPA 降水产品在空间上的表现情况，计算了全国各站点月尺度下两套卫星降水产品的 6 个精度评价指标，并绘制了其在各区域的箱形图（图 2-9、图 2-10）。图 2-9 及图 2-10 的结果表明：①与日尺度相比，IMERG 和 TMPA 降水产品的 RB 没有明显变化，RB 值的大小及空间分布与日尺度的基本一致。相比于日尺度，两者大部分站点的 RRMSE 值显著降低，说明月尺度下，两套卫星降水产品的 RRMSE 明显减小，且除西北部以外其他区域的绝大部分站点的 RRMSE 值均小于 0.5，IMERG 降水产品在大多数站点的表现均优于 TMPA 降水产品。两套卫星降水产品的 R^2 值相较于日尺度均有显著的提升，西北部 R^2 值表现略差，而其他区域大部分站点的 R^2 值均高于 0.8，体现出两套卫星降水产品与地面观测降水数据间有很高的相关性，尽管如此，IMERG 降水产品在更多站点的表现仍优于 TMPA 降水产品。两套卫星降水产品的 POD 值在全国各区域分布均匀，均高于 0.8，说明两套卫星降水产品对月降水事件的探测能力均很强。相比于日尺度，FAR 值显著降低，除西北部个别站点 FAR 值相对较高外，其余大多数站点均小于 0.1。②两套卫星降水产品的 CSI 值，除Ⅰ区外，均表现良好，且 IMERG 降水产品的 CSI 值表现略优于 TMPA 降水产品。③除Ⅰ区和Ⅲ区外，两套卫星降水产品的 6 个指标值均接近于最优值，且 IMERG 比 TMPA 降水产品更接近于最优值，各分区的 6 个指标变化范围相对于日尺度情况下明显缩小，各个指标的每个分区 IMERG 降水产品的表现均优于 TMPA 降水产品。

为直观地比较 IMERG 和 TMPA 降水产品反演降水与气象站观测降水在 7 个分区及全国月均值的时间变化，以 2009 年 1 月～2018 年 12 月这十年为例，气象站观测和 TMPA、IMERG 降水产品的月降水在全国和不同分区的平均值的时间变化如图 2-11 所示。从图 2-11 中的三条线中可以直观地观察到月降水的周期性变化。

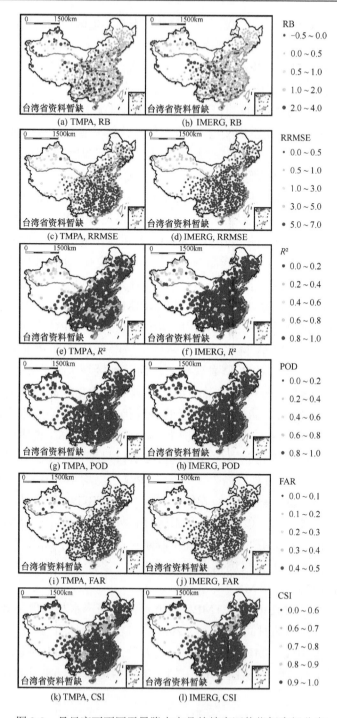

图 2-9　月尺度下不同卫星降水产品的精度评价指标空间分布

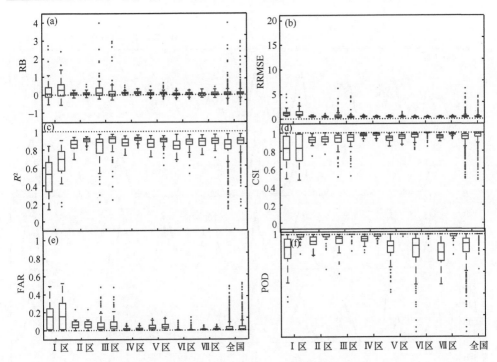

图 2-10　月尺度下不同卫星降水产品的精度评价指标箱形图

图中蓝色代表 TMPA；红色代表 IMERG

图 2-11 表明：①TMPA 降水产品的月降水均值在视觉上与观测到的月降水数据十分接近，并且在不同的分区中都显示出非常相似的波动模式，其与气象站实测值的偏差在 I 区和 III 区很大，这两个区域的气候偏干燥，但在 II 区和 IV～VII 区偏差普遍较小，这些区域的气候特点大多数较为湿润。对于 I 区和 III 区，TMPA 降水产品无法准确捕获高峰和低谷的月降水值，尤其是在 1～3 月和 11～12 月降水量相对较低，且降水事件发生频次较低的时段。②IMERG 降水产品可以高度捕捉气象站实测的月降水序列波动，但这种捕捉能力在 I 区和 III 区会受到影响而有所降低，而且在这些地区，常出现高估峰值和低估谷值的现象，特别是在 I 区。③相比之下，IMERG 降水产品的月降水值近似大于实际观测和 TMPA 降水产品估计的月降水值；无论是 I、III 区还是 II、IV～VII 区、全国，IMERG 降水产品的月降水估计值的时间变化较 TMPA 降水产品更接近于气象站观测值，它的时间序列变化情况与实际观测值较为一致，这种一致性展现出 IMERG 降水产品的可校正潜力。详细比较两套卫星降水产品与气象站观测月降水数据在不同分区的时间序列发现，在大多数情况下，除 I 区和 V 区的 2 月和 3 月外，IMERG 降水产品的

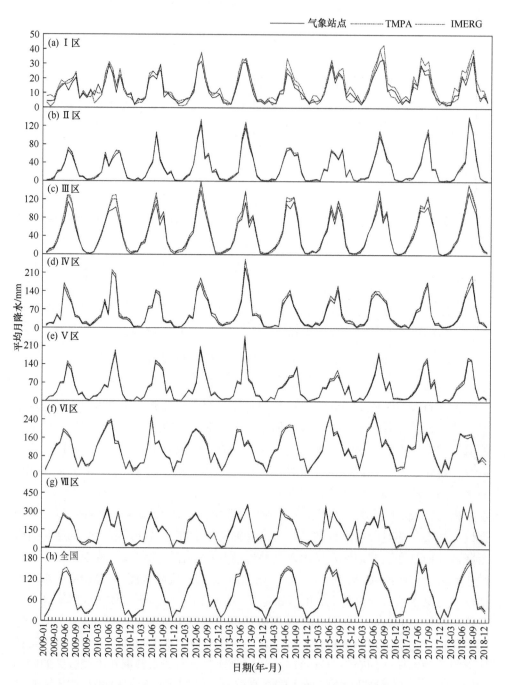

图 2-11　2009 年 1 月～2018 年 12 月降水产品和气象站点观测的月降水均值时间变化

性能均优于 TMPA 降水产品。此外，两卫星降水产品降水值与气象站实测值的时间变化序列在月尺度下的接近程度远优于日尺度，与日尺度相比，IMERG 和 TMPA 降水产品的性能显著提高。

根据月尺度下 IMERG、TMPA 降水产品与地面观测降水值的时间序列变化可以看出，两套卫星降水产品在不同的区域和不同的时间段下表现有所差异，因此，为探究月尺度下，各区域在不同月份 IMERG、TMPA 降水产品的表现，图 2-12 绘制了 2000 年 6 月～2019 年 6 月全国和不同分区在 1～12 月气象站观测值与卫星降水值的散点图和回归分析结果。

从图 2-12 可以看出：①TMPA 降水产品，在Ⅰ～Ⅲ区受月份影响明显，冬季月份（12 月至次年 2 月）降水产品的表现明显不如其他月份，而在夏秋季（6～11 月）的表现略优于春季，从图 2-12 可以看出，这些区域在夏秋季的降水量相对较高。而在Ⅳ～Ⅶ区以及全国，TMPA 降水产品在各个月份的表现差异不大，只是在夏季月份（6～8 月）表现较其他月份稍有逊色，它们的回归线较其他月份偏离 1∶1 线更为明显，这个季节这些区域的降水量较高，且对流降水出现频繁。此外，在Ⅰ～Ⅲ区的各月份，TMPA 降水产品整体上均不同程度地低估了实测值，而在Ⅳ～Ⅵ区的各月份，除Ⅳ区的 12 月至次年 2 月发生了轻微高估外，整体上均低估了实际降水。②IMERG 降水产品在Ⅰ～Ⅲ区的表现与 TMPA 降水产品很相似，在冬春季（12 月和 1～5 月）表现较差，特别是在Ⅰ区的 2 月和 3 月，IMERG 降水产品的 R^2 值很低，且回归线偏离 1∶1 线很大，说明对于 IMERG 降水产品而言，在Ⅰ区，2 月和 3 月的月降水估计值与气象站实测值间相关关系很弱，夏秋季表现较佳，此外，在Ⅳ～Ⅶ区以及全国，IMERG 降水产品在各月份的精度表现情况与 TMPA 降水产品十分吻合，在夏季，该降水产品的偏差要略大于在其他月份。此外，IMERG 降水产品仅在Ⅳ区的 1 月发生了轻微高估，而在其他区域、其他月份整体上均低估了气象站观测值。③相比较而言，两套卫星降水产品在夏季和冬季的性能均略低于其他时段，在Ⅰ区的秋冬季，IMERG 降水产品的性能明显高于 TMPA 降水产品，此外，在其他区域的各月份，两套卫星反演的月降水降水产品的性能十分接近，但大多数情况下，IMERG 降水产品的性能均优于 TMPA 降水产品。相比于其他月份，冬季在大多数区域 IMERG 降水产品均展示出较为明显的优势。

对数据做进一步分析，得到了各月份 IMERG 和 TMPA 降水产品值与实际观测值的空间分布特征。由 2000 年 6 月～2019 年 6 月各月中国气象站观测以及 TMPA 和 IMERG 降水产品的多年平均月降水值的空间分析结果可知：①TMPA 降水产品与气象站实测的各月多年平均降水的空间分布大体上很相似，但除 5 月、

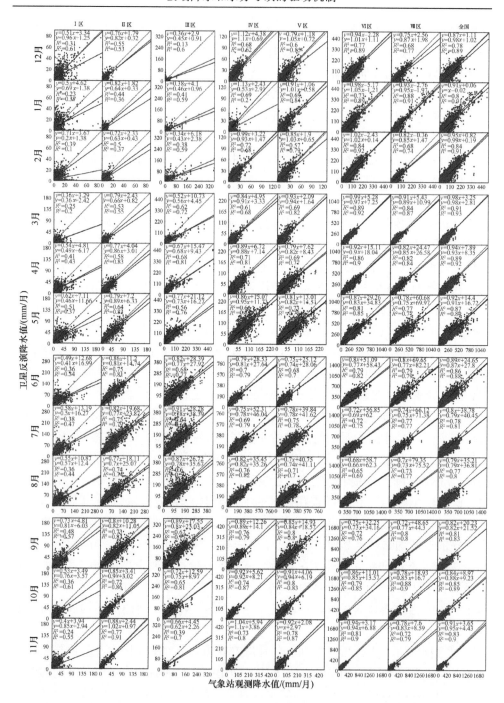

图 2-12 气象站观测和 TMPA、IMERG 降水产品在不同分区的散点图

红色代表 IMERG；蓝色代表 TMPA

10 月和 11 月低估了降水极值外，其他月都高估了降水范围，且有局部降水空间分布过渡不自然，说明可能出现降水异常值。②IMERG 降水产品在空间分布上与气象站的实测降水十分相似，此外两者的降水范围也十分接近，除 5 月、6 月、10 月和 11 月低估了降水极值外，在其他月都发生了高估，除 4 月和 7 月 IMERG 降水产品与降水范围差距较大外，其余月降水范围都十分接近。③对比两套卫星降水产品的空间分布特征，总的来说，这两套卫星降水产品都反映了降水的空间分布模式，并克服了气象站观测数据在空间监测中的不足，但 IMERG 降水产品的空间变化过渡更为细腻，异常值更少；此外，IMERG 降水产品在每个月的降水范围都比 TMPA 降水产品更接近于气象站观测的降水范围。除 4 月和 5 月外，IMERG 降水产品的空间分布在大多数月中都表现更佳。因此，IMERG 降水产品在空间分布上的表现优于 TMPA 降水产品。

综上，月尺度下两套卫星降水产品的精度比日尺度有显著提升，无论是空间分布还是时间变化，在各月、大多数分区，IMERG 降水产品的性能均优于 TMPA 降水产品。

2.2.3　年尺度下 IMERG 和 TMPA 降水产品精度评估

为对比降水产品在各区域的表现，将气象站观测与 TMPA 和 IMERG 卫星反演的年降水在不同分区和全国的散点密度和回归分析结果作图，见图 2-13。

由图 2-13 可知：①TMPA 降水产品的 RMSE、R^2 和回归线斜率值的波动范围分别为 62.3～225.6mm/a、0.49～0.93 和 0.63～0.95；其中，在 7 个分区中，它们的最优值分别出现在Ⅱ区、全国和全国，表现最糟糕的在Ⅶ、Ⅰ和Ⅰ区。综合来看，TMPA 降水产品在Ⅰ区精度最低，在全国精度较高，而在其他区域精度良好；此外，根据回归分析结果可以看出，该产品在各个分区均不同程度地低估了年降水；相比于月尺度，在年尺度下，全国的表现有所提高。②IMERG 降水产品的 RMSE、R^2 和回归线斜率值的波动范围分别为 54.6～228.1mm/a、0.4～0.94 和 0.5～0.96；其中，最佳表现分别出现在Ⅱ区、全国和全国，最差表现分别出现在Ⅶ、Ⅰ和Ⅰ区。与 TMPA 降水产品相似，IMERG 降水产品在Ⅰ区表现最差，在全国表现最优，而在其他区域的精度都很高，且在各个分区整体上也低估了年降水。③综合比较 IMERG 和 TMPA 降水产品在各个分区以及全国的表现，IMERG 降水产品更具优势。此外，年尺度下两套卫星降水产品在全国的表现略优于月尺度。年尺度下，两套卫星降水产品的精度没有像月尺度有显著的提高，这可能是年降水数据本来较少，加上Ⅰ区的气象站数量较低导致数据样本不够充分，数据结果容易受部分异常值影响而造成的。

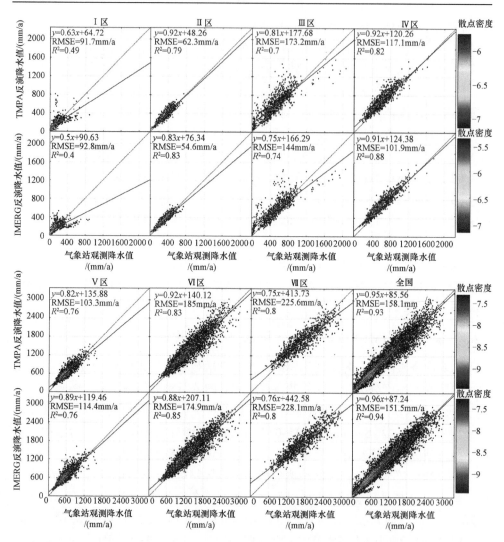

图 2-13　气象站观测与卫星反演的年降水在全国及 7 个分区的散点密度图及回归线

　　为了比较年尺度下，气象站观测与 IMERG 和 TMPA 降水产品在各分区降水均值的时间变化，图 2-14 显示了 2001～2018 年 TMPA 和 IMERG 降水产品反演降水和气象站观测降水在 7 个分区及全国年均值随时间的变化情况。该图表明：①TMPA 降水产品在除 I、III 和IV区外的其他区域的年降水均值与气象站观测值十分接近，在 I 区，自 2008 年之后，该降水产品与实测降水的偏差逐渐增大，在III区，虽然该降水产品的降水值与实测值之间存在较大偏差，但两者的时间变化趋势十分一致，因而综合来看，年尺度下，TMPA 降水产品在 I 区的表现较差。

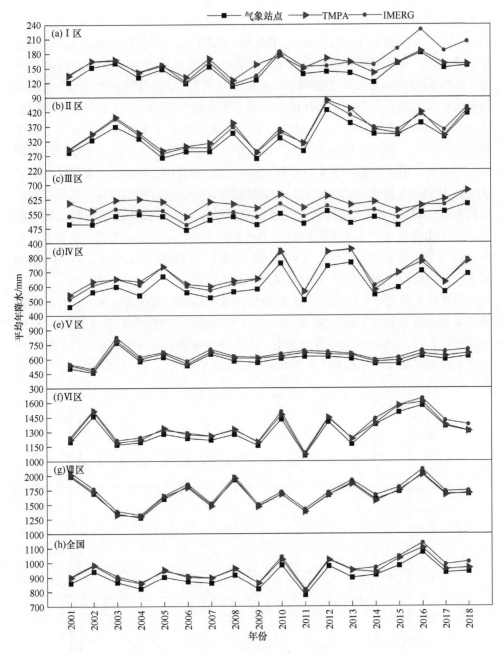

图 2-14　2001~2018 年降水产品和气象站点观测的年降水均值时间变化

②IMERG 降水产品在Ⅰ区的年降水估算值 2011 年前与实际观测值很接近，但 2011 年后与实际观测值间的偏差较大；在Ⅲ和Ⅳ区，虽然 IMERG 降水产品的年

降水值与气象站观测值偏差较大，但两者随时间变化的波动情况十分一致，说明两者间有较好的相关性。整体而言，IMERG 降水产品在 I 区的精度最低。③两套卫星降水产品相比较而言，在 I 区中，IMERG 降水产品的年降水值 2013 年之前比 TMPA 降水产品更接近于观测值，而 2013 年之后 IMERG 降水产品与气象站观测降水值偏差较大；对于Ⅲ和Ⅳ区，两套卫星降水产品的年降水估计值与实测值之间均存在着较大的偏差，但 IMERG 降水产品相对于 TMPA 降水产品与实测值间的偏差更小，时间变化曲线更为一致；在Ⅱ区，两套降水产品的精度较 I 和Ⅲ区有所改善，但依旧略次于Ⅴ、Ⅵ和Ⅶ区，而且 IMERG 降水产品在该区域的表现略优于 TMPA 降水产品；对于Ⅴ、Ⅵ和Ⅶ区，在这段时间内，基于卫星观测产品的两条年降水时间变化曲线与气象站观测的年降水时间变化曲线的偏差都很小，但 TMPA 降水产品的表现略好于 IMERG 降水产品。总体而言，基于卫星观测的两套卫星降水产品的年降水值均具有与观测值相似的波动模式，且 IMERG 降水产品的综合表现略优于 TMPA 降水产品。

为评估年尺度下，IMERG 和 TMPA 降水产品的空间性能，本书计算了全国各气象站点的 RB、RRMSE 和 R^2 值。各分区性能统计参数的箱型图如图 2-15 所示。由图 2-15 及各指标的空间分布图（图 2-16）可知：①与日、月尺度相比，年尺度下两套卫星降水产品 RB 值的时空分布均没有太大变化，IMERG 降水产品的

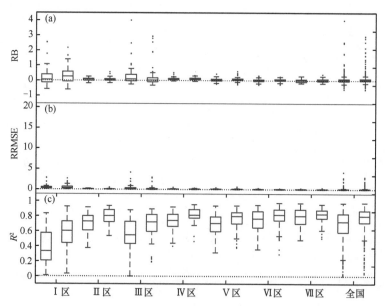

图 2-15　年尺度下不同卫星降水产品的精度评价指标箱形图

图中蓝色代表 TMPA；红色代表 IMERG

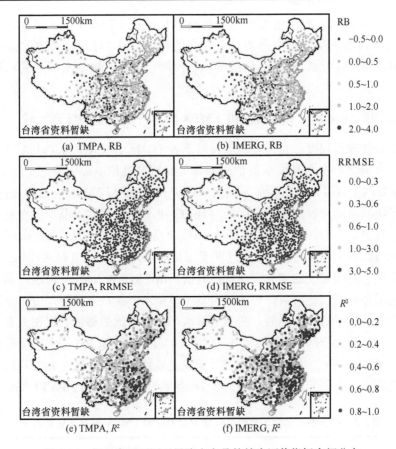

图 2-16　年尺度下不同卫星降水产品的精度评价指标空间分布

RB 值整体上表现略优于 TMPA 降水产品。②两套卫星降水产品在各站点的 RRMSE 值较月尺度下均有所提高，除Ⅰ区外，大部分站点的 RRMSE 值均小于 0.3，且 IMERG 降水产品的表现与 TMPA 降水产品的差异不大。③年尺度下，各站点 R^2 值的表现略差于日尺度，但 IMERG 降水产品要稍好于 TMPA 降水产品。④对于各分区，除Ⅰ区外，各分区的 RB 值和 RRMSE 值均非常接近最优值，且波动范围也非常小，但 R^2 值的波动范围较大，在各区域 IMERG 降水产品的 3 个指标都优于 TMPA 降水产品的，特别是 R^2。这两套卫星降水产品的性能都表现出非常相似的空间分布，并且 IMERG 降水产品的性能略好于 TMPA 降水产品，此外，年尺度下各指标的空间分布特征与日、月尺度下的一致，但表现均有所提高，相比于月尺度，RRMSE 值有所降低，R^2 值也有所降低，说明两套卫星降水产品与实测值的相关性减弱，这种结果可能是受到年尺度数据样本数量的影响而导致的。

综上，从时间、空间角度评估年尺度 IMERG 和 TMPA 降水产品，除 I 区和Ⅲ区外，两套卫星降水产品均具有较高的精度，且 IMERG 降水产品表现要优于 TMPA 降水产品，相比于日尺度和月尺度，两套卫星降水产品的精度都有所提高。

2.2.4　不同时间尺度下 IMERG 和 TMPA 降水产品精度的综合比较

为综合比较日尺度、月尺度和年尺度下各个分区 IMERG 和 TMPA 降水产品的精度，从降水产品与地面观测值间的偏差和相关性角度综合考虑，选取了 R^2 和 RRMSE 两个精度评价指标作为代表来评价 IMERG 和 TMPA 降水产品的表现，并计算了不同时间尺度下各个分区的 IMERG 和 TMPA 降水产品的两个精度评价指标值，列于表 2-2 中。其中，两套卫星降水产品中的更优值加粗显示。从表 2-2 中的结果可以看出，首先在各个分区两套卫星降水产品的 R^2 值和 RRMSE 值的表现总体上随着时间尺度的增大而变好；其次，IMERG 和 TMPA 降水产品在 I 区的表现均明显差于其他区域；再次，两套卫星降水产品在各时间尺度下表现较好的区域通常为Ⅳ或Ⅵ区；最后，两卫星降水产品在全国的整体表现在大部分时间尺度上均优于其他分区。除年尺度下的 I 区和 V 区外，IMERG 降水产品的精度表现均优于 TMPA 降水产品。综合而言，无论是实测值的偏差还是相关程度，在各个时间尺度下，大部分区域 IMERG 降水产品的性能都优于 TMPA 降水产品。

表 2-2　中国不同分区 3 个时间尺度 IMERG 和 TMPA 降水产品的表现

指标	时间尺度	产品	分区							全国
			I	Ⅱ	Ⅲ	Ⅳ	V	Ⅵ	Ⅶ	
R^2	日	TMPA	0.12	0.35	0.33	0.39	0.42	0.45	0.46	0.45
		IMERG	**0.26**	**0.5**	**0.43**	**0.55**	**0.54**	**0.54**	**0.54**	**0.55**
	月	TMPA	0.46	0.86	0.79	0.87	0.86	0.85	0.87	0.88
		IMERG	**0.5**	**0.89**	**0.83**	**0.91**	**0.88**	**0.87**	**0.88**	**0.9**
	年	TMPA	**0.49**	0.79	0.7	0.82	**0.76**	0.83	**0.8**	0.93
		IMERG	0.4	**0.83**	**0.74**	**0.88**	0.76	**0.85**	**0.8**	**0.94**
RRMSE	日	TMPA	5.36	3.96	2.84	3.39	3.52	2.44	2.46	2.92
		IMERG	**4.49**	**3.19**	**2.31**	**2.61**	**2.99**	**2.09**	**2.22**	**2.51**
	月	TMPA	1.19	0.51	0.62	0.47	0.48	0.36	0.38	0.44
		IMERG	**1.13**	**0.45**	**0.53**	**0.4**	**0.47**	**0.32**	**0.37**	**0.4**
	年	TMPA	**0.64**	0.19	0.33	0.19	**0.17**	0.14	**0.14**	**0.17**
		IMERG	0.68	**0.16**	**0.27**	**0.17**	0.19	**0.13**	**0.14**	**0.17**

2.2.5　IMERG 月降水数据的校正与预测

从以上精度评价结果可以看出，IMERG 降水产品检索的降水数据在日、月、年时间尺度上以及大部分分区的表现均优于 TMPA 降水产品。特别是，IMERG 降水产品在月时间尺度上比在其他时间尺度上表现出更高的精度。因此，2000～2017 年，根据式（2-8）中校正后的 a 和 b 参数，可以利用月尺度 IMERG 降水产品数据进行降水预测。

由历史数据计算并得到与 IMERG 数据同栅格的预测参数 a、b 后，最新获得的 IMERG 月降水数据可以立即得到校正。研究以 2019 年 7 月为例，对该月的 IMERG 降水数据进行校正，并对其结果进行了更详细的分析。与最初发布的 IMERG 降水数据（RRMSE = 35.1%）相比，校正后的降水数据（RRMSE = 32.6%）的准确性有所提高，与气象站插值降水数据相比，降水误差变小，空间分布更接近实际，与气象站实测降水相比，空间覆盖范围可以覆盖整个研究区域（图 2-17 和图 2-18）。使

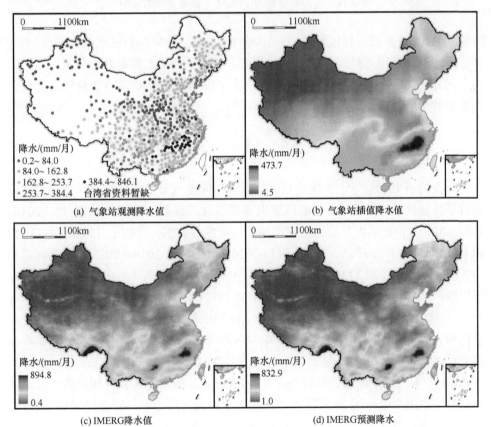

(a) 气象站观测降水值　　　　　　　　　(b) 气象站插值降水值

(c) IMERG降水值　　　　　　　　　　(d) IMERG预测降水

图 2-17　观测和预测 2019 年 7 月降水值

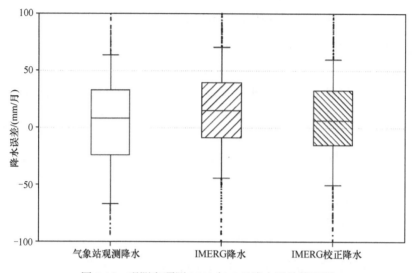

图 2-18 观测和预测 2019 年 7 月降水误差箱形图

用原始 IMERG 数据进行校准后,其空间分布模式与原 IMERG 降水数据高度相似,并且降水值的范围更接近于气象站观测值。校正后的降水数据既保留了原始数据的空间分布优势,也减小了与地面降水值间的误差,该数据具有很高的可靠性,可用于我国的降水监测或进一步的干旱评估。

2.3 讨 论

以往的研究对世界上不同地点、地区或国家的气象观测降水值和卫星检索值进行了性能评估。然而,以往的研究大多采用短期数据。例如,Anjum 等（2018）使用 2014～2016 年巴基斯坦北部高地的参考测量数据,比较了 TMPA 3B42 V7 和 IMERG V04 降水产品。Wang 和 Lu（2016）比较了 2014～2015 年湄公河流域 GPM 3 级 IMERG 和 TMPA 3B42 V7 日降水数据。Wang 等（2019）对 2014～2016 年中国广东省的 TMPA 3B42 V7 和 GPM 产品进行了评估。Su 等（2019）将 2014～2018 年我国相对密集的站点网络与 IMERG V05 和 TMPA 3B42 V7 降水产品进行了比较。Yuan 等（2018）对 TMPA 3B42 V7 和 IMERG 最终运行第 5 版降水产品的质量进行了对比分析,并于 2014～2016 年在黄河源区应用。Tang 等（2016）在 2014 年 4～12 月评估了我国 Day-1 IMERG 产品和 TMPA 第 7 版遗留产品。本章研究了中国 7 个分区 20 年降水数据在多个时间尺度上的时空变化特征。长时间序列使得本章的研究结果比以前的研究结果更有说服力。

卫星数据的可靠性和准确性受到气候和地理条件（Hussain et al.，2018；

Zambrano-Bigiarini et al.，2017）以及季节（Darand et al.，2017）的影响。因此，本章将中国划分为 7 个不同的分区（赵松乔，1983），并对两种降水产品在不同分区和季节的表现进行了详细的分析，发现两种降水产品在Ⅰ区和Ⅲ区表现较好。与其他子区域相比，Ⅰ区的年降水明显较低，轻度降水事件频繁发生，日降水平均值较低；因此，低降水事件会影响卫星数据的准确性（Gao and Liu，2013），好在最新版的 IMERG 系列降水产品比 TMPA 系列降水产品改进了这个问题，保留了原有的优势。对于包含复杂地形的Ⅲ区，由于算法缺陷和气溶胶的影响，IMERG系列和 TMPA 系列降水产品的精度都降低了（Kim et al.，2017），高海拔也强烈影响了降水产品的精度（Navarro et al.，2020）。此外，在冬季和夏季，由于对流降水在季风季节出现较多，两种降水产品表现相对较差，这对对流降水的有效检测提出了更高的要求（El Kenawy et al.，2015）。

在以往的多种降水融合方法中，尺度法经常被作为核心思想（Jongjin et al.，2016；Tesfagiorgis et al.，2011；Vila et al.，2009）。该方法在没有同步参考数据的情况下，不能有效地利用长期数据中的有价值信息。相比之下，我们所采用的基于线性回归的方法很好地克服了这些缺陷，利用气象站观测数据与同步卫星数据之间的线性关系，得到用于计算修正或预测卫星降水的函数参数。此外，计算效率高和操作方便也是决定该方法能否得到广泛应用的重要因素。基于线性回归的方法简单、方便、高效，只需计算一次就可以得到修正或预测参数，然后根据最新发布的卫星数据直接进行降水校正。凭借这些优势，该方法可以作为一种较为合适的基于卫星反演数据的降水校正或预测方法。

IMERG V06 数据比 TMPA 3B42 V7 数据更适合中国，甚至在Ⅰ区和Ⅲ区站点稀少的地区也是如此，该地区的 IMERG V06 降水校正数据克服了这一不足，并在水文建模、气象和农业干旱分析、天气预报、气候预测等方面具有应用价值。

2.4　小　　结

本章根据气象站观测降水数据，在日、月、年尺度下，对 2000～2019 年中国7 个子区域的 677 个气象站的 TMPA 3B42 V7 和 IMERG V06 产品的准确性进行了评估。TMPA 3B42 V7 和 IMERG V06 降水产品的性能通过 7 个统计指标进行了评价，并根据遥感产品的月降水量与地面观测降水量之间的线性关系，对性能最佳的产品进行了校正，然后将该校正用于 2019 年 7 月的降水预测和测绘。

在三个时间尺度上，IMERG V06 降水产品的精度均高于 TMPA 3B42 V7 降水产品，并且精度随着时间尺度的增大而提高。IMERG V06 降水产品在所有分区均优于 TMPA 3B42 V7 降水产品，在Ⅳ区表现最佳，在Ⅰ区表现最差。在大部分区域，IMERG V06 降水产品显示出比 TMPA 3B42 V7 降水产品更高的准确性，但在干燥（12 月至次年 2 月）和潮湿（7～9 月）月份中表现较差。遥感产品与地面观测降水量之间的线性关系可以用来校正和预测卫星降水数据，而无须使用最新的气象站实测数据，校正后的 IMERG V06 降水产品的空间变化性好，精度比原始 IMERG V06 降水产品高。

　　总而言之，最新版的 IMERG V06 降水产品在中国区域的表现已经完全继承和超越已停更的 TMPA 3B42 V7 降水产品，此外，它在中国及各分区都具有较高的精度和适用性，基于线性回归的校正后的 IMERG V06 数据的精度有所提高，可用于中国的大尺度的降水研究。

参 考 文 献

金晓龙, 邵华, 张弛, 等. 2016. GPM 卫星降水数据在天山山区的适用性分析[J]. 自然资源学报, 31(12): 2074-2085.

张强, 孙鹏, 陈喜, 等. 2011. 1956～2000 年中国地表水资源状况: 变化特征, 成因及影响[J]. 地理科学, 31: 1430-1436.

赵松乔. 1983. 中国综合自然地理区划的一个新方案[J]. 地理学报, 38: 1-10.

Anjum M N, Ding Y, Shangguan D, et al. 2018. Performance evaluation of latest Integrated Multi-Satellite Retrievals for Global Precipitation Measurement(IMERG) over the northern highlands of Pakistan[J]. Atmospheric Research, 205: 134-146.

Chen C, Chen Q, Duan Z, et al. 2018. Multiscale comparative evaluation of the GPM IMERG V5 and TRMM 3B42 V7 precipitation products from 2015 to 2017 over a climate transition area of China[J]. Remote Sensing, 10(6): 944.

Darand M, Amanollahi J, Zandkarimi S. 2017. Evaluation of the performance of TRMM Multi-Satellite Precipitation Analysis(TMPA) estimation over Iran[J]. Atmospheric Research, 190: 121-127.

Dinku T, Ruiz F, Connor S J, et al. 2010. Validation and intercomparison of satellite rainfall estimates over Colombia[J]. Journal of Applied Meteorology and Climatology, 49: 1004-1014.

Ebert E E, Janowiak J E, Kidd C. 2007. Comparison of Near-Real-Time precipitation estimates from satellite observations and numerical models[J]. Bulletin of the American Meteorological Society, 88: 47-64.

El Kenawy A M, Lopez-Moreno J I, Mccabe M F, et al. 2015. Evaluation of the TMPA-3B42 precipitation product using a high-density rain gauge network over complex terrain in northeastern Iberia[J]. Global and Planetary Change, 133: 188-200.

Gao Y C, Liu M F. 2013. Evaluation of high-resolution satellite precipitation products using rain gauge observations over the Tibetan Plateau[J]. Hydrology and Earth System Sciences, 17: 837-849.

Gravetter F J, Wallnau L B. 2009. Statistics for Behavioral Sciences 8th Edition[M]. Belmont, CA:

Wadsworth.

Helsel D R, Hirsch R M. 1992. Statistical methods in water resources[J]. Technometrics, 36(3): 323-324.

Hou A Y, Kakar R K, Neeck S, et al. 2013. The global precipitation measurement mission[J]. Bulletin of the American Meteorological Society, 95(5): 701-722.

Huffman G J, Adler R F, Bolvin D T, et al. 2010. The TRMM Multi-Satellite Precipitation Analysis(TMPA)//Gebremichael M, Hossain F. Satellite Rainfall Applications for Surface Hydrology[M]. Dordrecht: Springer: 3-22.

Huffman G J, Bolvin D T, Nelkin E J, et al. 2007. The TRMM Multi-Satellite Precipitation Analysis: Quasi-global, multi-year, combined-sensor precipitation estimates at fine scale[J]. Journal of Hydrometeorology, 8: 28-55.

Hussain Y, Satgé F, Hussain M B, et al. 2018. Performance of CMORPH, TMPA, and PERSIANN rainfall datasets over plain, mountainous, and glacial regions of Pakistan[J]. Theoretical and Applied Climatology, 131: 1119-1132.

Jongjin B, Jongmin P, Dongryeol R, et al. 2016. Geospatial blending to improve spatial mapping of precipitation with high spatial resolution by merging satellite-based and ground-based data[J]. Hydrological Processes, 30: 2789-2803.

Kim K, Park J, Baik J, et al. 2017. Evaluation of topographical and seasonal feature using GPM IMERG and TRMM 3B42 over Far-East Asia[J]. Atmospheric Research, 187: 95-105.

Li R, Wang K, Qi D. 2018. Validating the integrated multisatellite retrievals for global precipitation measurement in terms of diurnal variability with hourly gauge observations collected at 50, 000 stations in China[J]. Journal of Geophysical Research: Atmospheres, 123(18): 10423-10442.

Ma Y, Tang G, Long D, et al. 2016. Similarity and error intercomparison of the GPM and its predecessor-TRMM multisatellite precipitation analysis using the best available hourly gauge network over the Tibetan Plateau[J]. Remote Sensing, 8(7): 569.

Macharia J M, Ngetich F K, Shisanya C A. 2020. Comparison of satellite remote sensing derived precipitation estimates and observed data in Kenya[J]. Agricultural and Forest Meteorology, 284: 107875.

Nash J E, Sutcliffe J V. 1970. River flow forecasting through conceptual models part I-A discussion of principles[J]. Journal of Hydrology, 10: 282-290.

Navarro A, García-Ortega E, Merino A, et al. 2020. Orographic biases in IMERG precipitation estimates in the Ebro River basin(Spain): The effects of rain gauge density and altitude[J]. Atmospheric Research, 244: 105068.

Su J, Lü H, Ryu D, et al. 2019. The assessment and comparison of TMPA and IMERG products over the major basins of Chinese mainland[J]. Earth and Space Science, 6: 2461-2479.

Tang G, Ma Y, Long D, et al. 2016. Evaluation of GPM Day-1 IMERG and TMPA Version-7 legacy products over Chinese mainland at multiple spatiotemporal scales[J]. Journal of Hydrology, 533: 152-167.

Tesfagiorgis K, Mahani S E, Krakauer N Y, et al. 2011. Bias correction of satellite rainfall estimates using a radar-gauge product—A case study in Oklahoma(USA)[J]. Hydrology and Earth System Sciences, 15(143): 2631-2647.

Vila D A, de Goncalves L G G, Toll D L, et al. 2009. Statistical evaluation of combined daily gauge observations and rainfall satellite estimates over continental South America[J]. Journal of

Hydrometeorology, 10: 533-543.

Wang D, Wang X, Liu L, et al. 2019. Evaluation of TMPA 3B42 V7, GPM IMERG and CMPA precipitation estimates in Guangdong Province, China[J]. International Journal of Climatology, 39: 738-755.

Wang W, Lu H. 2016. Evaluation and Comparison of Newest GPM and TRMM Products Over Mekong River Basin at Daily Scale[C]. Beijing: 2016 IEEE International Geoscience and Remote Sensing Symposium.

Wehbe Y, Ghebreyesus D, Temimi M, et al. 2017. Assessment of the consistency among global precipitation products over the United Arab Emirates[J]. Journal of Hydrology: Regional Studies, 12: 122-135.

Yuan F, Wang B, Shi C, et al. 2018. Evaluation of hydrological utility of IMERG Final run V05 and TMPA 3B42 V7 satellite precipitation products in the Yellow River source region, China[J]. Journal of Hydrology, 567: 696-711.

Zambrano-Bigiarini M, Nauditt A, Birkel C, et al. 2017. Temporal and spatial evaluation of satellite-based rainfall estimates across the complex topographical and climatic gradients of Chile[J]. Hydrology and Earth System Sciences, 21: 1295-1320.

Zender C S. 2008. Analysis of self-describing gridded geoscience data with netCDF Operators(NCO)[J]. Environmental Modelling and Software, 23: 1338-1342.

Zhao H, Yang S, Wang Z, et al. 2015. Evaluating the suitability of TRMM satellite rainfall data for hydrological simulation using a distributed hydrological model in the Weihe River catchment in China[J]. Journal of Geographical Sciences, 25(2): 177-195.

第3章　不同类型降水产品的适用性分析

目前，根据获取源和估算方法的不同，可将降水产品分为卫星反演降水数据集、再分析降水数据集、气象站网格化降水数据集三大类，这些数据集在全国以及各个分区、不同月份的精度表现必然有所差异[①]。本章基于中国 782 个气象站点的观测降水数据，在月尺度下，对 2000 年 6 月~2015 年 6 月全国及 7 个分区的不同类型的 9 套降水产品（基于气象站的 APHRODITE 和 GPCC，基于卫星的 PERSIANN-CDR、CHIRPS V2.0、MSWEP 和 IMERG V06，基于再分析的 ERA-Interim、ERA5 和 MERRA）进行了详尽评估。其中包括：基于观测值的降水时空分布；采用 4 种评估指标[RB、RMSE、R^2 和 Kling-Gupta 效率指数（KGE）]、回归分析法、Q-Q 图法、泰勒图法，以及累积频率分布比较法检验了 9 套降水产品的精度；分析了不同月份下 9 套降水产品的估算量以及精度，旨在通过不同的研究方法探究不同类型降水产品在全国以及各个分区的适用情况，并选出每种类型及每个分区在不同条件下的最佳产品。

3.1　研究区域概况及研究方法

3.1.1　研究区域概况

中国地域辽阔，国土面积广大，土地利用类型主要有草地、林地、耕地、居民地、水域，以及未利用土地，其中华东地区耕地居多，西南地区以草地、林地为主，西北地区多为荒漠等未利用土地，华南、华北林地分布广泛，地理高程呈明显的三级阶梯分布，除西北地区部分山脉坡向分布向北或南一致，其余坡向分布较为均匀，中国西南地区坡度较大（大于 20°），其余大部分地区坡度均小于 5°。

中国内陆气候特征差异明显（张强等，2011），由基于站点插值的气象要素分布特征可知，降水量从西北向东南逐步递增，气温由北向南逐渐升高，但西南高海拔地区温度偏低，气压分布与高程分布基本一致，也呈三级阶梯分布，风速分布南北差异较大，东北、华北风速普遍较高，西南、东南年均风速较低。

---

① 本章研究数据缺少台湾省数据。

3.1.2　研究数据

选用气象站降水数据作为参照基准，数据来源于中国气象数据网（http://data.cma.cn），基于第 2 章的结论，以 IMERG V06 降水产品为例，格网资料的精度随时间尺度增大而递增，此外，干旱指数的计算大多数基于月尺度降水，因而本章的时间尺度仅为月尺度，月尺度参照数据由气象站日尺度数据资料累加而得。参考 9 套降水产品目前可获取的时间序列长度，最后选定研究期为 2000 年 6 月～2015 年 6 月，为满足各站点的数据质量要求（研究期间有 99%以上时段具有实测数据），共选出 782 个符合条件的站点，它们分布于 7 个研究区中，气象站降水资料时段缺失值由邻近的 10 个站点插值获得，站点观测资料经过严格的质量控制，插值方法与质量控制检验已在 2.1.2 节详述。

9 套降水产品的时间尺度、空间尺度和空间范围以及所属数据类别信息见表 3-1。

表 3-1　9 套降水产品信息

数据集	时间尺度	空间尺度	空间范围	起始时间（年份）	数据类别
PERSIANN-CDR	3 小时、6 小时/日	$0.25° \times 0.25°$	60° S～60° N	1983	卫星反演降水数据集
CHIRPS V2.0	日	$0.05° \times 0.05°$	50° S～50° N	1981	
MSWEP	3 小时/日	$0.25° \times 0.25°$	全球	1979	
IMERG V06	半小时/日/月	$0.1° \times 0.1°$	60° S～60° N	2000	
ERA-Interim	6 小时/月	$1.875° \times 1.875°$	全球	1979	再分析降水数据集
ERA5	小时	31km	全球	1950	
MERRA	日	$0.5° \times 0.67°$	50° S～50° N	1981	
APHRODITE	3 小时/日	$0.25° \times 0.25°$	全球	1951	气象站网格化降水数据集
GPCC	月	$0.5° \times 0.5°$ $1.0° \times 1.0°$ $2.5° \times 2.5°$	全球	1901	

PERSIANN-CDR 产品是一套由美国国家科学研究委员会提供的长期、一致、高分辨率的全球降水气候数据。该降水估计是由加利福尼亚大学欧文分校水文气象与遥感中心提供的，它使用 PERSIANN 算法处理地球静止卫星（GridSat-B1）数据，利用 NCEP 第四阶段每小时降水数据对人工神经网络（ANN）进行训练。在本产品中，为了消除对被动/主动微波观测资料的需要，使用 PERSIANN 3 小时 GridSat-B1 红外窗口数据进行降水量的回顾性估计，来训练和固定 ANN 模型的非线性回归参数。该数据集可在网站 http://chrsdata.eng.uci.edu/上查阅（Ashouri et al.，2014）。

·82·

CHIRPS 产品是为许多早期预警目标而开发的，如美国地质调查局和加利福尼亚大学气候危害小组的趋势分析和季节性干旱监测。其研究重点是将地形诱导降水增强模型与插值站数据相结合，利用 NASA 和 NOAA 的卫星观测降水估算数据建立高分辨率网格化降水气候场，以消除系统偏差。CHIRPS 是一个超过 35 年的准全球降水数据集。CHIRPS 产品已经有两个版本，最新版本的数据集是第二版，它从 1981 年开始到现在，包含了 0.05°×0.05°分辨率的卫星图像，具有多时间尺度。CHIRPS V2.0 的降水数据可以从网站 http://data.chc.ucsb.edu/products/CHIRPS-2.0/下载（Funk et al.，2015）。

MSWEP 数据集是一套专门为水文建模而设计的全球降水数据集，它的设计理念在于优化合并以时间和位置为函数的高质量降水数据集，其充分利用了卫星、气象站和再分析数据的互补性。MSWEP 的时间变异由 7 套数据集[两套完全基于测量观测插值（CPC Unified 和 GPCC）、三套基于卫星（CMORPH、GSMaP-MVK 和 TMPA 3B42RT）、两套基于再分析（ERA-Interim 和 JRA-55）]的降水异常加权平均确定，对于每个网格单元，分配给基于气象站的估计值的权重是根据站点网络密度计算的，而分配给基于卫星和再分析的估计值的权重是由它们在附近站点上的性能比较计算的，最后利用来自全球 125 个通量塔站的独立降水数据对其进行调整修正，MSWEP V2.0 数据集的获取地址为 http://www.gloh2o.org/（Beck et al.，2017）。

IMERG V06 数据集具体介绍见 2.1.2 节。

ERA-Interim 数据集是欧洲中期天气预报中心发布的全球大气再分析报告，它是为了克服一些数据同化问题而创建的。其网格化数据产品包括大量 3 小时的表面参数，描述天气、海浪和陆地表面的条件，以及 6 小时的高层（包括对流层和平流层）空气参数。大气通量的垂直积分、许多参数的月平均值以及其他的推导场也已产生。ERA-Interim 应用了四维变化数据同化算法，使用完全自动化的方案来调整卫星辐射观测的偏差，并执行修正的对流和边界层云方案，增加大气稳定性，减少降水。ERA-Interim 数据集可在网站 http://apps.ecmwf.int/datasets/data/interim-full-daily/获取（Dee et al.，2011）。

ERA5 包含自 1950 年以来的全球大气、陆地表面和海浪气候信息，它取代了 2006 年开始的"中期再分析"。ERA5 显著提高了 31km 的水平分辨率（ERA-Interim 的水平分辨率为 80km），提供了每小时大气、陆地和海洋气候变量的估计值，并使用从地面到 80km 高度的 137 个大气层来解析。ERA5 包含变量在降低的时空分辨率下的不确定性信息。数据地址为 https://www.ecmwf.int/en/forecasts/datasets/reanalysis-datasets/era5（Hersbach et al.，2020）。

MERRA 数据集的目标是将 NASA 地球观测系统卫星的观测结果结合到气候

背景中,并改进前几代再分析所代表的水文循环。它采用先进的数值模型和同化方案来组合多个来源的观测,具有更高的空间分辨率 0.5°×0.67°。它是由戈达德地球观测系统大气数据同化系统 5.12.4 版本制作的,包括气溶胶、大气化学、大气动力学、冰冻圈、水文和水能循环等 185 个参数。所有参数的数据集从 1980 年 1 月开始更新,目前仍在更新。这些数据集可以在 NASA 网站(https://www.nasa.gov)上共享(Reichle et al.,2011)。

APHRODITE 产品收集和分析了亚洲地区的雨量计观测数据,建立了一个覆盖 57 年以上的日网格化降水数据集。该产品收集了 500 万个站点的降水、温度资料,可利用数据为全球电信系统网络的 2.3～4.5 倍,大大改善了东南亚、喜马拉雅山和中东山区的区域划分和降水变化。该产品在评估水资源、确定亚洲季风降水变化、估算卫星降水和验证高分辨率模型模拟以及改进降水预报等研究方面做出了贡献。APHRODITE 项目在亚洲国家开展外联活动,并与国家机构和全球数据中心进行交流。本章选择了面向亚洲季风、中东和欧亚大陆北部的 APHRO_V1101 数据集,数据下载网址为 http://aphrodite.st.hirosaki-u.ac.jp/download/(Yatagai et al.,2012)。

GPCC 降水数据集建立在世界各地约 8.5 万个观测点(包括气象观测点、水文监测点,以及 CRU、GHCN Vision 2、FAO 数据产品和部分区域数据集收集的站点)上。使用 SPHEREMAP 插值方法获得全球陆地网格化降水数据集(Becker et al.,2012)。GPCC 经常被用作数据验证的基准,因为它是最大的基于气象站的观测数据集,比其他数据集拥有更多的全球站(Schneider et al.,2005)。GPCC 数据集可从 https://psl.noaa.gov/data/gridded/data.gpcc.html 网站获得。

3.1.3 格网降水数据的重采样

本章对 9 套降水产品的对比分析与评估基于站点尺度进行,需要降水格网数据提取到站点,由于 9 套降水产品的初始分辨率不同,为避免由空间分辨率差异引起的评估结果的不确定性,将 9 套降水产品统一为同一空间分辨率,综合 9 套降水产品的空间分辨率信息,最终将空间分辨率统一为 0.25°×0.25°。在分辨率转换过程中,小分辨率转化为大分辨率是通过加权平均的方法,大分辨率转化为小分辨率采用重采样技术,可在 ArcGIS 中进行处理。将格网数据提取到站点的方法见 2.1.3 节,此处不再赘述。

3.1.4 评估指标

本章选取了相对偏差(RB)、相对均方根误差(RRMSE)、决定系数(R^2)

和 Kling-Gupta 效率指数（KGE）作为评估指标，评估了月尺度下 9 套降水产品在全国及 7 个分区的精度表现。RB、RRMSE、R^2 的计算公式分别见式（2-2）～式（2-4），KGE 指标的计算公式为（Kling et al.，2012）

$$KGE = 1 - \sqrt{(r-1)^2 + (\beta_v - 1)^2 + (\gamma_v - 1)^2} \qquad (3-1)$$

$$\beta_v = \frac{\mu_S}{\mu_G} \qquad (3-2)$$

$$\gamma_v = \frac{CV_S}{CV_G} = \frac{\sigma_S / \mu_S}{\sigma_G / \mu_G} \qquad (3-3)$$

式中，r 为气象站观测降水资料 GG 的样本序列与降水产品 SS 的对应序列间的相关系数；β_v 为偏置比；μ 为降水均值；γ_v 为变异性比；CV 为变异系数；σ 为标准差；KGE 的取值范围为 $(-\infty, 1]$，数值越大表示性能越好。

3.1.5　Q-Q 图

Q-Q 图（quantile-quantile plot），即分位数–分位数图，是一种可以直观地评估不同分位数的模拟值和观测值间的适应性和偏差的工具，它是用图形的方式，通过将两组数据不同间隔的分位数放在一起来比较其概率分布。Q-Q 图的绘制方法如下：

（1）将需要气象站观测的降水序列和对应的降水产品序列样本数据分别从小到大排序 $GG_1, GG_2, \cdots, GG_n$；$SS_1, SS_2, \cdots, SS_n$。

（2）计算排序后所对应的概率值：

$$P_1 = \left(1 - \frac{1}{2}\right)\Big/ n, P_2 = \left(2 - \frac{1}{2}\right)\Big/ n, \cdots, P_n = \left(n - \frac{1}{2}\right)\Big/ n \qquad (3-4)$$

（3）计算标准正态分位数 $q_1, q_2, \cdots, q_n$。

（4）将两组数据对应的分位数值 $(q_{Si}, q_{Gi})(i = 1, 2, \cdots, n)$ 绘制在坐标平面上。

式中，n 为样本个数；GG 为气象站观测降水序列；SS 为对应的降水产品序列；P 为概率；q 为分位数。

本章为了方便比较不同量级的降水值概率分布，将坐标取对数换算成对应的降水量值。

3.1.6　泰勒图

泰勒图（Taylor，2001）常用于评价模型精度。它集成了相关系数（CC）、标准偏差（STD）和均方根误差（RMSE）三个精度指标，可以更加综合性地评价模型的精度特征，与此同时，可以显而易见地看出各模型的优势特征。图 3-1 中的以原点为圆心的半圆弧实线代表 STD，落在横轴上的点代表参考数据，以参考数据点为圆心的绿色虚线圆弧代表 RMSE，以原点发出的蓝色辐射线代表 CC。

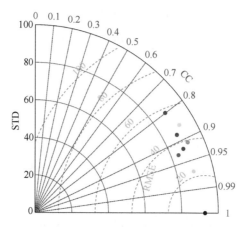

图 3-1　用于评价模型精度的泰勒图示例

在绘制泰勒图之前需要计算每组模型对应的 STD、RMSE 以及 CC，RMSE 的计算公式见式（2-1），STD 和 CC 的计算公式为

$$STD = \sqrt{\frac{1}{ns-1}\sum_{i=1}^{ns}\left(xx_i - \overline{xx}\right)^2} \qquad (3\text{-}5)$$

$$CC = \frac{\sum_{i=1}^{ns}\left(SS_i - \overline{SS}\right)\left(GG_i - \overline{GG}\right)}{\sqrt{\sum_{i=1}^{ns}\left(SS_i - \overline{SS}\right)^2 \cdot \sum_{i=1}^{ns}\left(GG_i - \overline{GG}\right)^2}} \qquad (3\text{-}6)$$

式中，ns 为降水产品或气象站观测数据样本总量；xx 为降水产品或气象站观测数据样本；SS_i 和 GG_i 分别为降水产品和气象站观测数据样本。

本章借助 MATLAB 的 allstats 和 taylordiag 函数绘制泰勒图，函数包可在 MATLAB 官方网站上下载。

3.2　结果与分析

3.2.1　9 套降水产品的时空分布

为了解 9 套降水产品在中国 7 个分区的时间变化差异，研究计算了 2000 年 6

月～2015 年 6 月全国及 7 个分区所包含的研究站点对应的 9 套降水产品以及站点观测的降水月均值，绘制了全国及 7 个分区的降水时间序列图（图 3-2）。

从图 3-2 中可以看出：①在 I 区，所有降水产品与实测值的吻合程度都是 7 个区域中最差的，尽管 9 套降水产品能够大致模拟实测降水的周期变化，但很多降水产品还是难以准确捕捉降水的峰谷值，ERA-Interim 和 ERA5 两套降水产品表现最差，9 套降水产品中部分产品存在异常估计时段，其中 IMERG V06 降水产品在 1 月、2 月有较为严重的低估，MERRA 降水产品在 2010 年冬季出现明显的高

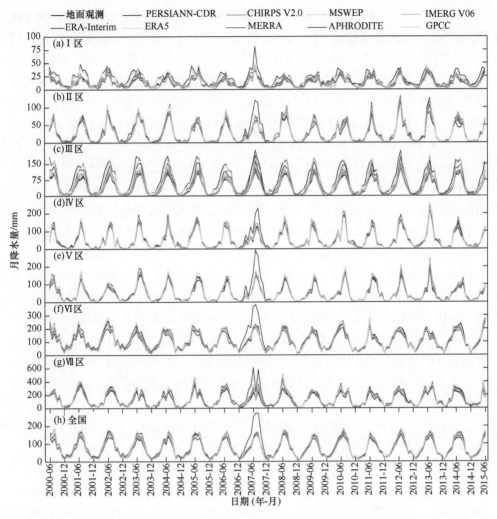

图 3-2　9 套降水产品和站点观测的月降水时间变化的比较

估，APHRODITE 降水产品在 2006 年 12 月～2007 年 12 月出现异常高估，综合来看，3 套降水产品中基于气象站的降水产品综合表现最佳，其次是基于卫星的降水产品，虽然再分析降水产品总体表现最差，但 MERRA 降水产品的表现稳居前三[图 3-2（a）]。②在Ⅱ区，大多数降水产品与气象站观测数据基本吻合，可以成功捕捉降水的变化趋势和极值。卫星降水产品在夏季偶尔出现高估现象，再分析降水产品的 ERA-Interim 和 ERA5 数据集依旧为表现最差的，APHRODITE 降水产品在与Ⅰ区相同时段出现异常高估[图 3-2（b）]。③在Ⅲ区，除基于气象站数据集外，其余降水产品均发生显著高估，高估情况 ERA-Interim>ERA5>PERSIANN-CDR>MSWEP>CHIRPS V2.0> IMERG V06>MERRA，APHRODITE 降水产品与气象站实测最贴合，除了 2006 年 12 月～2007 年 12 月存在异常情况。尽管多产品出现高估，但其时间变化趋势与实际观测的较为一致[图 3-2（c）]。④在Ⅳ区，各降水产品均表现最佳，9 条时间变化曲线基本重合，除夏季峰值稍有偏差。此外，APHRODITE 降水产品的固定时段异常值现象依旧存在[图 3-2（d）]。⑤Ⅴ区与Ⅳ区的情况基本一致但略差一点[图 3-2（e）]。⑥在Ⅵ区，尽管大体上多数时间变化曲线重合，但是依然有部分偏差显而易见，以 ERA-Interim 和 ERA5 降水产品最为明显，其余 4 套降水产品的表现基本一致，除 MSWEP 有些许的低估，此外，APHRODITE 降水产品在夏季低估明显，且固定时段偏差情况依然存在[图 3-2（f）]。⑦在Ⅶ区，所有产品中与实测观测值符合最差的为基于卫星的降水产品，它们在夏季高估情况相对于其他降水产品较为明显，其中 PERSIANN-CDR 和 MSWEP 在冬春月份还偶尔出现了明显低估[图 3-2(g)]。⑧在全国的整体情况是，9 套降水产品的时间变化曲线均可以准确描述气象站实测值的时间序列波动情况，各套降水产品的精度差异主要表现在峰值处，其中 GPCC 和 MERRA 降水产品峰值最为吻合，APHRODITE 降水产品低估峰值，其余降水产品均高估峰值，特别是 ERA-Interim 和 ERA5 降水产品[图 3-2（h）]。总体而言，9 套降水产品均能捕捉到月降水数据的周期性变化，但不同类型的降水产品在不同研究区与气象站观测值对月降水时间变化的准确捕捉能力存在一定的差异。

为对比 9 套降水产品的时空变化特征，研究了 2000 年 6 月～2015 年 12 月 9 套格网产品的多年平均月降水量的空间变化。

分析结果表明：①PERSIANN-CDR 降水产品的空间变化较为均匀，与气象站降水分布相比较，降水变化范围缩小，低估了降水极大值，没能准确地捕捉在中国东南部气象站监测到的高降水区域，与其他产品相比，也没有监测到中国西南角的强降水分布。②CHIRPS V2.0 降水产品能够更为精准地捕捉降水量的空间分布差异，特别是在西南角的高降水区域和喜马拉雅山脉附近的降水分界,但在降水量值上,相比于气象站监测值,范围有所扩大,高估了极大降水量。③MSWEP 数据集对降水空间分布的描述能力在 PERSIANN-CDR、CHIRPS V2.0、IMERG V06 和 MSWEP 这 4 套卫星反演降水产品中最差,这也许是它融合了其他类型产品的缘故,降水量值范围也偏离实测值较远。④IMERG V06 降水产品对降水的空间分布捕捉较为精准,且在降水量值上与实测值十分接近。⑤ERA-Interim 和 ERA5 降水产品对西南角的降水高估明显,且在东南高降水地区分布与气象站实测有很大差异,ERA5 是 9 套降水产品中空间捕捉能力最差的。⑥MERRA 降水产品对空间降水的模拟效果是 3 套再分析降水产品中最佳的,能够大致准确地捕捉到降水的空间变化特征,包括特殊区域,但 MERRA 降水产品的分界较为模糊,分辨率有待提高。⑦APHRODITE 和 GPCC 降水产品,尽管相较于其他类型的数据集可以更为准确地捕捉降水序列的时间变异性,但却难以捕捉降水的空间变异性,尽管两套降水产品可以大致展现降水的空间分布特征,但是降水空间过渡不自然,界限十分模糊,尤其是 GPCC 降水产品,在降水量值上相比于气象站观测,两者均高估了极值范围,特别是 GPCC 降水产品。综合比较 9 套降水产品的空间分布表现可以看出,IMERG V06 和 CHIRPS V2.0 降水产品对降水的空间捕捉能力是最强的,但 IMERG V06 降水产品在降水量值上更接近站点实测值,因而略优于 CHIRPS V2.0 降水产品。整体比较 3 种类型的降水产品,在捕捉降水空间分布的能力方面,基于卫星的降水产品相对其他类型的产品而言更具优势。

3.2.2　9 套降水产品的精度检验

为检验 9 套降水产品在全国及 7 个分区的精度和适用性,研究基于各分区 2000 年 6 月~2015 年 6 月气象站观测与对应的 9 套降水产品的月降水时间序列样本,绘制了散点图(图 3-3),并对每套降水产品与实测值做了回归分析,得到了拟合方程以及评价拟合程度的 R^2 与 RRMSE。由图 3-3 可知:①在 I 区,9 套降水产品的表现为 7 个分区中最差的,除 ERA5 外均发生了严重高估,基于气象站的降水产品的表现相对而言优于基于再分析的降水产品和基于卫星的降水产品,其中三类降水产品中表现最好的分别为 MSWEP、MERRA 和 APHRODITE。②在 II 区,9 套降水产品和气象站真值拟合效果均较高,与实测值的拟合线均接近于 1:1 线,仅有轻微低估,三类降水产品中基于气象站的降水产品综合优于基于卫星的降水产品和基于再分析的降水产品,各类降水产品中最优数据集分别为 IMERG V06、MERRA 和 GPCC。③在Ⅲ区,所有降水产品的适用性是除 I 区外最低的,其中 PERSIANN-CDR、MSWEP、ERA-Interim 和 ERA5 发生高估,其

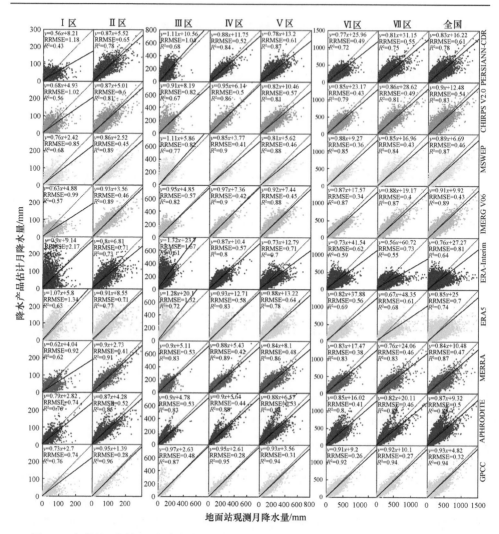

图 3-3　气象站观测与 9 套降水产品的月降水时间序列样本在全国及 7 个分区的散点图

余产品均发生低估（以实测值的拟合线低于 1∶1 线），比较三种类型的降水产品，基于气象站的降水产品综合表现最好，其次是基于再分析的降水产品，表现最差的是基于卫星的降水产品，IMERG V06、MERRA 和 GPCC 分别为三类降水产品中的最佳选择。④在Ⅳ和Ⅴ区，所有降水产品在该区域的表现均为 7 个分区中最佳的，特别是Ⅳ区，决定系数 R^2 均大于等于 0.8，且大部分产品的回归线与 1∶1线基本重合，仅有部分产品有轻微低估。9 套降水产品中，GPCC 降水产品表现最佳、ERA-Interim 表现最差。基于气象站的降水产品综合表现最佳，其次是基于卫星的。三类降水产品中表现最优的分别为 MSWEP、MERRA 和 GPCC。⑤在Ⅵ

和Ⅶ区，各套降水产品也有较高的适用性，所有降水产品的拟合线均低于 1∶1
线，三类降水产品中，表现最差的为基于再分析的降水产品，最好的为基于气象
站的降水产品。IMERG V06、MERRA 和 GPCC，分别为三类降水产品中最合适
的。⑥在全国，三类降水产品的适用性排序由高到低分别为：基于气象站、基于
卫星和基于再分析的降水产品。各类降水产品的最佳选项分别为：IMERG V06、
GPCC、MERRA。综合来看，根据散点分布情况以及回归结果表明，9 套降水产品
在Ⅰ区和Ⅲ区表现最差，特别是Ⅰ区（它们与实测值的偏差较大且相关性相对较
低），在Ⅳ区表现最佳。9 套降水产品在大多数分区以及全国表现情况为：GPCC >
IMERG V06 > MSWEP > MERRA > APHRODITE > CHIRPS V2.0 >
PERSIANN-CDR > ERA5 > ERA-Interim。在Ⅰ区和Ⅲ区，基于卫星的降水产品表现
较为逊色，但在其他区域再分析降水产品性能较弱一些，基于气象站的降水产品在
各分区表现较稳定。

　　为探究 9 套降水产品在空间上的精度分布情况，研究以中国 782 个气象站点
观测月降水数据为参照，计算了 9 套降水产品的 RB、RRMSE 和 R^2 精度评价指标，
根据它们的空间分布特征可知：①RB 值代表了降水产品的相对偏差（RB 小于 0
代表发生低估，否则发生高估），9 套降水产品中，ERA-Interim 和 ERA5 降水产
品中 RB 值大于 0.5 的站点最多，说明两者的相对偏差相较于其他产品最大；
PERSIANN-CDR 降水产品在Ⅰ区和Ⅲ区相对偏差较大；CHIRPS V2.0 和 IMERG
V06 降水产品的 RB 值空间分布表现较为一致，大部分站点相对偏差普遍在 0～
0.2，绝大部分站点均为高估；MSWEP 降水产品在东北、西北、华北地区出现了
较多的低估站点；MERRA、APHRODITE 和 GPCC 降水产品的 RB 空间分布十分
相似，绝大多数地区的相对偏差低于 0.2，且高估和低估站点的数量较为均衡，地
理分布也十分均匀，没有区域性特征。②RRMSE 代表了降水产品相比于气象站
实测产品的均方根误差，GPCC 降水产品 RRMSE 整体上最低，超过一半的站点
RRMSE 值小于 0.2；其次表现较好的两套降水产品分别为 MSWEP 和 MERRA，
两者大部分站点的 RRMSE 值均低于 0.5，北方站点的 RRMSE 普遍大于南方；表
现最差的两套降水产品依然为 ERA-Interim 和 ERA5，特别是 ERA-Interim，这两
套降水产品在绝大部分站点下的 RRMSE 值高于 0.5，此外在西部地区 RRMSE 值
甚至大于 1；最后 4 套降水产品的表现相仿，RRMSE 在西北、华北地区高于南方
地区，在Ⅰ区和Ⅲ区显著高于其他地区，4 套降水产品的综合表现由好到坏依次
为 IMERG V06、APHRODITE、CHIRPS V2.0 和 PERSIANN-CDR。③R^2代表了 9
套降水产品与气象站实测降水间的相关性，综合比较了 9 套降水产品 R^2 值的表现，
GPCC > IMERG V06 > MSWEP > MERRA > APHRODITE > CHIRPS V2.0 >

PERSIANN-CDR > ERA5 > ERA-Interim。其中，GPCC、MSWEP 和 IMERG 降水产品有 90%以上站点的 R^2 值高于 0.8。对于大部分降水产品，R^2 值在西北地区低于其他区域，在东北、华北、西南地区 R^2 普遍较高。④KGE 考虑了相关性、偏差和变异性的影响，综合评价了 9 套降水产品的精度表现，KGE 值越接近于 1，说明降水产品的精度越高。其中，表现最好的降水产品为 GPCC 和 APHRODITE，其次为 MSWEP、IMERG V06 和 MERRA，再次为 CHIRPS V2.0 和 PERSIANN-CDR，最差的为 ERA5 和 ERA-Interim。综合而言，基于气象站的降水产品在空间上具有更高的精度，其次是基于卫星的降水产品，最差的是基于再分析的降水产品（但 MERRA 降水产品的表现极好）。而三类产品中，最优选择分别为 MSWEP、MERRA 和 GPCC 降水产品。

为了解各分区 9 套降水产品的精度表现情况，研究绘制了 9 套降水产品在全国及 7 个分区的 RB、RRMSE、R^2 和 KGE 4 个精度评价指标的箱形图，如图 3-4 所示。从图 3-4 中可以看出：①关于 RB，在Ⅰ区和Ⅲ区，9 套降水产品的 RB 值波动范围最大，且中位线最高。在Ⅰ区，MSWEP 降水产品的 RB 值中位线低于 0，说明该降水产品在Ⅰ区有一半以上的站点发生低估，PERSIANN-CDR 降水产品的中位线最高，说明该降水产品的大部分站点 RB 值高于其他产品，ERA-Interim 降水产品的 RB 值范围最广，说明该降水产品在Ⅰ区各站点间的精度差异较大，在Ⅲ区，PERSIANN-CDR 降水产品的 RB 值范围最广，ERA-Interim 降水产品的 RB 值中位线最高。综合 RB 值的覆盖范围以及中位线与 0 值的接近程度，GPCC 降水产品在所有区域中表现最佳，其次是 APHRODITE，在基于卫星的降水产品中，除Ⅰ区外，IMERG V06 表现最佳，基于再分析的降水产品中 MERRA 表现最佳[图 3-4（a）]。②关于 RRMSE，各类降水产品在各分区的表现差异显著，在Ⅰ区和Ⅲ区，9 套降水产品的 RRMSE 明显高于其他区域，在各个分区各类降水产品的优劣势明显，基于气象站的降水产品优于基于卫星的降水产品，基于卫星的降水产品优于基于再分析的降水产品，而每类降水产品的内部排序分别为：GPCC > APHRODITE，IMERG V06 > MSWEP > CHIRPS V2.0 > PERSIANN-CDR，MERRA > ERA5 > ERA-Interim[图 3-4（b）]。③关于决定系数（R^2），多套降水产品在Ⅰ区表现最差，其次为Ⅲ区和Ⅵ区，但在每个分区内，各类降水产品的表现规律与 RRMSE 指标下的表现规律一致，只有基于卫星的降水产品的内部排名在Ⅰ、Ⅱ、Ⅲ和Ⅶ区有变动，MSWEP 的表现优于 IMERG V06[图 3-4（c）]。④关于 KGE，9 套降水产品在Ⅰ区综合表现最差，其次在Ⅲ区，在其他分区相对较好。基于 KGE 指数，9 套降水产品的精度表现的分类排名没有变化，基于气象站的降水产品依旧综合表现最好，但与基于卫星的降水产品差距很小，各类降水产品精度特征在

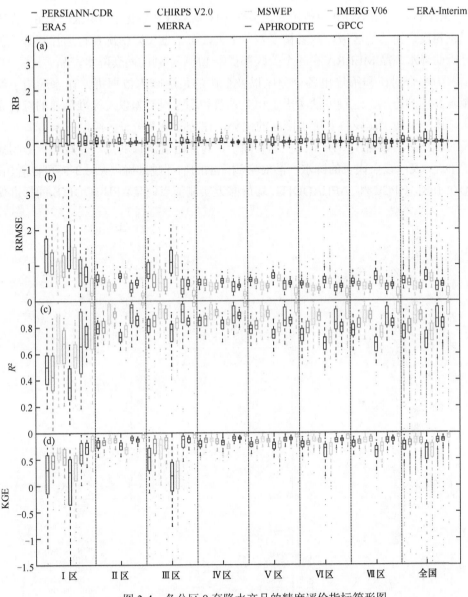

图 3-4 各分区 9 套降水产品的精度评价指标箱形图

各分区的内部排名除基于气象站的降水产品外均有变化，除Ⅱ、Ⅲ和Ⅶ区外，MSWEP 排在 IMERG V06 前面，在Ⅱ区和Ⅳ区，ERA-Interim 产品排在了 ERA5 的前面[图 3-4（d）]。综合以上 4 种精度评价指标可以看出，9 套降水产品的精度表现存在差异，在各个分区 GPCC 永远是最好的选择，基于卫星的降水产品中

IMERG V06 和 MSWEP 表现更好，但在Ⅰ区 MSWEP 略优于 IMERG V06，在Ⅲ区正相反，而其他区域，两者精度差异不大，可根据实际情况自行选择，基于再分析的降水产品 MERRA 在各个分区都优于 ERA 系列的两套降水产品。

为综合对比和筛选出各个分区以及全国的最适降水数据集，作者选用了绘制泰勒图的方法，这种方法考虑了相关系数和均方根误差以及标准偏差的综合影响，此外也便于比较各套降水产品的优势，在全国及 7 个分区绘制了 9 套降水产品的泰勒图，如图 3-5 所示。在泰勒图中，越靠近观测值的点，与观测值数据集越接近，表示该点代表的降水产品对实测降水的估计越准确。从图 3-5 可以看出：①在Ⅰ区，GPCC 和 APHRODITE 均最靠近实测值点，但 APHRODITE 的标准偏

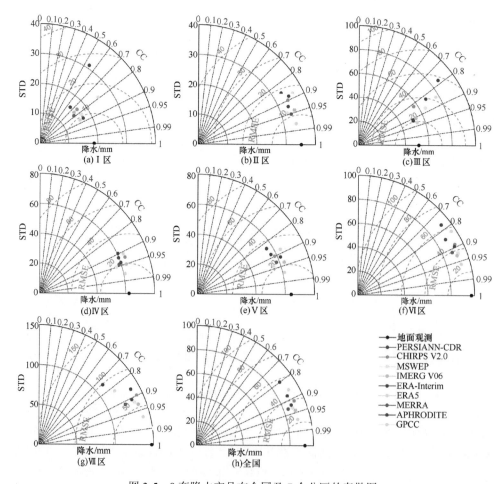

图 3-5　9 套降水产品在全国及 7 个分区的泰勒图

差更接近实测值的标准偏差,因而 APHRODITE 为该区域的最理想数据集,此外,在基于卫星的降水产品中,MSWEP 为最佳选择,优于基于再分析的降水产品的最优数据集 MERRA[图 3-5(a)]。②在Ⅱ区,GPCC 降水产品毋庸置疑为最佳选择,在三组指标下均最接近于实测值点,此外基于再分析的降水产品的最佳选择 MERRA 略优于基于卫星的降水产品的最优选项 IMERG V06[图 3-5(b)]。③在Ⅲ区,基于气象站的 GPCC 降水产品险胜于基于再分析的降水产品 MERRA 和同类别的 APHRODITE 降水产品,基于卫星的降水产品中 IMERG V06 表现最佳,且远优于其他同类型降水产品[图 3-5(c)]。④在Ⅳ区,GPCC 远优于其他降水产品,IMERG V06 和 MSWEP 的表现分庭抗礼,略优于基于再分析的降水产品的优胜者 MERRA[图 3-5(d)]。⑤在Ⅴ区,各产品的表现排名与Ⅳ区一致,但各降水产品的精度都略低于Ⅳ区[图 3-5(e)]。⑥在Ⅵ区,基于气象站的降水产品 GPCC,远优于其他两类降水产品,基于卫星的降水产品的优胜者 IMERG V06 的表现略好于基于再分析的降水产品的 MERRA[图 3-5(f)]。⑦在Ⅶ区,GPCC 降水产品依旧为最佳选择,基于卫星的 IMERG V06 降水产品优于基于再分析的 MERRA 降水产品[图 3-5(g)]。⑧在全国,GPCC 降水产品表现稳居第一,第二、第三名分别是基于卫星的 IMERG V06 和 MSWEP 降水产品,第四名为基于再分析的 MERRA 降水产品[图 3-5(h)]。综上,与实测值最接近的降水产品除Ⅰ区为 APHRODITE 外,均为 GPCC 降水产品;除Ⅰ、Ⅱ和Ⅲ区外,基于卫星的最优降水产品比基于再分析的最优降水产品更接近实测值;除Ⅰ区外,基于卫星的最优降水产品均为 IMERG V06;所有分区表现最好的基于再分析的降水产品均为 MERRA。

为探究不同分位数降水量下,9 套降水产品与实测值的模拟和偏差程度,绘制了全国及 7 个分区 9 套降水产品与实测值的 Q-Q 图,如图 3-6 所示,为便于评估 9 套降水产品在较低的雨量值下的表现情况,将 Q-Q 图的横纵坐标换成对数坐标,但对应的标签换算为对应的降水量值。

从图 3-6 中可以看出:①在Ⅰ区,9 套降水产品在 10mm 以下的降水量范围内均有较大的偏差,不同程度地出现了高估,但这种情况 IMERG V06 降水产品较其他降水产品好一些,此外,在 10~100mm 的中降水量阶段,IMERG V06 和 PERSIANN-CDR 降水产品均出现轻微高估,在降水量峰值阶段大多数降水产品出现显著低估现象,仅有 APHRODITE 降水产品与 1∶1 线完美贴合[图 3-6(a)]。②在Ⅱ区,IMERG V06 降水产品与实测降水产品的偏差几乎为 0,除 CHIRPS V2.0 降水产品外,所有基于卫星的降水产品的分位数曲线均与 1∶1 线完美贴合,而其他降水产品在降水量低值范围内出现高估偏差[图 3-6(b)]。③在Ⅲ区,IMERG V06

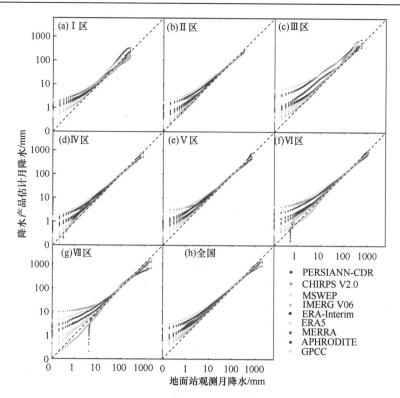

图 3-6　9 套降水产品在全国及 7 个分区的 Q-Q 图

降水产品的分位数与实测值的分位数依旧最接近，仅在小于 1mm 的降水量范围内有轻微高估。其他降水产品表现较好的为 GPCC 和 MERRA 降水产品，而其余大多数降水产品在低值和峰值范围内存在较大的偏差[图 3-6 （c）]。④在Ⅳ区，IMERG V06 降水产品依旧表现最佳，GPCC 和 PERSIANN-CDR 降水产品在低降水量处出现了低估[图 3-6（d）]。⑤在Ⅴ区，MSWEP 降水产品表现最佳，其余水产品在低降水量值下均发生轻微高估[图 3-6（e）]。⑥在Ⅵ区，IMERG V06 降水产品在中降水量下有轻微低估，但依旧表现最佳，而其他降水产品均出现高估[图 3-6（f）]。⑦在Ⅶ区，除 IMERG V06 和 PERSIANN-CDR 降水产品出现低估外，其余各降水产品在中低降水量范围内均出现显著高估[图 3-6（g）]。⑧在全国，各降水产品均出现了低值高估、高值低估现象，但 IMERG V06 降水产品与实测值较为贴合[图 3-6（h）]。综上，在 9 套降水产品与实测降水产品的降水量分位数对比中，9 套降水产品在大多数分区下均出现了低值高估和高值低估的现象，但 IMERG V06 降水产品相对于其他降水产品表现最好。

　　降水频率分布是降水的主要特征，因而降水产品与实测降水数据的频率分布是否吻合，对降水产品质量的判断至关重要。因而，研究将 9 套降水产品与实测降水产品的累积频率分布进行了对比，见图 3-7。

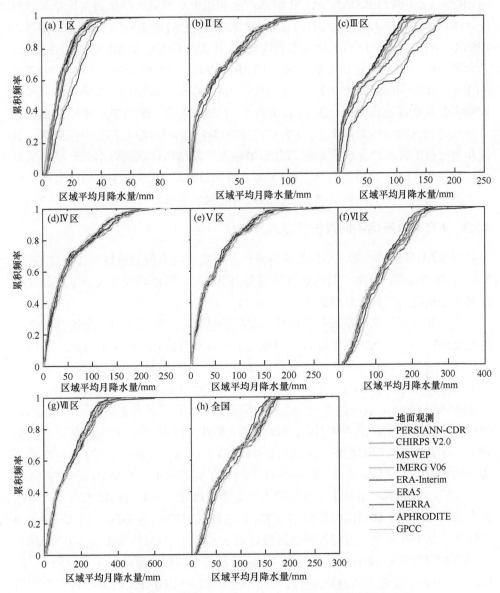

图 3-7　9 套降水产品在全国 7 个分区与全国的累积频率分布图

由图 3-7 可知：①9 套降水产品在 Ⅱ、Ⅳ、Ⅴ 和Ⅶ区的累积频率分布与实测降水值基本吻合，在 Ⅰ 和Ⅲ区，降水产品的频率分布差异最为明显，在Ⅵ区和全国，9 套降水产品的频率分布与实测值偏差略大。②在 I 区，APHRODITE、GPCC、MERRA 和 MSWEP 降水产品与实测降水的累积频率分布基本一致，IMERG V06、CHIRPS V2.0 和 PERSIANN-CDR 降水产品相比于实测降水产品的累积频率分布差异略微偏大，而 ERA 系列的两套降水产品差异巨大[图 3-7（a）]。③在Ⅲ区，APHRODITE 降水产品的累计频率表现最佳，其次是 GPCC 和 MERRA 降水产品，其余降水产品的表现为 IMERG V06 > CHIRPS V2.0 > MSWEP > PERSIANN-CDR > ERA5 > ERA-Interim[图 3-7（c）]。④在Ⅵ区，GPCC 和 MERRA 降水产品的累积频率分布最接近实测值，在全国，GPCC、MERRA 和 MSWEP 降水产品累积频率分布符合气象站实测降水[图 3-7（f）和图 3-7（h）]。综上，基于气象站、卫星和再分析的降水产品中累积频率分布最贴近气象站实际观测降水的产品分别为 GPCC、MSWEP（除Ⅲ区为 IMERG V06）和 MERRA。基于气象站的降水产品相比于其他两类产品更能够准确捕捉实测降水的频率分布。

3.2.3　9 套降水产品不同月份精度差异分析

由 3.2.1 节结果可知，不同月份降水产品对实测降水值的捕捉存在一定差异。3.2.2 节结果说明，降水产品的估算精度会出现偏差，因而研究 9 套降水产品在不同月份的精度差异具有重要意义。

为探究 9 套降水产品对各月份降水量的估算差异，研究计算了全国及 7 个分区在 2000 年 6 月～2015 年 6 月，气象站实测降水与其对应的 9 套降水产品估算降水在 1～12 月各月份的多年平均降水量值，为了方便对比其量值差异，将其绘制成柱形图，见图 3-8。由图 3-8 可知：①在 I 区，ERA 系列的两套降水产品和 PERSIANN-CDR 降水产品在 1～12 月的降水估计值均显著和略微高于实测降水；CHIRPS V2.0 降水产品在 4 月、5 月、7 月、8 月、10 月和 11 月轻微高估了实测降水，在其余月份和实测值十分接近；IMERG V06 降水产品在 2 月、3 月出现显著低估实测降水现象，在 6～9 月和 11 月高估了实测降水，其余月份与实测降水十分接近；MSWEP 是基于卫星的降水产品中最接近于实测值的降水产品，但在大多数月份出现了极轻微的低估；MERRA、APHRODITE 和 GPCC 降水产品是 9 套降水产品中在各个月份与实测值最接近的 3 套降水产品[图 3-8（a）]。②在Ⅱ区，ERA5 和 ERA-Interim 降水产品在大部分月份不同程度地高估了实测降水，但 ERA-Interim 更接近于实测降水；PERSIANN-CDR 和 CHIRPS V2.0 在各月份均高估了实测降水，尤其是在 6～8 月；IMERG V06 和 MSWEP 降水产品为基于卫星观测中最接近实测降水的两套降水产品，但两者在夏季均出现轻微的高估和低估现象。MERRA、APHRODITE 和 GPCC 降水产品在各个月份均十分接近实测降

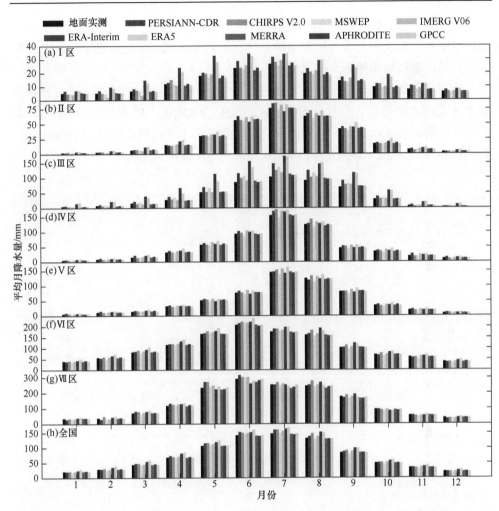

图 3-8　实测与 9 套降水产品各月份多年平均降水量在不同分区与全国的比较

水[图 3-8(b)]。③在Ⅲ区，ERA 系列的两套降水产品与 PERSIANN-CDR 和 MSWEP 降水产品均显著高估了实测降水。而其他几套降水产品在除冬季外的其余月份也产生了轻微的高估现象[图 3-8（c）]。④在Ⅳ、Ⅴ和Ⅵ区，相比于其他区域，这 3 个分区各月份所有产品的降水估计值与实测值最为接近。但大多数降水产品在冬季以外的月份出现了轻微高估[图 3-8（d）～图 3-8（f）]。⑤在Ⅶ区，5～8 月，基于卫星的降水产品高估了实测降水[图 3-8（g）]。⑥在全国，基于再分析的 ERA 系列的两套降水产品在各月份相对于其他降水产品与实测值偏差较大。基于卫星的 PERSIANN-CDR 和 CHIRPS V2.0 降水产品比其他两套降水产品在各月份的表现较差。综上，在不同分区下，不同降水产品在不同月份的表现有所差异，在Ⅰ、Ⅲ区各降水产品在各月份与实测值的差异大于其他区域，此外在夏季，大多数降水产品易出现高估实测降水的现象。

为评估全国及 7 个分区 9 套降水产品在 12 个月的精度表现特征，研究分别绘制了 9 套降水产品在各个月份不同分区的 RB、RRMSE、R^2 和 KGE 指标图，它们可以分别评估 9 套降水产品相比于气象站实测降水的高低估偏差、均方根误差、相关性和综合性能。其中，关于各降水产品的 RB 情况见图 3-9。

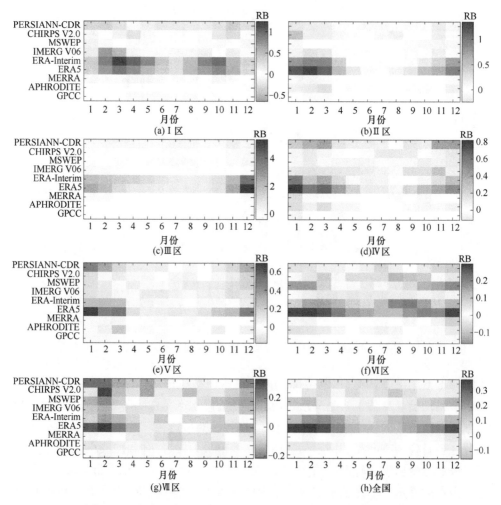

图 3-9　9 套降水产品在全国及 7 个分区不同月份的 RB 指标热图

由图 3-9 的结果可知：①在Ⅰ区，ERA-Interim 和 ERA5 降水产品的 RB 最大，在所有月份均发生不同程度的高估，主要集中在 2～5 月和 8～11 月。其次是 PERSIANN- CDR 降水产品的 RB 较大，但在各月份主要出现正偏差（即高估），IMERG V06 降水产品在 2 月、3 月出现明显低估，但在其他月份的 RB 较小；MSWEP、MERRA、APHRODITE 和 GPCC 4 套降水产品在各月份的 RB 相对低于其他降水产品，尤其是 APHRODITE 降水产品；其中 MSWEP 降水产品在大多数月份均轻微低估实测降水（RB<0），MERRA V06 和 GPCC 降水产品在夏季月份均表现轻微低估[图 3-9（a）]。②在 Ⅱ区，ERA-Interim 和 ERA5 降水产品的 RB 表现最差，只有高偏差集中在 12 月至次年 3 月，此外，IMERG V06 降水产品在 1～3 月低估较为明显，基于卫星的降水产品中 MSWEP 的 RB 指标的表现最优，但该降水产品在所有月份的 RB 均为负值，说明在所有月份均发生了轻微低估[图 3-9（b）]。③在Ⅲ区，ERA 系列的两套降水产品出现显著高估，尤其是冬季出现了异常高估；CHIRPS V2.0、IMERG V06 和 MERRA 降水产品在冬季的 RB 较大，且均为低估；PERSIANN-CDR 和 MSWEP 在 12 个月的 RB 基本一致，都为轻微高估且高估严重程度一致；APHRODITE 和 GPCC 两套降水产品在大多数月份的 RB 基本为 0，它们是该区域表现最佳的两套降水产品[图 3-9（c）]。④在Ⅳ区，ERA 系列的两套降水产品与 PERSIANN-CDR 降水产品相对于其他降水产品的偏差较大，多集中于 11 月至次年 3 月[图 3-9（d）]。⑤在Ⅴ区，除 ERA 系列的两套降水产品 RB 相对较大外，MSWEP 降水产品在大多数月份存在较高的低估偏差。ERA-Interim 降水产品在 5～10 月出现了显著低估，这是与其在其他区域表现不同的地方[图 3-9（e）]。⑥在Ⅵ区，基于 RB 指标，表现明显较差的降水产品依照严重程度依次为 ERA5、ERA-Interim 和 MSWEP，但 ERA 系列降水产品表现为正偏差，而 MSWEP 降水产品表现为负偏差[图 3-9（f）]。⑦在Ⅶ区，基于 RB 指标的精度评价，除 GPCC 降水产品表现最佳外，其余降水产品在各月份的综合表现较一致。基于卫星的降水产品多在冬季发生相对显著的低估，而基于再分析和基于气象站的降水产品的低估现象多出现在夏季[图 3-9（g）]。⑧在全国，基于卫星的降水产品，在冬季易发生相对显著的低估现象，基于气象站的降水产品在夏季易出现低估现象，基于再分析的 ERA 系列的两套降水产品均高估了 1～12 月的实测降水，而 MERRA 降水产品与其正相反[图 3-9（h）]。综上，9 套降水产品在不同分区的 1～12 月的 RB 差异明显，其中大多数降水产品在Ⅶ区的低估比例和在Ⅲ区的高估比例显著高于其他区域。

关于各降水产品的 RRMSE 表现如图 3-10 所示。从图 3-10 中可以看出：①在 Ⅰ区，基于卫星的降水产品在夏季的 RRMSE 偏低，基于再分析的 ERA 系列的降水产品在冬季 RRMSE 相对较低，但依旧高于其他降水产品，MERRA 降水产

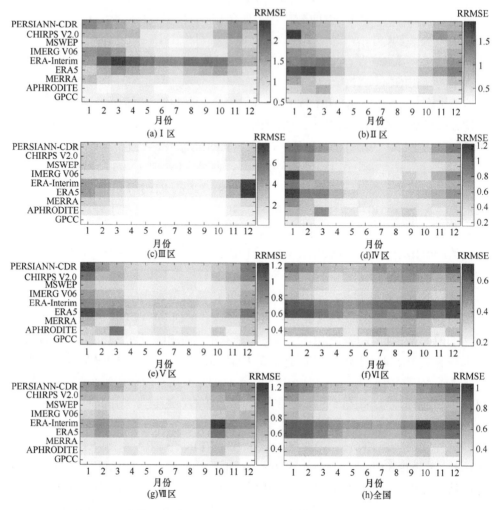

图 3-10　9 套降水产品在全国及 7 个分区不同月份的 RRMSE 指标热图

品和基于气象站的降水产品在 1～12 月的 RRMSE 较为均衡[图 3-10（a）]。②在 Ⅱ
区，基于卫星的降水产品的 RRMSE 在各月份的表现与 Ⅰ 区一致，但基于再分析
的降水产品中的 ERA 系列的表现与 Ⅰ 区正相反，它们在该区域夏季的 RRMSE 相
对较低，基于气象站的降水产品在夏季的 RRMSE 表现要略优于冬季[图 3-10（b）]。
③在Ⅲ区，所有降水产品在夏季的 RRMSE 要明显低于其他月份[图 3-10（c）]。
④在Ⅳ和Ⅴ分区，各类降水产品在不同月份 RRMSE 的表现与Ⅱ区十分相似[图
3-10（d）和（e）]。⑤在Ⅵ区，基于卫星、基于气象站以及基于再分析的降水产
品的 MERRA 在后 6 个月的 RRMSE 相对于前 6 个月偏高一些，而基于再分析的

ERA 系列的两套降水产品在 1～12 月均保持着相对较高的 RRMSE[图 3-10（f）]。⑥在Ⅶ区，基于卫星的降水产品在夏季的 RRMSE 相对于冬季偏低，ERA 系列降水产品在 10 月的 RRMSE 显著高于其他月份，其余降水产品在各月份 RRMSE 的精度表现无明显差异[图 3-10（g）]。⑦在全国，各降水产品在不同月份 RRMSE 的精度差异不明显，但在 4～9 月的表现略优于其他月份[图 3-10（h）]。综上，9 套降水产品除Ⅵ区外，其余分区 RRMSE 在各月份的表现差异较为明显，大多数在冬季的 RRMSE 不同程度地略大于其他月份，而在Ⅵ区，各降水产品基于 RRMSE 的表现以 6 月为分界线，后半年的 RRMSE 值要略大于前半年。

9 套降水产品在各分区基于 R^2 的各月份表现如图 3-11 所示。图 3-11 展示了各分区不同月份下所有降水产品估计值与实测降水值之间的相关程度。从图 3-11 中可以看出：①在Ⅰ区，基于卫星的降水产品在 2 月和 10 月与实测降水的相关性相对较差，其中 IMERG V06 降水产品在 2 月、3 月的表现极差，其他降水产品在各月份的 R^2 精度差异不明显[图 3-11（a）]。②在Ⅱ区，基于卫星的降水产品在冬季的表现要略差于其他月份，而基于再分析的 ERA 系列的降水产品在 7 月和 8 月的 R^2 低于其他月份，此外，基于气象站的降水产品 R^2 的精度随月份波动不明显[图 3-11（b）]。③在Ⅲ区，根据 R^2 的表现可以看出，基于卫星与再分析的 MERRA 降水产品在冬季的精度表现明显低于其他月份，而基于再分析的 ERA5 降水产品在夏季时段与实测降水的相关性较差[图 3-11（c）]。④在Ⅳ区，基于卫星的降水产品在 1 月和 12 月的 R^2 较低，特别是 IMERG V06 和 CHIRPS V2.0 降水产品；而基于再分析的降水产品在夏季的表现较差，基于气象站的降水产品在各月份的 R^2 波动不明显[图 3-11（d）]。⑤在Ⅴ区，基于卫星的降水产品的 R^2 随月份变化不大，再分析降水产品和基于气象站的 APHRODITE 降水产品在 6～8 月的 R^2 明显低于其他月份[图 3-11（e）]。⑥在Ⅵ区，除基于气象站的 GPCC 降水产品外，其余降水产品在 7～9 月与基于气象站的降水产品的相关性均低于其他月份[图 3-11（f）]。⑦在Ⅶ区，大部分降水产品在夏季的精度略低于其他月份[图 3-11（g）]。⑧在全国，所有降水产品在 7～9 月的 R^2 普遍低于其他月份[图 3-11（h）]。综上，大部分区域，多套降水产品在夏季与实测降水的相关性较差。

各降水产品在各分区不同月份的 KGE 表现，如图 3-12 所示。

由图 3-12 可知：①在Ⅰ区，IMERG V06 降水产品在 2 月和 3 月表现明显较差，ERA-Interim 和 ERA 降水产品在 2～5 月和 9～11 月的精度远低于其他月份以及其他降水产品[图 3-12（a）]。②在Ⅱ区，CHIRPS V2.0 和 IMERG V06 降水产品以及 ERA 系列的两套降水产品在 1～3 月和 10～12 月的精度远低于其他月份以及其他降水产品[图 3-12（b）]。③在Ⅲ区，ERA 系列的两套降水产品表现得极

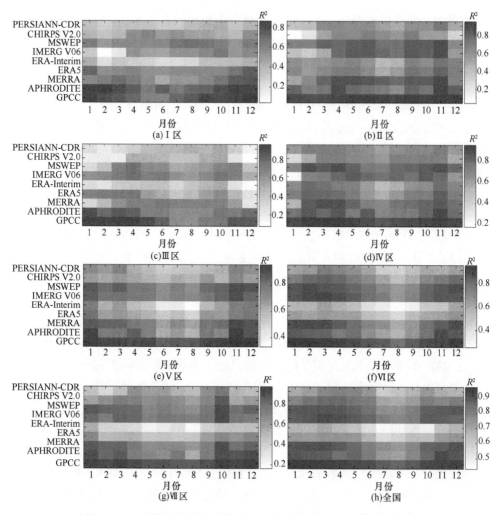

图 3-11　9 套降水产品在全国及 7 个分区不同月份的 R^2 指标热图

差尤其是在冬季，其余降水产品的精度也低于其他区域，而且在冬季的表现差于其他月份[图 3-12（c）]。④在Ⅳ区，除 MSWEP 外较低的 KGE 出现在夏季，其余降水产品较低的 KGE 均出现在冬季[图 3-12（d）]。⑤在Ⅴ区，除 ERA5 降水产品外，其他降水产品在冬季的精度相对较高[图 3-12（e）]。⑥在Ⅵ区和Ⅶ区，多套降水产品在夏季的 KGE 波动较大，且普遍略低于其他月份[图 3-12（f）和 3-12（g）]。⑦在全国，9 套降水产品在 7～9 月的精度表现略低于其他月份[图 3-12（h）]。综上，除Ⅲ区大多数降水产品在冬季精度较低外，其他区域大多数降水产品均在夏季表现较好。

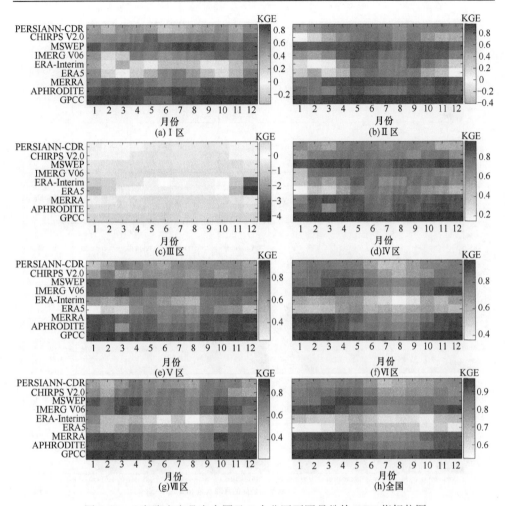

图 3-12　9 套降水产品在全国及 7 个分区不同月份的 KGE 指标热图

3.3　讨　　论

本章的结果与 Bai 等（2018）的空间分布结果一致，并在时间尺度和季节特征上与 Fang 等（2019）的观点一致。经过比较，本章的评价指标在合理范围内（Liu et al.，2019；Xu et al.，2019）。由于数据采集的局限性，本章收集的雨量计样本有限，并且雨量计的不规则分布导致统计误差。因而，我们针对青藏高原地区又做了不同降水产品之间的两两相关分析，从而来评价它们的表现（图 3-13）。

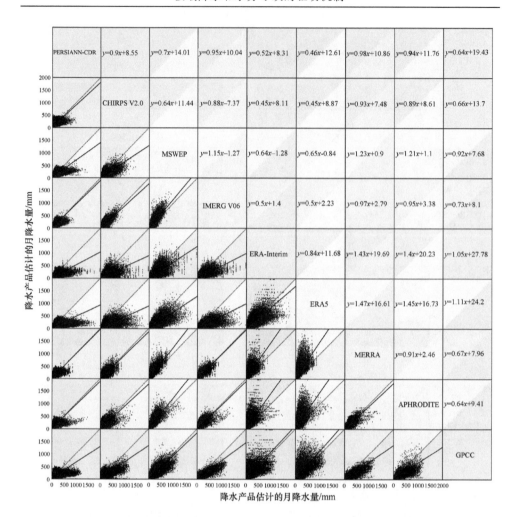

图 3-13   多套降水产品在青藏高原地区的两两比较

图 3-13 表明，MERRA 和 GPCC 降水产品与大多数降水产品都具有较高的相关性，综合来看，它们在青藏高原地区有很好的表现。而 ERA-Interim、ERA5、MSWEP 以及 APHRODITE 降水产品的综合性能相对较差（与大多数降水产品偏差较大）。这样的结果与青藏高原地区基于气象站的结果大致相仿，尽管青藏高原地区站点稀少，但综合结果不影响最终的评价结果。

3.4   小   结

本章基于 9 套不同类型的降水产品的时空分布表现，以及在不同角度下的精度评估结果，可以发现，不同类型的降水产品在全国及不同分区的表现有所差异，Ⅰ区和Ⅲ区所有降水产品的整体表现为 7 个分区中最差，此外，针对不同的降水特征，不同类型的降水产品的精度表现有所差异，RRMSE 较低的降水产品与实测值的相关性不一定高，RRMSE 与相关性综合性能较好的产品，它的频率分布以及不同分位数的降水量与实测值不一定相符，因而在实际应用中，选择降水产品时应基于所需降水产品特性进行针对性筛选。

综合而言，基于卫星的降水产品在分析降水的空间变异性中更有优势，基于气象站的降水产品对降水的时间变异性的捕捉能力更强。基于卫星、基于气象站和基于再分析的降水产品中综合优势最强的降水产品分别为 IMERG V06（MSWEP）、GPCC 和 MERRA。

不同类型的降水产品精度随月份变化明显。在大多数区域，基于卫星和基于再分析的降水产品在较为干燥的地区冬季精度相对较差，在相对湿润地区夏季精度相对较差，而基于气象站的降水产品精度在不同月份差异不大。

参 考 文 献

张强, 孙鹏, 陈喜, 等. 2011. 1956～2000 年中国地表水资源状况: 变化特征, 成因及影响[J]. 地理科学, 31: 1430-1436.

Ashouri H, Hsu K L, Sorooshian S, et al. 2014. PERSIANN-CDR: Daily precipitation climate data record from multisatellite observations for hydrological and climate studies[J]. Bulletin of the American Meteorological Society, 96: 197-210.

Bai L, Shi C, Li L, et al. 2018. Accuracy of CHIRPS satellite-rainfall products over Chinese mainland[J]. Remote Sensing, 10(3): 362.

Beck H E, Vergopolan N, Ming P, et al. 2017. Global-scale evaluation of 22 precipitation datasets using gauge observations and hydrological modeling[J]. Hydrology and Earth System Sciences, 21: 6201-6217.

Becker A, Finger P, Meyer-Christoffer A, et al. 2012. A description of the global land-surface precipitation data products of the Global Precipitation Climatology Centre with sample applications including centennial(trend) analysis from 1901-present[J]. Earth System Science Data Discussions, 5(2): 921-998.

Dee D P, Uppala S M, Simmons A J, et al. 2011. The ERA-Interim reanalysis: Configuration and performance of the data assimilation system[J]. Quarterly Journal of the Royal Meteorological Society, 137: 553-597.

Fang J, Yang W, Luan Y, et al. 2019. Evaluation of the TRMM 3B42 and GPM IMERG products for extreme precipitation analysis over China[J]. Atmospheric Research, 223: 24-38.

Funk C, Peterson P, Landsfeld M, et al. 2015. The climate hazards infrared precipitation with stations—A new environmental record for monitoring extremes[J]. Scientific Data, 2: 150066.

Hersbach H, Bell B, Berrisford P, et al. 2020. The ERA5 global reanalysis[J]. Quarterly Journal of the Royal Meteorological Society, 146(730): 1999-2049.

Kling H, Fuchs M, Paulin M. 2012. Runoff conditions in the upper Danube basin under an ensemble of climate change scenarios[J]. Journal of Hydrology, 424-425: 264-277.

Liu J, Shangguan D, Liu S, et al. 2019. Evaluation and comparison of CHIRPS and MSWEP daily-precipitation products in the Qinghai-Tibet Plateau during the period of 1981-2015[J]. Atmospheric Research, 230: 104634.

Reichle R H, Koster R D, Lannoy G D, et al. 2011. Assessment and enhancement of MERRA land surface hydrology estimates[J]. Journal of Climate, 24: 6322-6338.

Schneider U, Fuchs T, Meyer-Christoffer A, et al. 2005. Global Precipitation Analysis Products of the GPCC[R]. Offenbach, Germany: Global Precipitation Climatology Centre.

Taylor K E. 2001. Summarizing multiple aspects of model performance in a single diagram[J]. Journal of Geophysical Research: Atmospheres, 106: 7183-7192.

Xu S, Shen Y, Niu Z. 2019. Evaluation of the IMERG version 05B precipitation product and comparison with IMERG version 04A over Chinese mainland at hourly and daily scales[J]. Advances in Space Research, 63: 2387-2398.

Yatagai A, Kamiguchi K, Arakawa O, et al. 2012. APHRODITE: Constructing a long-term daily gridded precipitation dataset for Asia based on a dense network of rain gauges[J]. Bulletin of the American Meteorological Society, 93: 1401-1415.

第4章 基于不同降水产品的气象干旱监测

气象干旱在空间上的准确性依赖于格网气象资料的分辨率和精度，降水作为气象干旱的主导因素之一，其产品的合理选择对于气象干旱的准确监测具有重要的参考价值。本章以中国气象局的 CPAP 格网产品以及基于气象站气象数据，利用彭曼公式估算的蒸散量通过薄板样条插值（Thin Plate Spline，TPS）得到的格网数据为主参考，以历史干旱事件为辅参考，基于 Z 指数和 SPEI 指数，评价了 1 个、3 个、6 个、9 个、12 个和 24 个月时间尺度下，9 套不同类型降水产品（基于气象站、基于卫星和基于再分析的降水产品）在我国及 7 个分区的干旱监测性能。其中包括：基于不同类型降水产品的干旱指数精度评估；基于不同类型降水产品干旱监测（估算指标值、干旱等级划分、干旱面积和干旱主周期）的时间分析；基于不同类型降水产品干旱监测（干旱指数值、干旱频次、干旱事件平均历时和干旱事件平均烈度）的空间分析，从而为在中国各区域气象干旱监测中降水数据的合理选择提供重要依据。

4.1　研究区、数据收集及研究方法

4.1.1　研究区和数据集

研究区域概况在 2.1.1 节和 3.1.1 节已做详细介绍，本章不再赘述。研究所用到的主要数据包括来自中国气象局的基于气象站观测的气象要素数据（用于计算蒸散量）以及月降水分析产品 CPAP 数据集（用于计算参照干旱指数）。研究中所用的 9 套降水产品有基于卫星的降水数据集 PERSIANN-CDR、CHIRPS V2.0、MSWEP、IMERG V06；基于气象站的降水数据集：APHRODITE、GPCC；基于再分析的降水数据集 ERA- Interim、ERA5、MERRA，产品的详细介绍见 3.1.2 节，本章不再赘述。

根据研究数据时间序列的可获取长度，基于 Z 指数的干旱监测研究期选择 2001 年 1 月～2015 年 12 月和基于 SPEI 指数的干旱监测研究期选择 1983 年 1 月～2015 年 12 月。研究的所有空间分析结果均在 0.5°×0.5°的格网尺度上进行。

CPAP 是一个基于插值的网格化降水产品。该产品以约 2400 个雨量站的降水

数据为观测资料，以基于中国地形的 TPS 为插值方案（Shen et al.，2010）。该降水产品的降水资料空间分布密集，且源数据经过严格的质量控制，数据质量总体上可以得到保证，因此，可以用于计算参照干旱指数。

气象要素数据主要来源于中国气象数据网（https://data.cma.cn），这些气象要素包括降水、均温、最高温、最低温、相对风速、相对湿度、日照时数等，为使所有气象要素数据在研究期内满足质量控制要求，共筛选出 800 个站点，并对其进行严格的质量控制，缺失的数据从 10 个最相邻的相关气象数据站点插值（Qian et al.，2021）。数据的质量控制方法见 2.1.2 节。这些基于站点的气象要素数据通过彭曼公式计算出潜在蒸散量，并通过 TPS 法得到基于 0.5°×0.5°的格网蒸散数据集。

此外，研究还从中国科学院地理科学与资源研究所资源环境科学与数据中心（http://www.resdc.cn）收集了 2000 年、2005 年、2010 年和 2015 年的土地利用数据，用于计算干旱面积比率以及在分析干旱的空间分布时剔除荒地和河流。

中国典型干旱事件的历史记录来自《中国近五百年旱涝分布图集》、《中国水旱灾害公报》和《中国气象灾害大典（综合卷）》（张德二等，2003；国家防汛抗旱总指挥部，2012；丁一汇，2008）。

本章综合所有研究数据集的空间分辨率信息，最终将空间分辨率统一为 0.5°×0.5°，9 套降水数据产品的分辨率转换采用重采样的方法，蒸散数据集是通过 TPS 法将数据从点尺度数据集转化为 0.5°×0.5°的格网数据集，该方法常被用来将点尺度的蒸散数据转化为面尺度（Bai et al.，2020；Zhong et al.，2018），Green 和 Silverman（1994）详细介绍了该方法的基本原理，本章采用 R 语言软件中的"fileds"包进行计算。土地利用数据原始分辨率为 1km，通过 ArcGIS 软件的投影和重采样功能将其转化为 0.5°×0.5°空间分辨率的数据，其中重采样的方案选择"majority"，单元网格下所对应的最大比例的土地利用类型为该单元的土地利用类型。

4.1.2　干旱指数的计算

1. Z 指数

降水量并非在任意时段都服从正态分布，其在某些时段服从 Pearson-III型分布，因此可以通过正态化处理将服从 Pearson-III型分布的降水转化为以 Z 为变量的标准正态分布，Z 指数起初仅用于基于站点的干旱指数估算，李景刚等（2010）用 TRMM 系列产品的格网降水数据计算 Z 指数来分析旱情。

基于 9 套格水产品计算 Z 指数：

$$Z_i = \frac{6}{C_s}\left(\frac{C_s}{2}\phi_i + 1\right)^{\frac{1}{3}} - \frac{6}{C_s} + \frac{C_s}{6} \tag{4-1}$$

$$C_s = \frac{\sum_{i=1}^{n}\left(\mathrm{Pr}_i - \overline{\mathrm{Pr}}\right)^3}{n\sigma^3} \tag{4-2}$$

$$\phi_i = \frac{\mathrm{Pr}_i - \overline{\mathrm{Pr}}}{\sigma} \tag{4-3}$$

$$\sigma = \sqrt{\frac{1}{n}\sum_{i=1}^{n}\left(\mathrm{Pr}_i - \overline{\mathrm{Pr}}\right)^2} \tag{4-4}$$

$$\overline{\mathrm{Pr}} = \frac{1}{n}\sum_{i=1}^{n}\mathrm{Pr}_i \tag{4-5}$$

式中，Z_i 为降水产品某格点的月降水 Z 指数；C_s 为偏态系数；ϕ_i 为标准变量，通过格点月降水样本序列，可以分别计算出 C_s 和 ϕ_i；Pr_i 为格网数据中基于格点的月降水量；n 为样本数量；σ 为降水序列的标准差；$\overline{\mathrm{Pr}}$ 为降水均值。计算 Z 指数需将 12 个月分开进行计算。

根据前人的研究结果及 Z 指数值的大小，可将干旱等级划分为正常、中度干旱、重度干旱、极端干旱，具体划分标准见表 4-1（鞠笑生等，1997）。

表 4-1　基于 Z 指数的干旱等级划分

Z 指数值	干旱等级
$-0.842 \leqslant Z \leqslant 0.842$	正常
$-1.037 \leqslant Z < -0.842$	中度干旱
$-1.645 \leqslant Z < -1.037$	重度干旱
$Z < -1.645$	极端干旱

2. 潜在蒸散量

因为潜在蒸散量的计算影响 SPEI 指数的干旱监测性能，选用具有较高准确性的彭曼公式来估算潜在蒸散量（$\mathrm{ET_P}$）（Allen et al.，1998；Penman，1948），具体计算公式为

$$\mathrm{ET_P} = \frac{0.408\Delta\left(R_n - G_s\right) + \gamma_h \dfrac{900}{T_{mean} + 273} U_2\left(e_{sat} - e_a\right)}{\Delta + \gamma_h\left(1 + 0.34U_2\right)} \tag{4-6}$$

$$G_{s,k} = 0.14\left(T_k - T_{k-1}\right) \tag{4-7}$$

式中，$\varDelta$ 为饱和水汽压的斜率（kPa/℃）；T_{mean} 为 2m 高度的平均气温（℃），$T_{mean}=0.5\left(T_{max}+T_{min}\right)$；$U_2$ 为 2m 高度风速（m/s）；γ_h 为湿度常数（kPa/℃）；R_n 为净辐射[MJ/（m²·d）]；e_{sat} 和 e_a 分别为饱和水汽压和实际水汽压（kPa）；G_s 为土壤热通量[MJ/（m²·d）]；下标 k 和 $k-1$ 为月份的顺序。公式中其余变量的计算方法参考 Allen 等（1998）。

3. 干旱指数 SPEI

多尺度 SPEI 指数基于降水量和蒸散量的差值，即水分亏缺/盈余量 D 来计算（Vicente-Serrano et al.，2010）。

不同时间尺度水分亏缺/盈余量 D 可表示为

$$D=Pr-ET_0 \tag{4-8}$$

水分亏缺/盈余量 D 的累积量计算如下：

$$\begin{cases} X_{i,j}^k = \sum_{l=13-k+j}^{12} D_{i-l,l} + \sum_{l=1}^{l=j} D_{i,l}, j<k \\ X_{i,j}^k = \sum_{l=j-k+1}^{j} D_{i,l}, j \geqslant k \end{cases} \tag{4-9}$$

式中，Pr 为降水量；$X_{i,j}^k$ 为 k 个月时间尺度上第 i 年第 j 个月 D 的累加值；$D_{i,l}$ 为第 i 年第 l 个月的 D 值（Bai et al.，2020；Javed et al.，2020）。

通过比较 D 值的频率分布与 6 个其他概率密度函数的适应度，发现三参数对数逻辑（log-logistic）分布为 D 序列的最适概率分布（Yao et al.，2019）。将 D 归一化为 log-logistic 分布，得到 SPEI 值，具体计算步骤如下：

$$F(x)=\left[1+\left(\frac{\alpha}{x-\gamma}\right)^{\beta}\right]^{-1} \tag{4-10}$$

$$\alpha=\frac{\left(w_0-2w_1\right)\beta}{\varGamma\left(1+\dfrac{1}{\beta}\right)\varGamma\left(1-\dfrac{1}{\beta}\right)} \tag{4-11}$$

$$\beta=\frac{2w_1-w_0}{6w_1-w_0-6w_2} \tag{4-12}$$

$$\gamma=w_0+\alpha\varGamma\left(1+\dfrac{1}{\beta}\right)\varGamma\left(1-\dfrac{1}{\beta}\right) \tag{4-13}$$

$$w_s=\frac{1}{nm}\sum_{i=1}^{nm}\left(1-F_i\right)^s D_i \tag{4-14}$$

$$F_i = \frac{i - 0.35}{nm} \tag{4-15}$$

式中，α、β 和 γ 为 log-logistic 分布的尺度、形状和位置参数；Γ 为计算阶乘函数；x 为输入变量，即 D 值；w 为概率加权矩，w 的下标 0、1、2、s 表示概率加权矩的阶数；nm 为月份尺度；F_i 为频率估计值；D_i 为第 i 年的 D 值；i 为序列长度。

在此基础上，对累积概率密度 $F(x)$ 进行标准化，得到干旱指数 SPEI：

$$P = 1 - F(x) \tag{4-16}$$

$$w = \begin{cases} \sqrt{-2\ln P} & ,P \leqslant 0.5 \\ \sqrt{-2\ln(1-P)} & ,P > 0.5 \end{cases} \tag{4-17}$$

$$\text{SPEI} = w - \frac{c_0 + c_1 w + c_2 w^2}{1 + d_1 w + d_2 w^2 + d_3 w^3} \tag{4-18}$$

式中，P 为超过指定 D 值的概率；w 为概率加权矩；$c_0 = 2.515517$；$c_1 = 0.802853$；$c_2 = 0.010328$；$d_1 = 1.432788$；$d_2 = 0.189269$；$d_3 = 0.001308$。

在 SPEI 的计算过程中存在一些误差，具体包括：①a_s 和 b_s 影响 R_n（净辐射）的计算；②ET_0 计算过程中的误差；③描述 D 值的概率密度分布函数的选取误差等。本章已经尽最大努力将这些误差最小化，具体包括：①利用 ArcGIS10.3 中的泰森多边形法，对 139 个气象站点的 a_s 和 b_s 值进行校正，并将校正后的 a_s 和 b_s 值在相邻的站点上使用，不仅提高了估算辐射的精度，而且进一步提升了估算 ET_0 和 SPEI 的精度。②ET_0 的具体计算过程采用的是彭曼公式，该公式已经被验证适用于许多地区 ET_0 值的计算，因此采用彭曼公式计算 ET_0 在一定程度上缩小了 SPEI 计算过程中的误差。

基于 SPEI 的干旱和湿润等级划分见表 4-2（Ayantobo et al.，2019，2018）。

表 4-2　基于 SPEI 的干旱和湿润等级划分

取值范围	干湿等级
SPEI≥2	极端湿润
1.5≤SPEI<2	严重湿润
1.0≤SPEI<1.5	中度湿润
0.5≤SPEI<1.0	轻度湿润
−0.5<SPEI<0.5	正常
−1.0<SPEI≤−0.5	轻度干旱
−1.5<SPEI≤−1.0	中度干旱
−2.0<SPEI≤−1.5	严重干旱
SPEI≤−2.0	极端干旱

4.1.3 干旱面积的估算

本章基于 0.5°×0.5° 的格网进行干旱监测，所以可估算干旱面积。为方便基于干旱面积对比不同分区的干旱情况，研究将干旱面积换算成干旱面积比率，即研究区干旱面积与研究区总面积之比。由于研究是基于经纬度格网进行的，而不同纬度下格网面积差异明显，如果将其忽略不计会影响干旱面积的估算精度，因而研究考虑了这一短板，估算了不同经纬度下格网面积，公式如下：

$$S_{\text{lat}} = \left[\sin\left(\theta_{\text{lat}} + \frac{\theta_{p,\text{lat}}}{2} \right) - \sin\left(\theta_{\text{lat}} - \frac{\theta_{p,\text{lat}}}{2} \right) \right] \times 6371.004^2 \, \theta_{p,\text{lon}} \qquad (4-19)$$

$$\theta_{\text{lat}} = \frac{\text{lat}\,\pi}{180}, \quad \theta_{p,\text{lat}} = \frac{p_{\text{lat}}\,\pi}{180}, \quad \theta_{p,\text{lon}} = \frac{p_{\text{lon}}\,\pi}{180} \qquad (4-20)$$

式中，lat 和 lon 分别为单元格网中心点的纬度和经度；S_{lat} 代表格网中心点纬度为 lat 的格点面积；p_{lat} 和 p_{lon} 分别为纬度和经度方向的空间分辨率（°），均为 0.5°；θ_{lat}、$\theta_{p,\text{lat}}$ 和 $\theta_{p,\text{lon}}$ 为由度进制转化的角进制。

干旱面积比率 A 的计算公式为

$$A = \frac{\sum\limits_{i=1}^{n_1} S_{i,1}}{\sum\limits_{i=1}^{n_0} S_i} \qquad (4-21)$$

式中，n_1 为研究区内发生干旱的格点总数；n_0 为研究区内所包含的格点总数；$S_{i,1}$ 为研究区内发生干旱的格点面积；S_i 为研究区格点对应的面积。

4.1.4 评估指标

为了量化格网降水产品在干旱监测中的性能，研究采用多种统计指标进行评价，其中包括均方根误差（RMSE）、决定系数（R^2）、探测率（POD_{G}）和误报率（FAR_{G}），其中 RMSE 和 R^2 的计算分别见式（2-1）和式（2-4），POD_{G} 和 FAR_{G} 的计算公式如下：

$$\text{POD}_{\text{G}} = \frac{\text{HH}_{11}}{\text{HH}_{11} + \text{HH}_{10}} \qquad (4-22)$$

$$\text{FAR}_{\text{G}} = \frac{\text{MM}_{01}}{\text{HH}_{11} + \text{MM}_{01}} \qquad (4-23)$$

式中，HH_{11} 为基于参照降水数据 CPAP 和格网降水产品所计算的干旱指数均监测到旱情的月份数量；HH_{10} 为仅有基于参照降水数据 CPAP 所计算的干旱指数监测到旱情的月份数量；MM_{01} 为仅有基于降水产品所计算的干旱指数监测到旱情的月份数量。

4.1.5　基于小波分析的干旱时频变化

小波分析是一种具有时频多分辨率函数的分析工具（Whitcher et al.，2000；Kumar and Foufoula-Georgiou，1997）。它可以揭示时间序列中的各种变化周期，反映系统在不同时间尺度下的变化趋势。小波的核心函数为

$$\int_{-\infty}^{+\infty} \psi(t)\mathrm{d}t = 0 \qquad (4\text{-}24)$$

式中，t 为时间；$\psi(t)$ 为基础小波函数，$\psi(t)$ 可以平移和缩放来构造一组函数系统。

$$\psi_{a,b(t)} = \left|\mathrm{aaw}\right|^{1/2} \psi\left(\frac{t - \mathrm{bbw}}{\mathrm{aaw}}\right),\ \mathrm{aaw, bbw} \in R, \mathrm{aaw} \neq 0 \qquad (4\text{-}25)$$

式中，$\psi_{a,b(t)}$ 为一个子波函数；aaw 为小波长度的尺度因子；bbw 为反映时间平移的时间因子；R 为实数。采用 Morlet 小波作为主函数，小波分析借助 MATLAB15.0 工具完成。

4.1.6　基于游程理论的旱情诊断

游程理论是一种基于时间序列的干旱识别分析方法，传统的干旱识别分析方法在干旱事件的识别中忽略了短历时的"轻干旱事件"，以及未合并间隔短的"强干旱事件"。本章考虑了这两处短板，利用提出的基于三阈值的优化版游程理论方法来进行旱情识别，干旱事件识别示例见图 4-1。

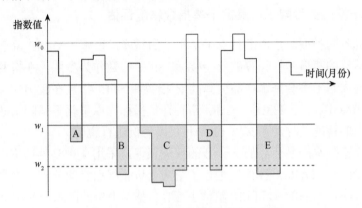

图 4-1　基于三阈值的游程理论示意图

w_0 为湿润状态阈值，w_1 为轻度干旱阈值，w_2 为中度干旱阈值。本章基于 Z 指数的干旱事件分析中，w_0、w_1 和 w_2 值分别为 0.842、-0.842 和 -1.037；基于 SPEI 的干旱事件分析中，w_0、w_1 和 w_2 值分别为 0.5、-0.5 和 -1.0

干旱事件识别步骤具体如下（以图 4-1 为例）：①依据阈值 w_1 初步筛选出研究期内所有干旱事件 A、B、C、D、E。②提出①所识别的干旱历时为 1 个月且未达到阈值 w_2 的干旱事件，如 A 事件。③合并相邻间隔为 1 个月且未达到阈值 w_0 的两次干旱事件，如本示例中的 B 和 C 事件。

干旱发生次数，即在研究期间内，基于游程理论方法所识别出的干旱事件总数。平均干旱历时为研究期内所有干旱事件历时的平均月数。平均干旱烈度为研究期内所有干旱事件的干旱烈度均值。基于游程理论计算了基于格网的干旱发生次数、平均干旱历时以及平均干旱烈度。其中，单个干旱事件的干旱历时 D_t 和干旱烈度 D_s 的计算公式为

$$D_t = t_1 - t_0 \tag{4-26}$$

$$D_s = \sum_{i=t_0}^{t_1} |ZZ_I| \tag{4-27}$$

式中，t_1 为干旱事件的终止时间（月）；t_0 为干旱事件的起始时间（月）；I 为第某场干旱事件所经历的时间（月）；ZZ_I 为某场干旱事件中第 I 月对应的干旱指数值。

4.2 结果与分析

为评价 9 套不同类型降水产品的干旱监测性能，本书选取了 Z 指数和 SPEI 指数作为干旱评价指标，在 1 个、3 个、6 个、9 个、12 个和 24 个月时间尺度下对全国及 7 个分区进行了干旱监测分析。

4.2.1 基于不同类型降水产品的干旱指数精度评估

为探究不同类型降水产品估算干旱指数的精度，以基于 CPAP 降水产品和基于气象站估算的蒸散数据计算的 Z 指数和 SPEI 指数作为参照，在格网尺度上评估了研究期内基于多套降水产品估算的 Z 指数和 SPEI 指数在我国的精度表现，并计算了 RMSE、R^2、POD_G、FAR_G 四种评价指标，以量化不同降水产品在干旱指数估算上的精度差异，下文以 12 个月尺度为例进行说明。

基于 9 套降水产品估算的 Z 指数的性能表现，采用 4 种精度评价指标（R^2、RMSE、POD_G 和 FAR_G）评估后进行了空间分析。根据空间分析结果得出：①对比不同类型降水产品的 R^2 可知，整体上而言，基于卫星的降水产品在 Z 指数的估算中相对于基于气象站和基于再分析的降水产品的表现更佳，有更多区域的 R^2 值大于 0.8。9 套降水产品中表现最佳的为 GPCC 降水产品，其次是 IMERG V06

和 MSWEP 降水产品，除 I 区和III区的部分地区外，其余区域的 R^2 值普遍都达到了 0.8。此外，基于 R^2 值表现最差的几套降水产品为 APHRODITE、ERA-Interim 和 ERA5（全国大部分区域的 R^2 值低于 0.5）。②根据 RMSE 的表现可知，这几套降水产品的表现情况与基于 R^2 的表现情况基本一致，基于 GPCC、IMERG V06 和 MSWEP 降水产品估算的 Z 指数与参照值相比，其他降水产品在更大部分区域具有较小的均方根误差（RMSE<0.5），此外，ERA-Interim、ERA5 和 APHRODITE 依旧是表现最差的三套降水产品。③根据 POD_G 指标的结果，APHRODITE 和 MERRA 降水产品相比于其他降水产品具有更强的探测干旱事件的能力，特别是在 I 区和III区。而 GPCC、IMERG V06 和 MSWEP 降水产品在南方地区对干旱事件的探测能力更佳。ERA 系列的两套降水产品依旧表现最差。④基于 FAR_G 的结果可知，表现最佳的为 APHRODITE 降水产品，其次是 GPCC、IMERG V06 和 MSWEP 降水产品；表现最差的依旧为 ERA 系列的两套降水产品。综合 4 个指标的评估结果，GPCC、IMERG V06 和 MSWEP 是表现最好的三套降水产品，ERA-Interim 和 ERA5 是表现最差的两套降水产品（不推荐选用）。

此外，APHRODITE 降水产品估算的 Z 指数值虽然与参照值相关性较差且误差较大，但其对干旱事件的探测能力还是相对较好的，特别是在 I 区和III区，其对干旱事件的误报率在中国的中、南部区域也相对较低。在基于格网产品的 Z 指数的估算中，综合而言，基于卫星的降水产品相对来说具有一定的优势但也不绝对，其因具体产品和地域而异。从全区角度来看，在对 Z 指数的估算中三种类型降水产品的最佳选择分别为 IMERG V06、GPCC 和 MERRA。

基于 8 套降水产品（由于时间序列长度限制剔除 IMERG V06）估算 SPEI 指数的 4 种精度评价指标（R^2、RMSE、POD_G 和 FAR_G），探讨了其空间分布。根据分析结果得出：①由 R^2 的结果可知，首先，GPCC 降水产品估算的 SPEI 与参照值在中国绝大部分区域都具有极佳的相关性（R^2>0.9）；其次，基于卫星的 3 套降水产品相对于其他降水产品表现更佳。②基于 RMSE 的结果可知，GPCC 和 MSWEP 降水产品在中国大部分地区对 SPEI 指标的估算能力表现优异（RMSE<0.5），此外，基于卫星和基于气象站的降水产品对 SPEI 指标的估算性能均表现不错。③根据 POD_G 的结果，GPCC 和 MSWEP 对干旱事件的探测能力略强于其他降水产品，大多数降水产品在新疆地区的探测能力略优于其他区域。④基于 FAR_G 的结果，各降水产品的表现与基于 POD_G 的结果十分相似，GPCC 依旧表现最优，此外 APHRODITE 也表现良好。综合 4 个指标的结果，无论是在 SPEI 值的估算精度方面还是干旱事件的正确判断能力方面，GPCC 均为最佳选择，其次可以考虑 MSWEP 降水产品。基于气象站的降水产品在 SPEI 干旱指数的估算中表现最佳，其次是基

于卫星的降水产品，基于再分析的降水产品表现最差，特别是 ERA 系列的降水产品。

对比多套降水产品对两种干旱指数的估算精度可以看出，综合来讲，多套降水产品对 SPEI 指数估算的准确度高于 Z 指数。此外，基于气象站的 GPCC 降水产品和基于卫星的 MSWEP 降水产品在两种干旱指数的估算中均有良好的表现。9 套降水产品基于 Z 指数的估算精度排序为：GPCC > IMERG V06 > MSWEP > MERRA > APHRODITE > CHIRPS V2.0 > PERSIANN-CDR> ERA5 > ERA-Interim。8 套降水产品基于 SPEI 指数的估算精度排序为：GPCC > MSWEP >APHRODITE > CHIRPS V2.0 > PERSIANN-CDR > MERRA > ERA5> ERA-Interim。

为了解在中国不同分区下 9 套降水产品对干旱指数的估算性能差异，以 12 个月尺度为例，分别基于 Z 指数和 SPEI 指数绘制了多种降水产品在全国及 7 个分区的频率混淆矩阵图，该图基于参照指数评估了各降水产品准确判断不同等级干旱事件的能力。其中，格子颜色的深浅代表落在该格子内的频率，位于对角线上、下方以及矩阵图上方的格子分别代表准确判断干旱事件、低估和高估指标值。

基于 9 套降水产品估算的 Z 指数与参照值在全国及 7 个分区的对比结果见图 4-2。由图 4-2 可知：①总体来看，基于 9 套降水产品估算的 Z 指数在 I 区和III区表现较差，在IV、V 和VI区表现相对较好。各降水产品对无旱和极旱事件的识别能力相对于其他等级更为准确。②在 I 区，对 Z 指数的估算表现相对较好的有 GPCC、MERRA 和 IMERG V06 降水产品，其中 GPCC 和 IMERG V06 大多数高估了 Z 指数值，从而低估了干旱程度，总体上，基于卫星的降水产品在该区表现相对较好。③在III区，IMERG V06 和 GPCC 降水产品较其他降水产品估算的 Z 指数更为准确，多数格点能够准确判断干旱事件。④在 II、IV、V、VI和VII区，大多数降水产品在VII区的表现要略差于其他区域，基于卫星的降水产品综合表现最佳，研究期内基于大部分格点估算的 Z 指数都能准确判断参照值所识别的干旱事件。⑤在全国，除 ERA 系列的两套降水产品以及 APHRODITE 降水产品以外，其他降水产品对干旱指数的估算精度都在可接受范围内，其中表现最佳的三套降水产品为 GPCC、IMERG V06 和 MERRA。综合而言，基于卫星的降水产品估算的 Z 指数值与参照的 Z 指数值更为接近，且准确捕捉干旱事件的能力相对更强，除在 I 区和III区外，所有基于卫星的降水产品的 Z 指数估算能力都有所保障，其中 IMERG V06 降水产品表现最优。除此之外，基于气象站的 GPCC 和基于再分析的 MERRA 降水产品也具有很好的表现。

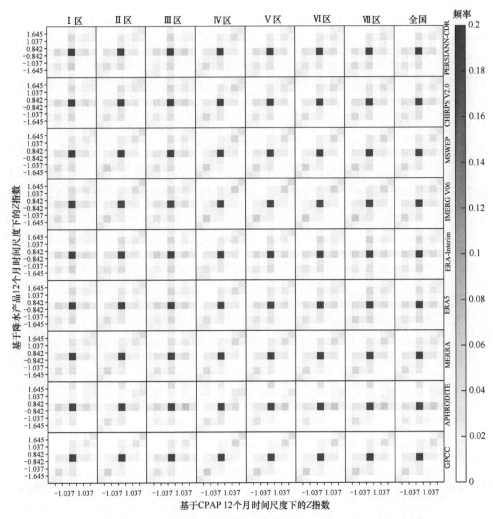

图 4-2　基于 9 套降水产品估算的 Z 指数与参照值在全国及 7 个分区的对比结果

　　基于 8 套降水产品估算的 SPEI 指数与参照值在不同分区的对比结果见图 4-3。由图 4-3 可知：①总体而言，8 套降水产品对 SPEI 指数的估算能力在Ⅲ区和Ⅶ表现最差，在Ⅰ、Ⅱ、Ⅳ和Ⅴ区表现相对较好。大多数降水产品均能精准地捕捉基于参照值判断的干旱事件，没有明显地高/低估 SPEI 指数的情况，较大的误差主要出现在轻度至重度干旱等级范围内。②在Ⅲ区，再分析降水产品的表现相对较差，只有无旱事件判断较为准确，此外，基于气象站的降水产品表现最好，特别是 GPCC 降水产品。基于卫星的降水产品表现差异不明显，但 MSWEP 要略好于其他两套。③在Ⅶ区，各降水产品的表现情况与Ⅲ区类似，但整体上略好于Ⅲ区，再分析降水产品依旧表现得略差于其他两套降水产品，而且 MERRA 降水产品总体上轻微地低估了 SPEI 指数，即高估了干旱严重程度。其余降水产品的高低估事件数量分布较为均匀，大多数格点可以准确判断干旱事件。基于气象站的 GPCC 降水产品和基于卫星的 MSWEP 降水产品为该区的最佳选择。图 4-3 还表明：①在 I、II、IV、V 和 VI 区，大多数降水产品都能够较为准确地判断干旱事件，特别是基于气象站的降水产品，此外在 I 区，基于再分析的降水产品的表现明显好于其他分区，尽管依旧略差于该区域的其他降水产品，但在这些区域内 MSWEP 和 GPCC 降水产品依旧为最佳选择。②在全国，基于气象站的降水产品估算的 SPEI 指数与参照 SPEI 指数相比更为接近，其次是基于卫星的降水产品，最后为基于

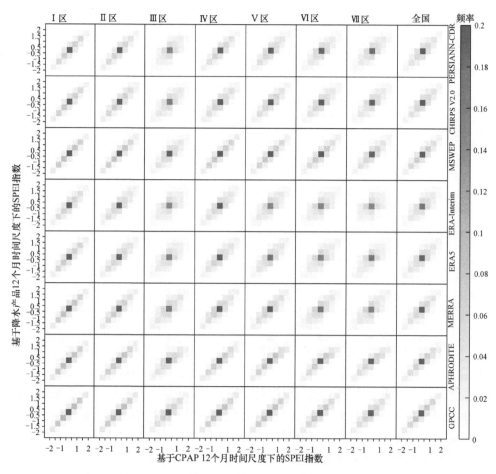

图 4-3　基于 8 套降水产品估算的 SPEI 指数与参照值在全国及 7 个分区的对比结果

再分析的降水产品。三类降水产品中表现最佳的分别是 GPCC、MSWEP 和 MERRA。综上，基于 8 套降水产品估算的 SPEI 指数与参照 SPEI 指数的对比，8 套降水产品对 SPEI 指数的估算精度以及对不同等级干旱事件的准确判断能力在 7 个分区的排名一致，GPCC > MSWEP > APHRODITE > CHIRPS V2.0 > PERSIANN-CDR > MERRA > ERA5 > ERA-Interim。

由基于多套降水产品估算的 Z 指数和 SPEI 指数的表现可以看出，与参照值相比，基于不同降水产品估算的 SPEI 指数的表现总体而言要优于 Z 指数，其次 SPEI 指数估算精度的区域性差异要明显大于 Z 指数，此外，各个区域基于不同降水产品估算的 SPEI 指数的表现差异要大于 Z 指数。多套降水产品对于不同干旱指数的估算在各分区的表现能力存在差异的产品有：MERRA 对 Z 指数的估算精度较好，但对 SPEI 指数的估算能力大打折扣；APHRODITE 在 Z 指数的估算中表现极差，但在 SPEI 指数的估算能力方面较优。

为了解多套降水产品对干旱指数的估算精度在中国各个分区随时间尺度的变化情况，研究分别计算了在中国不同分区基于多套降水产品的不同时间尺度下 Z 指数和 SPEI 指数的估算精度评价指标。

全国及各分区不同时间尺度下基于 9 套降水产品的 Z 指数估算精度评价指标（R^2、RMSE、POD_G 和 FAR_G）见图 4-4。

由图 4-4 可知：①整体上，综合各指标的结果，在全国及 7 个分区，各降水产品随时间尺度的增大对干旱指数估算精度的差异变化规律无明显不同，说明时间尺度对 Z 指数估算精度的影响与分区关系不大，仅取决于降水产品。②基于 R^2，Z 指数估算精度受时间尺度影响最明显的是 APHRODITE 和 ERA-Interim 降水产品，其次是 ERA5 降水产品，基于它们估算的 Z 指数和 R^2 随时间尺度的增加而降低，说明基于这些降水产品估算的 Z 指数值与参考值的相关关系随时间尺度的增加而逐渐减弱。③由 RMSE 的结果可知，其大体结果与 R^2 的一致，受时间尺度影响最为显著的降水产品依旧是 APHRODITE 和 ERA-Interim，它们的 RMSE 值随时间尺度的增加而递增，尤其是Ⅳ～Ⅶ区的 APHRODITE 降水产品。④POD_G 的结果表明，基于各套降水产品的 Z 指数对干旱事件的探测能力受时间尺度影响不大，仅有部分产品略微减弱，如 ERA-Interim 和 APHRODITE。在Ⅳ区，各套降水产品受时间尺度影响非常小。⑤基于 FAR_G 的结果与 POD_G 的结果极为相似，除 APHRODITE 和 ERA-Interim 外，各套降水产品对干旱事件的误报能力基本不会受到时间尺度的影响而增大，但这两套降水产品在Ⅳ区受时间尺度的影响还是略微高于其他区域。综合而言，从 Z 指数的估算精度与干旱事件的准确判断能力整体考虑，基于卫星的降水产品估算的 Z 指数精度表现受时间尺度影响不大，仅

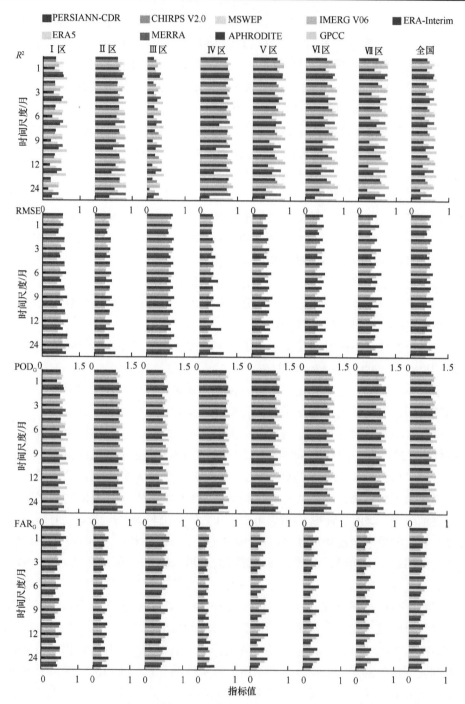

图 4-4　全国及各分区不同时间尺度下基于 9 套降水产品的 Z 指数估算精度评价指标

有基于再分析的 ERA-Interim 降水产品和基于气象站的 APHRODITE 降水产品对 Z 指数的估算能力会受时间尺度的影响而减弱。

全国及各分区不同时间尺度下基于 8 套降水产品的 SPEI 指数估算精度评价指标（R^2、RMSE、POD_G 和 FAR_G）见图 4-5。

由图 4-5 可知：①整体来看，基于各评估指标，降水产品对 SPEI 指数的估算精度受时间尺度的影响与区域的关系不明显。②从 R^2 指标的评估结果可以看出，除基于卫星的降水产品和 GPCC 降水产品外，其余降水产品对 SPEI 指数的估算精度均在不同程度上受到时间尺度的影响，特别是在Ⅲ、Ⅴ、Ⅵ和Ⅶ区，这些产品估算的 SPEI 指数与参照值（基于 CPAP 估算的 SPEI 指数）的相关性随时间尺度的增加而减弱，其中以 ERA-Interim 最为明显。③基于 RMSE 的结果可知，仅 ERA-Interim 和 APHRODITE 降水产品估算的 SPEI 指数与参考值间的误差随时间尺度的增加而逐渐增大，且这种情况在Ⅲ~Ⅶ区较明显。④POD_G 的结果表明，基于大部分降水产品的 SPEI 指数对干旱事件的探测能力受时间尺度影响不大，但 ERA-Interim、APHRODITE 以及 MERRA 降水产品仍受到略微影响，致使其估算的 SPEI 指数监测到的干旱事件相对于参考值减少，且在Ⅲ~Ⅶ区更明显。⑤基于 FAR_G 的结果与 POD_G 的结果均表明，大部分降水产品对干旱事件的误报能力基本不会受到时间尺度的影响而增大，但 APHRODITE、ERA-Interim 和 MERRA 降水产品在Ⅲ~Ⅶ区受时间尺度的影响增加干旱事件的错误探测率。综合而言，从各套降水产品对 SPEI 指数的估算精度与干旱事件的准确判断能力考虑，基于卫星的降水产品对 SPEI 指数的估算精度表现依旧受时间尺度影响不大，但除了基于再分析的 ERA-Interim 降水产品和基于气象站的 APHRODITE 降水产品外，MERRA 降水产品对 SPEI 指数的估算能力也会受时间尺度的影响而减弱。

综合比较受时间尺度的影响、基于多套降水产品估算的 Z 指数和 SPEI 指数的能力，可以看出，两种指数的估算精度受时间尺度的影响程度基本一致，其估算精度受时间尺度的影响情况与区域关系不大，主要与参与估算的降水产品有关。无论是 Z 指数的估算还是 SPEI 指数的估算，基于卫星的降水产品对干旱指数的估算精度受时间尺度影响最小，ERA-Interim 和 APHRODITE 两套降水产品对干旱指数的估算能力受时间尺度影响始终最明显。

4.2.2　基于不同类型降水产品干旱监测的时间分析

为探究不同时间尺度下，基于不同类型降水产品的干旱监测的时间变化情况，研究基于多种降水产品在全国的降水均值时间序列，分别计算了 1 个、3 个、6 个、9 个、12 个和 24 个月时间尺度下的 Z 指数和 SPEI 指数。

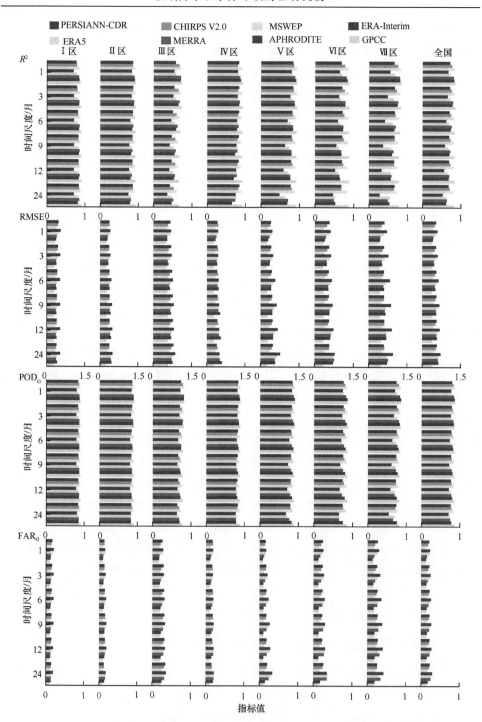

图 4-5　全国及各分区不同时间尺度下基于 8 套降水产品的 SPEI 指数估算精度评价指标

其中，基于 9 套降水产品和 CPAP 计算的 Z 指数的时间序列在各个时间尺度下的变化情况见图 4-6。由图 4-6 可知：①随着时间尺度的增大，基于 9 套降水产品估算的 Z 指数的时间序列与参照 Z 指数（基于 CPAP 估算的）的时间序列的差异愈加明显，说明降水产品基于 Z 指数的干旱监测能力会随着时间尺度的增加而降低。②12 个月尺度下，除 APHRODITE 降水产品外，其余降水产品均准确监测到发生在 2009 年和 2011 年的历史干旱事件。③9 套降水产品中，ERA系列的两套降水产品在 2007 年前和 2013 年后的干旱监测能力随时间尺度的增加而逐渐丧失，CHIRPS V2.0 降水产品的干旱监测能力是基于卫星的降水产品

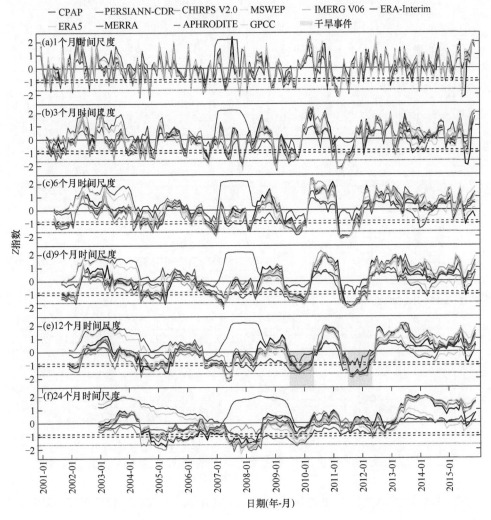

图 4-6　基于 9 套降水产品和 CPAP 计算的 Z 指数的时间序列在各个时间尺度下的变化情况

中受时间尺度影响最明显的，基于气象站的 APHRODITE 降水产品随时间尺度的增加，在某些时段的表现也十分不稳定。综合来看，在基于 Z 指数的干旱监测中，在不同的时间尺度下，基于卫星的降水产品无论从与参照值的接近程度、对干旱事件的准确判断还是对时间尺度变化的稳定程度均表现最优，9 套降水产品中的最优选择为 GPCC。

基于 8 套降水产品和 CPAP 计算的 SPEI 指数的时间序列在各个时间尺度下的变化情况见图 4-7。

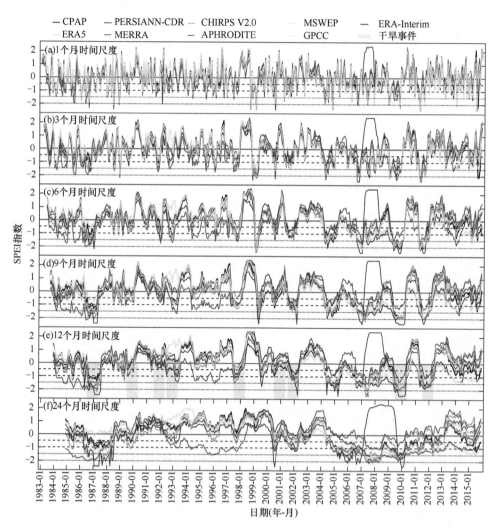

图 4-7　基于 8 套降水产品和 CPAP 计算的 SPEI 指数的时间序列在各个时间尺度下的变化情况

由图 4-7 可以看出：①随着时间尺度的增大，基于 9 套降水产品估算的 SPEI 指数的时间序列对参照 SEPI 指数（基于 CPAP 估算的）的时间序列的捕捉能力有所下降，但幅度不大。其中，随时间尺度增大变化最为明显的是 3 套基于再分析的降水产品，MERRA 降水产品在 1983～1987 年和 1992～1999 年以及 2003～2015 年随着时间尺度的增大，严重偏离基于 CPAP 计算的 SPEI 指数时间序列。ERA5 降水产品在 1986～1989 年以及 2007～2015 年随时间尺度偏差逐渐递增。②12 个月尺度下，所有降水产品数据集均准确监测到大多数研究期内发生的年度历史干旱事件，但基于 MERRA 降水产品估算的 SPEI 序列与基于 CPAP 的 SEPI 序列偏差很大，基于再分析的降水产品总体上表现很差，基于卫星的 MSWEP 降水产品在 1992 年的监测结果与 CPAP 和其他降水产品正相反，基于 APHRODITE 降水产品估算的 SPEI 值在 2007～2008 年出现异常。③基于时间序列变化的情况以及随时间尺度变化的稳定性判断，8 套降水产品基于 SPEI 指数的干旱监测能力排名为：GPCC > PERSIANN-CDR > MSWEP > CHIRPS V2.0 > APHRODITE > ERA5 > ERA-Interim > MERRA。综合来看，在基于 SPEI 指数的干旱监测中，在不同的时间尺度下，基于卫星的降水产品在干旱时间变异性的监测能力上较强，特别是 PERSIANN-CDR 降水产品。基于再分析的降水产品在基于 SPEI 指数的干旱时间变异性上的监测能力以及随时间尺度变化的稳定性均表现最差，尤其是 MERRA 降水产品。APHRODITE 和 MSWEP 降水产品仅在某个特殊年份出现监测异常，但整体上的监测能力还是较为准确的。最后，对基于 SPEI 指数的干旱时间变异性的研究，最推荐的降水产品为 GPCC。

综合比较多套降水产品在基于 Z 指数和 SPEI 指数的干旱时间变异性监测性能以及随时间尺度变化的稳定性，可以发现，各降水产品基于 SPEI 指数的监测能力与稳定性总体上要强于 Z 指数。无论对于哪种指数，基于卫星的降水产品整体上相对于其他类型的降水产品在干旱的时间变化监测上都具有不错的表现，GPCC 降水产品对两种干旱指数的干旱监测能力均为最优。

为探究在不同分区下，基于多种降水产品的干旱监测的时间变化情况，研究以 12 个月时间尺度为例，基于多种降水产品在全国及 7 个分区的降水均值时间序列，分别计算了 12 个月时间尺度下不同研究区的 Z 指数和 SPEI 指数，并绘制了各研究期内的时间变化图，以及不同分区的历史干旱事件（图 4-8 和图 4-9 阴影）。

其中，基于 9 套降水产品和 CPAP 计算的 Z 指数的时间序列在全国及 7 个分区的变化情况见图 4-8。可以看出：①总体而言，所有降水产品基于 Z 指数的干旱时间变化下的监测能力在Ⅲ区波动最大。Z 指数的监测性能在Ⅰ区表现最差，未监测到的历史干旱事件数量相对较多，在Ⅳ区和Ⅶ区同样出现了对历史干旱事

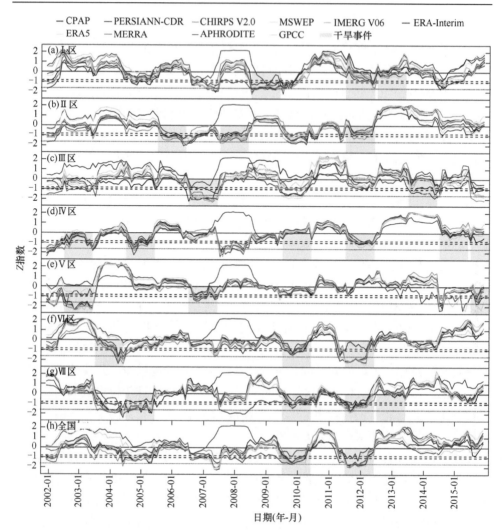

图 4-8　基于 9 套降水产品和 CPAP 计算的 Z 指数的时间序列在全国及 7 个分区的变化情况

件的漏测情况。APHRODITE 降水产品在所有区域的 2007～2008 年都出现了异常监测情况。②在Ⅰ区，所有的降水产品均仅捕捉到了部分历史干旱事件。在大部分时段，基于气象站和基于卫星的降水产品估算的 Z 指数比基于再分析的降水产品估算的 Z 指数更接近于参照值。其中，基于卫星的降水产品中 MSWEP 表现更佳，而基于气象站的降水产品中 GPCC 表现更好。③在Ⅲ区，基于大部分降水产品的 Z 指数时间序列与参照值的时间序列波动情况偏差较大，不同类型的降水产品在不同时段内的表现差异明显。整体来讲，GPCC、IMERG V06 和 MERRA 降水产品在该区对干旱的时间变化的模拟能力相比于其他降水产品略好一些。④在

Ⅳ区，基于所有的降水产品估算的 Z 指数与参考值十分接近。⑤在 Ⅴ、Ⅵ和Ⅶ区，除 ERA 系列降水产品外，其余降水产品均表现良好。⑥在全国，基于卫星降水产品的干旱监测整体上优于其他两种类型降水产品。综上，在不同分区，降水产品的干旱监测能力有所差异，但 GPCC 降水产品始终为最优选择。

　　基于 8 套降水产品和 CPAP 计算的 SPEI 指数的时间序列在全国及 7 个分区的变化情况见图 4-9。由图 4-9 可知：①总体而言，在Ⅲ、Ⅵ、Ⅶ区以及全国，基于不同降水产品估算的 SPEI 指数的时间变化序列差异较大。基于 SPEI 指数的干

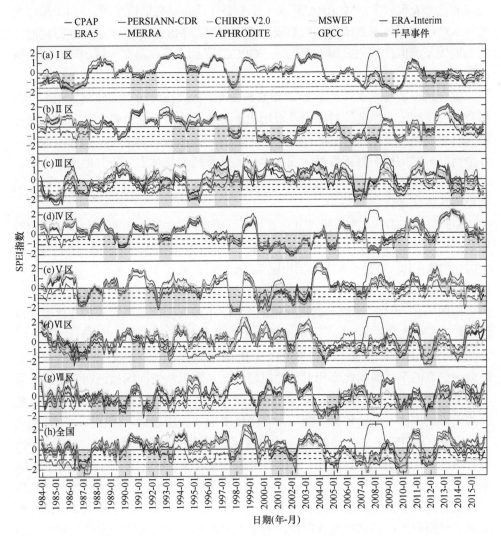

图 4-9　基于 8 套降水产品和 CPAP 计算的 SPEI 指数的时间序列在全国及 7 个分区的变化情况

旱监测能够成功捕捉到各个分区的大部分干旱事件。基于 APHRODITE 降水产品估算的 SPEI 指数在所有分区的 2007~2008 年均发生了异常监测。②在Ⅰ区，基于所有降水产品估算的 SPEI 指数与参考值最为贴合。在Ⅲ区，8 套降水产品估算的 SPEI 指数时间变化差异最大，其中 GPCC 降水产品最接近参照值。③在Ⅴ、Ⅵ、Ⅶ区和全国，多套降水产品的估算结果较为接近，在 1984~1987 年、1992~1998 年以及 2004~2015 年，基于多套降水产品估算的 SPEI 指数较参考值偏差较大。综合而言，在各分区，基于再分析的降水产品基于 SPEI 指数的干旱时间变异性监测能力表现较差，MERRA 降水产品主要体现在研究期前半段，而 ERA 系列的降水产品主要体现在研究期后半段。基于卫星的 MSWEP 降水产品在特定时段内表现较差，但在其他时间表现较好。GPCC 降水产品在所有区域的干旱监测效用均较高。

综合比较多套降水产品基于 Z 指数和 SPEI 指数在时间上的监测效用，SPEI 指数在各区域的干旱监测精度以及对历史干旱事件的捕捉能力强于 Z 指数，此外不同降水产品对于 SPEI 指数的估算精度要高于 Z 指数，基于卫星的降水产品在各个研究区对两种干旱指数时间变化序列的估算能力整体上强于其他降水产品。基于 GPCC 降水产品估算的 Z 指数和 SPEI 指数在各个分区对干旱时间序列波动的模拟均表现最优。

为研究基于不同类型降水产品估算的干旱面积在全国的时间变化情况，研究分别基于 Z 指数和 SPEI 指数对不同类型降水产品的干旱面积进行了估算，并计算了在全国（剔除水体、荒地）的干旱面积比率，研究共选取了 1 个、3 个、6 个、9 个、12 个和 24 个 6 个时间尺度来进行分析比较。其中，基于 Z 指数的结果见图 4-10。

由图 4-10 可知：①随着时间尺度的增加，干旱面积比率随时间的变化波动减缓，基于不同降水产品与基于 CPAP 降水产品估算的干旱面积结果差异逐渐增大。②基于 12 个月时间尺度下的结果可以看出，9 套降水产品在历史干旱事件发生的时段内估算的干旱面积比率相对其他时段较高，可以从侧面间接证明基于多套降水产品估算的干旱面积时间变化序列的可信度。③研究期内基于 9 套降水产品估算的干旱面积比率波动较为平缓，未有持续增加或减缓趋势。④在所有时间尺度下，APHRODITE 在 2007~2008 年均出现了干旱面积比率估算异常的情况。⑤所有降水产品中，GPCC 估算的干旱面积比率最接近参照值。除基于再分析的 ERA 系列的两套降水产品外，其他降水产品对干旱面积比率的估算均具有较高的精度以及随时间尺度变化的稳定性。综合而言，在不同时间尺度下，基于 9 套降水产品的干旱面积比率估算精度表现中，基于卫星和基于气象站的降水产品整体上表现较好，受时间尺度的影响较小，其中，表现最好的是 GPCC 降水产品。

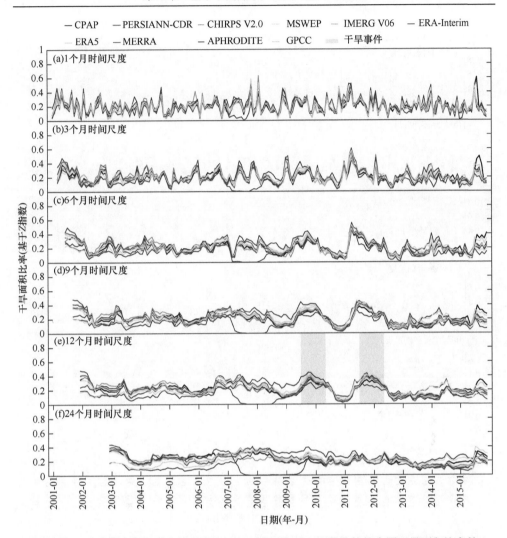

图 4-10　不同时间尺度下 9 套降水产品和 CPAP 基于 Z 指数估算的全国干旱面积比率的时间变化

　　基于 SPEI 指数，8 套降水产品和 CPAP 在不同时间尺度下的干旱面积比率结果见图 4-11。

　　由图 4-11 可知：①随时间尺度的增加，基于 SPEI 指数估算的干旱面积比率波动幅度降低，且不同降水产品与 CPAP 估算的干旱面积比率差异增大，部分降水产品的干旱面积比率估算的准确度降低。②在 12 个月时间尺度下，所有降水产品在历史干旱发生时期估算的干旱面积比率均相对较高，从侧面印证了多套降水产品基于 SPEI 指数的干旱面积比率估算的可信度。③基于再分析的降水产品的干

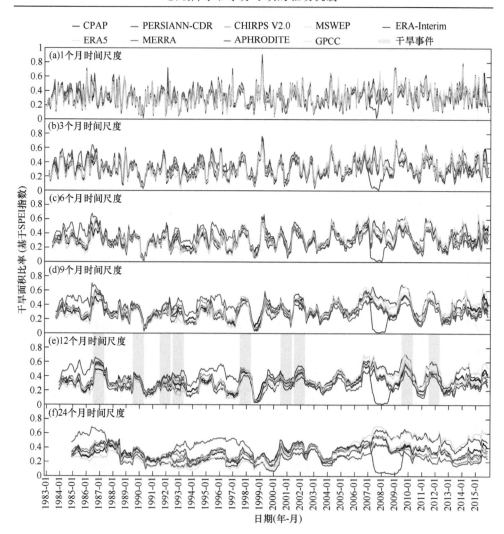

图 4-11　不同时间尺度下 8 套降水产品和 CPAP 基于 SPEI 指数估算的全国干旱面积比率的
时间变化

旱面积比率估算性能低于其他类型的降水产品，且易受时间尺度的影响。MERRA
降水产品在 1983～2000 年对干旱面积比率监测的准确度降低，ERA 系列的两套
降水产品在 2006～2015 年对干旱面积比率的估算上表现较差。④基于气象站的
APHRODITE 降水产品在所有时间尺度下均出现了对全国干旱面积比率的监测异
常时段，该时段为 2007～2008 年，在这个时段内，基于 APHRODITE 降水产品
估算的干旱面积比率远低于基于 CPAP 以及其他降水产品监测到的干旱面积比
率，且几乎接近于 0。⑤基于气象站和基于卫星的降水产品整体上所估算的干旱

面积比率精度十分接近，但 GPCC 降水产品在基于 SPEI 指数的干旱面积比率的估算中仍具有较好的表现。综合而言，对于不同时间尺度下干旱面积比率随时间变化规律的研究，基于卫星和基于气象站的降水产品均可供选择。

对比不同降水产品基于 Z 指数和 SPEI 指数估算的干旱面积比率的精度表现可知，大部分降水产品对 SPEI 指数的适用性高于 Z 指数，基于 SPEI 指数估算的干旱面积比率的时间变化与参照值的接近程度比基于 Z 指数估算的高，且降水产品的干旱面积比率估算精度受时间尺度的影响更小、更稳定。无论是从精度差异上还是从随时间尺度变化的稳定性上看，基于再分析的降水产品的表现均不及其他类型的降水产品，此外，GPCC 降水产品对干旱面积比率的估计最准确，而基于卫星的降水产品的干旱面积比率的估算精度差异不大，其中 MSWEP 降水产品除了在个别时段的精度异常以外，在其他时段仍具有较高精度。

除分析不同时间尺度下全国降水产品对干旱面积比率的估算精度外，本书还以 12 个月时间尺度为例，分别基于 Z 指数和 SPEI 指数分析了不同类型降水产品在中国 7 个分区对干旱面积比率的估算精度，因而研究分别绘制了基于 Z 指数和 SPEI 指数的多套降水产品和 CPAP 降水产品对干旱面积比率估算的时间序列，其中基于 Z 指数的结果见图 4-12。

由图 4-12 可知：①9 套降水产品整体上对不同分区的干旱面积比率的估算精度差异不大。但对于不同的区域，不同产品的估算精度存在一定差异。②在 I 区，PERSIANN-CDR 和 ERA-Interim 降水产品的表现相对较差，而 GPCC 和 IMERG V06 降水产品的表现相对较好。③对 II 区的干旱面积比率估算最接近参照值的是 GPCC 和 IMERG V06 降水产品，表现相对较差的是 CHIRPS V2.0 和 ERA-Interim 降水产品。④在III区多套降水产品的综合表现差异不大，而不同降水产品的估算精度与时段密切相关。⑤在IV、V、VI、VII区和全国，除了 ERA 系列的两套降水产品外，基于其他降水产品估算的干旱面积比率差异不大。⑥基于多种降水产品的干旱面积比率的监测结果，对比 7 个分区的旱情，II 区是发生大面积干旱频次最多的区域，且干旱面积比率峰值均值最高，因而 II 区易发生大面积干旱。⑦II、V、VI区以及全国的干旱面积比率峰值与历史干旱事件匹配度最佳，说明在这些区域，基于多种降水产品 Z 指数的干旱面积比率估算具有一定的可信度。

8 套降水产品和 CPAP 基于 SPEI 指数估算的全国及 7 个分区的干旱面积比率的时间变化见图 4-13。由图 4-13 可知：①8 套降水产品整体上在III、VI和VII区对干旱面积比率的估算与基于 CPAP 估算的干旱面积比率相差较大，因而在这些区域大多数降水产品的适应性较差。②大多数降水产品对 I、II、IV和 V区的干旱面积监测表现相对较好。③基于再分析的降水产品估算的干旱面积比率在 7 个分

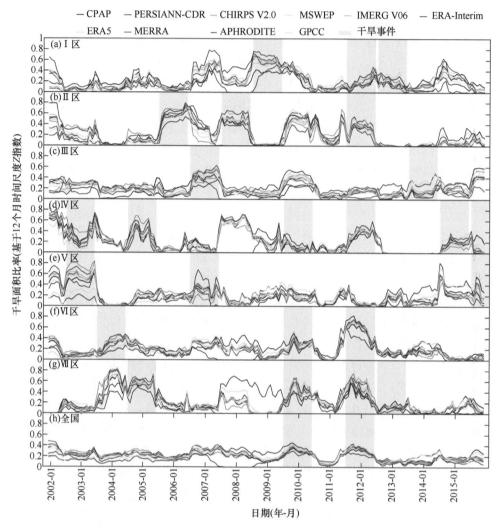

图 4-12 9 套降水产品和 CPAP 基于 Z 指数估算的全国及 7 个分区干旱面积比率的时间变化

区的表现都相对较差，MERRA 降水产品主要在 1984～1998 年对干旱面积比率的估算偏差较大，而 ERA 系列的降水产品在 2005～2015 年对干旱面积比率的估算性能较差。④干旱面积比率峰值与历史干旱事件的匹配程度在Ⅱ区相对于其他区域低，说明基于 SPEI 指数的干旱面积估算在Ⅱ区的可信度相对较低。⑤基于多种降水产品在各区域的干旱面积检查结果，研究期内，Ⅳ区发生干旱的频次最多，且干旱面积比率峰值的均值最高。⑥基于 SPEI 指数的干旱面积比率估算研究，8 套降水产品中，GPCC 降水产品最为合适。

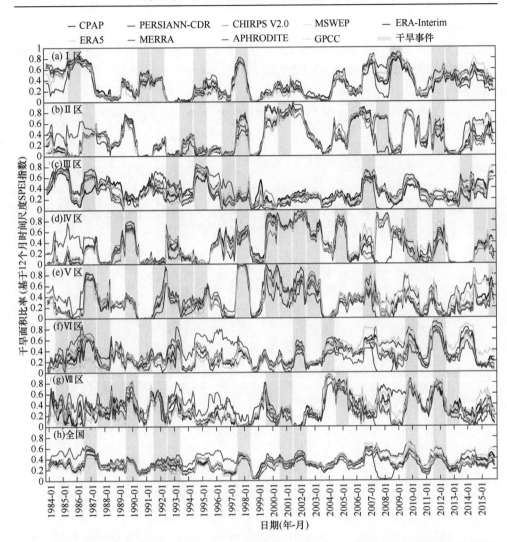

图 4-13　8 套降水产品和 CPAP 基于 SPEI 指数估算的全国及 7 个分区的干旱面积比率的时间变化

综合比较 Z 指数和 SPEI 指数在各区域对干旱面积的监测能力，在大多数区域 SPEI 指数比 Z 指数具有更高的性能。此外，多套降水产品基于 SPEI 指数对干旱面积估算的精度要高于其基于 Z 指数对干旱面积估算的精度，说明在干旱面积估算方面，降水产品对 SPEI 指数的适用性强于 Z 指数。无论是基于哪种干旱指数的估算，在各个分区，表现最差的是基于再分析的降水产品，GPCC 降水产品永远是最佳选择。

为比较基于不同降水产品估算的干旱指数在周期特征上的差异，分别对研究期间内全国及 7 个分区基于多套降水产品估算的 Z 指数和 SPEI 指数的小波谱和方差进行分析。其中，基于 Z 指数的结果见图 4-14。

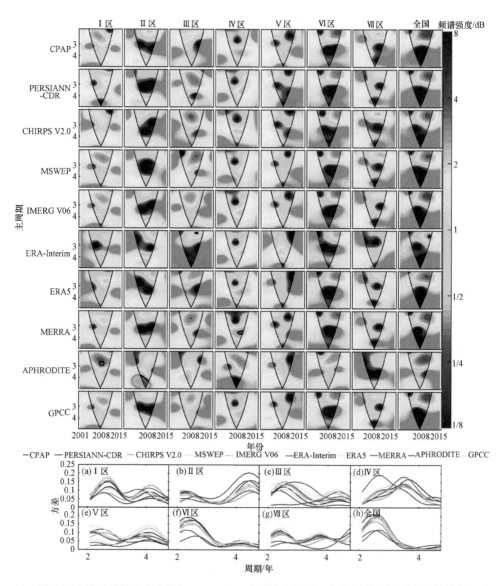

图 4-14　基于 9 套降水产品和 CPAP 的 Z 指数在全国及 7 个分区的小波谱和方差分析

由图 4-14 可知：①基于不同降水产品估算的 Z 指数的主周期具有很大差异，其中在 Ⅰ、Ⅱ 和Ⅲ区差异最大，在Ⅴ、Ⅵ和Ⅶ区基于不同降水产品估算的 Z 指数主周期基本一致。②在 I 区，基于 IMERG V06、MSWEP 和 GPCC 降水产品与基于 CPAP 降水产品的 Z 指数的主周期最为接近，主周期均小于 3 年；在 II 区，基于 GPCC、IMERG V06 和 MERRA 降水产品估算的 Z 指数与参考 Z 指数的主周期更一致，主周期在两年左右；在Ⅲ区，除 ERA-Interim、ERA5 以及 APHRODITE 降水产品外，其余降水产品估算的 Z 指数与参照 Z 指数的主周期较接近，主周期短于三年。③在Ⅳ区，除 APHRODITE 降水产品外，其他降水产品估算的主周期基本一致，在 4 年左右；在 V 区，除 ERA 系列的两套降水产品外，其余降水产品估算的 Z 指数主周期基本一致，为 2 年左右；在Ⅵ区，所有降水产品的主周期基本一致，为 2 年左右；在Ⅶ区，除 ERA-Interim 降水产品外，其余降水产品估算的 Z 指数周期均为 2 年左右。④在 I、Ⅲ和Ⅵ区，Z 指数具有强烈的主周期信号。⑤根据小波方差分析结果，I 区基于 IMERG V06、GPCC 和 MSWEP 降水产品估算的 Z 指数最显著方差极值对应的年份与 CPAP 降水产品较为一致。II 区基于 GPCC、IMERG V06 和 ERA5 降水产品，Ⅲ区基于 IMERG V06、CHIRPS V2.0 降水产品，Ⅳ区基于 MERRA 降水产品，V 区基于 GPCC、IMERG V06 降水产品，Ⅵ和Ⅶ区基于除 ERA-Interim 和 APHRODITE 降水产品外其他降水产品估算的 Z 指数方差极值变化与参考 Z 指数的最为一致。

　　基于 8 套降水产品和 CPAP 估算的 SPEI 指数在全国及 7 个分区的小波谱和方差分析结果见图 4-15。由图 4-5 可知：①基于不同降水产品估算的 SPEI 指数的主周期有所不同，其中在Ⅲ区这种差异较为明显。②在 I 区，基于所有降水产品与基于 CPAP 降水产品估算的 SPEI 指数的主周期均十分接近，主周期均小于 4 年；在 II 区，基于全部降水产品估算的 SPEI 指数与参考 SPEI 指数的主周期基本一致，主周期在 6 年左右；在Ⅲ区，除 ERA-Interim 和 APHRODITE 降水产品外，其余降水产品估算的 SPEI 指数与参照 SPEI 指数的主周期较接近，主周期在 2 年左右。③在Ⅳ区，除 APHRODITE 降水产品外，其他降水产品估算的主周期基本一致，在 4 年左右；在 V 区，所有降水产品估算的 SPEI 指数主周期基本一致，为 2 年左右；在Ⅵ区，除 ERA-Interim、ERA5 以及 APHRODITE 降水产品以外，其他所有降水产品的主周期基本一致，为 2 年左右；在Ⅶ区，所有降水产品估算的 SPEI 指数周期均为 2 年左右。④在 V 和Ⅶ区，基于多套降水产品估算的 SPEI 指数具有强烈的主周期信号。⑤根据小波方差分析结果，在 I 区，除 APHRODITE 降水产品外，其余降水产品估算的 SPEI 指数最显著方差极值对应的年份与 CPAP 降水产品较为一致；在 II 区，除 APHRODITE 和 ERA-Interim 降水产品外，其他降水产品与 CPAP 降水产品较为一致；在Ⅲ区，除 GPCC、PERSIANN-CDR 降水产品外，其他降水产品与 CPAP 降水产品较为一致；在Ⅳ区，除 APHRODITE 降水产品外，

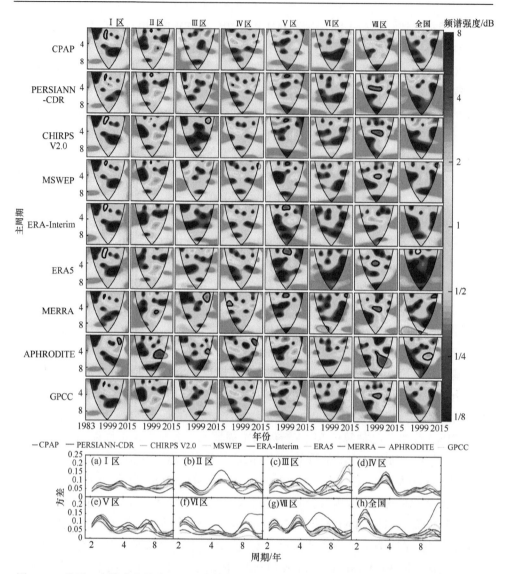

图 4-15　基于 8 套降水产品和 CPAP 估算的 SPEI 指数在全国及 7 个分区的小波谱和方差分析

其他所有降水产品与 CPAP 降水产品较为一致；在 V 区，除 GPCC、MSWEP 降水产品外，其他降水产品与 CPAP 降水产品较为一致；在Ⅵ和Ⅶ区，除 APHRODITE 降水产品外，其他降水产品估算与参考的 SPEI 指数的方差极值变化最为一致。

综合比较基于多套降水产品估算的 Z 指数和 SPEI 指数在不同分区的主周期结果，可以看出，各区域 SEPI 指数的主周期较 Z 指数的主周期高。在基于干旱指数主周期估算的表现上，多套降水产品在大部分区域对 SPEI 指数的适应性高于 Z 指数，即 SPEI 指数相比于 Z 指数，其干旱主周期受降水产品种类的影响较小。

4.2.3　基于不同类型降水产品干旱监测的空间分析

为比较不同类型降水产品干旱监测的空间分布情况，研究分别基于多套降水产品计算了 12 个月时间尺度下的 SPEI 指数和 Z 指数，并绘制了它们在 2010 年 3 月的空间分布图，在该时间点，中国西南区曾发生过被旱涝典籍记载的典型干旱事件，此外，在绘制该年月基于 SPEI 指数和 Z 指数的干旱监测空间分布图时，剔除了水体和荒漠对应的格点。其中，基于 Z 指数的空间分析结果如图 4-16 所示。

从图 4-16 可以看出，基于 9 套降水产品的 Z 指数均监测到了发生在中国西南区的旱情，与基于 CPAP 降水产品估算的 Z 指数监测到的旱情相比，基于 IMERG V06 降水产品监测到的旱情空间分布与其最为相似，其次是基于气象站的 APHRODITE 降水产品和基于再分析的 MERRA 降水产品。基于其他降水产品的干旱监测均高估了发生在青藏高原西部的旱情面积以及严重程度。其中，ERA 系列的两套降水产品还高估了发生在 II 区的干旱级别和干旱面积。9 套降水产品中可用于估算 Z 指数并监测旱情的空间分布最合适的降水产品为 IMERG V06。

基于 8 套降水产品估算的 SPEI 指数监测的 2010 年 3 月旱情的空间分布分析结果表明，其均准确监测到发生在中国西南区的旱情，与基于 CPAP 降水产品估算的 SPEI 指数监测到的旱情相比，基于 MSWEP 降水产品监测到的旱情空间分

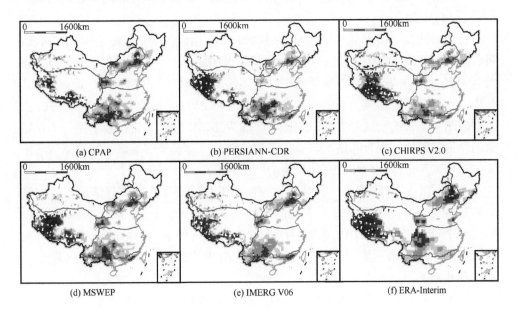

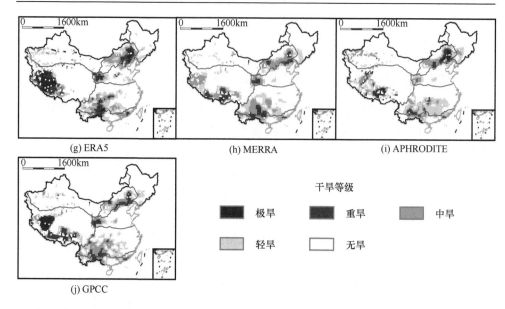

图 4-16　2010 年 3 月基于 9 套降水产品和 CPAP 的 Z 指数的干旱监测空间分布

布与其最为相似，其次是基于气象站的 GPCC 降水产品。基于除了 MERRA 外的其余降水产品的干旱监测均高估了发生在青藏高原西部的旱情面积以及严重程度。其中，ERA 系列的两套降水产品还高估了发生在西南区的干旱级别和干旱面积。8 套降水产品中可用于估算 SPEI 指数并监测旱情的空间分布的最合适的降水产品为 MSWEP。

综合对比基于多套降水产品的 Z 指数和 SPEI 指数的干旱监测空间分布情况，可以看出，SPEI 指数比 Z 指数监测到的干旱范围更广，且严重程度更高。但 Z 指数监测到的旱情的空间分布受降水产品种类的影响要低于 SPEI 指数。此外，最适合用于计算 Z 指数空间分布的降水产品为 IMERG V06，最适合用于计算 SPEI 指数并监测其旱情的空间分布情况的降水产品为 MSWEP。无论是基于哪种干旱指数的旱情监测的空间分布情况，基于卫星的降水产品都能够准确地把握旱情的空间分布位置和范围，但却会高估旱情的严重程度。

为探究不同类型降水产品对干旱频次、历时以及烈度的估算情况，研究基于游程理论，分别计算了基于多套降水产品在 12 个月尺度下的 Z 指数和 SPEI 指数在 2001 年 1 月～2015 年 12 月（为方便对比两种干旱指数的差异而统一的研究时段）所监测到的干旱场次、干旱事件的平均历时以及平均烈度（剔除了水体和荒漠）。

表 4-3 展示了基于不同降水产品的 Z 指数和 SPEI 指数监测到的干旱场次。

表 4-3 的结果表明：①基于 PERSIANN-CDR 和 GPCC 降水产品估算的 Z 指数监测到的与基于 CPAP 降水产品监测到的干旱场次的空间分布更为接近，基于除 PERSIANN-CDR 外的卫星降水产品、除 ERA-Interim 外的再分析降水产品以及基于气象站的 APHRODITE 降水产品所监测到的干旱场次在Ⅲ区均出现了低估现象。此外，基于 ERA-Interim 降水产品监测到的干旱场次在Ⅵ区也出现了严重的低估现象。由此可见，基于 Z 指数干旱场次的监测，PERSIANN-CDR 或 GPCC 降水产品为最佳选择。此外，根据干旱场次的空间分布可以看出，在中国青藏高原地区，发生干旱事件的频率要低于其他区域。②基于 GPCC 和 MSWEP 降水产品的 SPEI 指数监测的干旱场次与基于 CPAP 降水产品的 SPEI 指数监测到的干旱场次空间分布较一致。整体来看，基于除了 PERSIANN-CDR 和 ERA5 外的其他降水产品的 SPEI 指数所监测到的干旱场次要相对低于基于 CPAP 降水产品所监测到的干旱场次，特别是在青藏高原地区。此外，基于 ERA-Interim、MERRA 和

表 4-3　不同分区 9 套降水产品和 CPAP 基于 Z 指数和 SPEI 指数估算的不同分位数下的干旱场次

干旱指数	降水产品	Ⅰ区		Ⅱ区		Ⅲ区		Ⅳ区		Ⅴ区		Ⅵ区		Ⅶ区	
		5%	95%	5%	95%	5%	95%	5%	95%	5%	95%	5%	95%	5%	95%
Z 指数	CPAP	3	8	3	7	3	7	3	8	3	8	3	8	3	8
	PERSIANN-CDR	2	8	3	7	3	8	3	8	3	8	3	8	3	7
	CHIRPS V2.0	2	7	3	7	2	6	3	7	2	8	3	8	3	7
	MSWEP	2	7	3	7	2	7	3	7	3	8	3	8	3	7
	IMERG V06	2	8	3	7	2	7	3	7	3	9	3	7	3	8
	ERA-Interim	2	6	2	7	2	7	3	8	2	7	2	8	1	8
	ERA5	3	8	2	7	2	7	3	8	3	7	3	7	2	7
	MERRA	2	8	2	7	2	7	3	7	3	8	3	8	2	7
	APHRODITE	2	7	2	7	2	6	3	8	2	7	2	7	2	6
	GPCC	2	7	2	7	2	7	3	8	3	8	3	8	3	8
SPEI 指数	CPAP	3	7	4	8	2	8	3	8	4	9	4	9	4	8
	PERSIANN-CDR	2	7	4	8	3	8	3	9	4	9	4	9	4	8
	CHIRPS V2.0	2	7	4	8	2	7	3	8	3	8	4	8	4	7
	MSWEP	2	7	3	7	2	7	4	9	3	9	4	8	3	7
	ERA-Interim	2	7	4	9	2	7	3	8	3	8	3	8	2	6
	ERA5	2	7	4	8	3	8	4	9	4	10	4	8	3	7
	MERRA	2	7	4	8	2	7	3	8	3	9	3	7	3	8
	APHRODITE	2	7	4	8	2	8	3	8	3	8	3	8	2	7
	GPCC	2	7	4	8	2	8	3	8	3	9	4	8	3	8

APHRODITE 降水产品的 SPEI 指数相比基于 CPAP 降水产品估算的 SPEI 指数低估了VI区的干旱场次。此外，基于 SPEI 指数监测到的干旱场次在青藏高原地区普遍高于其他区域。在基于 SPEI 指数的干旱场次估算中，GPCC 和 MSWEP 降水产品最佳。

综合对比两种干旱指数在干旱场次监测的特性，发现基于 Z 指数监测到的干旱场次在全国普遍低于基于 SPEI 指数监测到的干旱场次，特别是在南方地区，此外，基于不同类型降水产品估算的 Z 指数与其估算的 SPEI 指数的差异大相径庭。因而，两种干旱指数在监测干旱场次方面对降水产品的敏感度相仿。此外，基于 Z 指数估算干旱场次最合适的降水产品为 PERSIANN-CDR 或 GPCC，而基于 SPEI 指数估算干旱场次的最佳选择为 GPCC 和 MSWEP。

基于不同降水产品的 Z 指数和 SPEI 指数监测的干旱事件的平均历时对比结果见表 4-4。表 4-4 显示：①基于 Z 指数估算的干旱事件的平均历时大部分区域小于 10 个月，此外，在青藏高原地区，整体而言，干旱事件的平均历时要略高于其他区域。基于不同类型降水产品与基于 CPAP 降水产品估算的 Z 指数监测到的干旱事件平均历时的空间分布最接近的是 GPCC 降水产品。基于 APHRODITE 降水产品相比于基于 CPAP 降水产品以及其他降水产品估算的 Z 指数监测到的干旱事件的平均历时相对较短，此外，基于 ERA-Interim 降水产品估算的 Z 指数的干旱监测严重高估了VI区南部某些格点干旱事件的平均历时；MSWEP、IMERG V06 和 MERRA 降水产品在III区东南角的部分格点处也出现了对干旱事件平均历时的显著高估事件。②基于不同降水产品的 SPEI 指数监测到的干旱事件的平均历时的空间分析结果表明，基于 SPEI 指数的干旱事件平均历时在II、IV和VI区的南部地区相对较高（在 10～20 个月），此外，基于 MSWEP 和 GPCC 降水产品估算的 SPEI 指数监测到的干旱事件的平均历时的空间分布与基于 CPAP 降水产品估算的 SPEI 指数监测到的干旱事件的平均历时的空间分布情况最为相似。基于 MERRA 降水产品相比于 CPAP 降水产品估算的干旱事件的平均历时发生了明显的低估，特别是在VI区。基于 ERA5 降水产品的 SPEI 指数整体上低估了III区的干旱事件的平均历时，高估了VI区的干旱事件的平均历时。基于 ERA-Interim 降水产品的 SPEI 指数在VI区整体上出现了高估干旱事件的平均历时的情况。基于 PERSIANN-CDR 和 CHIRPS V2.0 降水产品的 SPEI 指数估算的干旱事件的平均历时在整体上也出现了不同程度的低估。③综合对比 Z 指数和 SPEI 指数对干旱事件平均历时的监测情况，发现基于 SPEI 指数监测到的干旱事件平均历时（大部分区域低于 10 个月）普遍高于基于 Z 指数监测到的干旱事件平均历时（有将近一半的区域为 10～20 个月）。此外，基于 SPEI 指数估算的干旱事件平均历时精度，受降水产品类型的影响要高于 Z 指数，因

表 4-4　不同分区 9 套降水产品和 CPAP 基于 Z 指数和 SPEI 指数估算的不同分位数下的干旱事件的平均历时　　　　　　　　　　　（单位：月）

干旱指数	降水产品	I 区		II 区		III区		IV区		V 区		VI区		VII区	
		5%	95%	5%	95%	5%	95%	5%	95%	5%	95%	5%	95%	5%	95%
Z 指数	CPAP	3.9	14.0	4.7	13.0	4.3	14.0	4.6	11.3	3.8	12.8	4.3	11.5	4.1	11.5
	PERSIANN-CDR	4.0	19.0	4.8	13.3	4.3	12.5	4.4	10.0	4.0	12.3	4.0	11.5	5.0	12.3
	CHIRPS V2.0	4.4	14.3	5.0	12.4	5.2	15.0	5.0	14.7	4.1	15.0	4.0	12.3	5.2	13.3
	MSWEP	4.3	14.3	4.8	13.7	4.3	15.3	4.0	11.0	3.7	12.0	4.0	11.5	4.8	13.0
	IMERG V06	4.1	19.0	4.4	12.7	4.3	15.5	4.3	10.8	3.6	12.7	4.3	11.8	4.4	15.3
	ERA-Interim	4.9	20.5	5.3	14.0	4.5	14.5	4.0	11.0	3.9	13.5	4.4	17.0	5.0	24.0
	ERA5	4.8	14.7	4.6	11.3	4.1	13.5	4.3	10.3	3.5	13.0	4.4	12.7	4.9	12.7
	MERRA	4.1	19.0	5.2	13.0	4.6	16.0	4.0	10.7	3.8	12.0	4.0	12.3	4.7	16.5
	APHRODITE	2.0	14.0	4.3	13.5	1.7	13.3	3.9	12.0	2.4	13.0	1.8	10.3	2.6	17.5
	GPCC	4.3	15.0	4.3	13.0	4.3	13.7	4.4	11.7	3.7	12.0	4.3	11.7	4.3	14.0
SPEI 指数	CPAP	5.7	32.8	7.8	22.8	6.8	16.6	8.3	20.5	5.9	14.9	7.4	19.8	7.5	22.6
	PERSIANN-CDR	6.0	45.0	7.7	22.5	5.6	19.0	7.1	19.3	5.5	15.7	6.2	19.4	6.7	19.5
	CHIRPS V2.0	6.0	51.0	7.7	22.8	5.3	21.8	8.1	21.0	5.8	16.8	6.1	18.8	6.3	19.6
	MSWEP	6.2	44.5	7.8	22.0	6.1	20.8	7.7	20.8	6.0	15.2	7.0	18.8	7.5	20.5
	ERA-Interim	7.8	56.5	9.3	21.5	5.8	26.7	8.6	21.7	7.3	18.6	8.1	22.3	8.7	28.0
	ERA5	8.2	43.0	9.6	23.3	6.2	18.2	8.1	20.4	7.6	16.8	9.3	27.0	9.1	30.5
	MERRA	5.6	32.7	7.5	19.5	4.0	17.7	7.4	20.0	4.6	15.3	5.4	15.8	5.3	22.0
	APHRODITE	5.0	30.3	7.6	18.5	6.2	18.0	7.9	17.4	5.8	15.3	6.8	18.5	7.3	21.3
	GPCC	5.0	32.7	8.0	23.0	6.5	19.4	8.1	21.0	5.6	16.0	7.0	20.0	6.9	21.3

而在干旱事件平均历时的监测能力方面，SPEI 指数对降水产品的敏感度要高于 Z 指数。此外，基于 Z 指数估算干旱事件平均历时最合适的降水产品为 GPCC，而基于 SPEI 指数估算干旱事件平均历时的最佳选择为 GPCC 和 MSWEP。

基于不同降水产品的 Z 指数和 SPEI 指数监测到的干旱事件的平均烈度的对比见表 4-5。由 4-5 可知：①基于 Z 指数的干旱事件的平均烈度在Ⅵ区相对较高（为 10～20），此外，基于 IMERG V06 和 GPCC 降水产品估算的 Z 指数监测到的干旱事件的平均烈度的空间分布与基于 CPAP 降水产品估算的 Z 指数监测到的干旱事件的平均烈度的空间分布最为相似。基于 CHIRPS V2.0 降水产品相比于 CPAP 降水产品估算的干旱事件的平均烈度在Ⅱ、Ⅳ、Ⅴ、Ⅵ和Ⅶ区明显低估。基于

表 4-5 不同分区 9 套降水产品和 CPAP 基于 Z 指数和 SPEI 指数估算的不同分位数的干旱事件的平均烈度

干旱指数	降水产品	I 区		II 区		III区		IV区		V 区		VI区		VII区	
		5%	95%	5%	95%	5%	95%	5%	95%	5%	95%	5%	95%	5%	95%
Z 指数	CPAP	5.1	17.5	6.1	17.8	6.1	18.6	6.0	15.7	4.9	17.6	5.9	16.0	5.6	15.1
	PERSIANN-CDR	5.5	25.7	6.2	17.6	6.0	18.4	5.2	13.6	5.4	17.2	5.6	16.4	6.9	16.5
	CHIRPS V2.0	8.2	20.6	15.9	6.9	14.8	19.0	19.4	6.6	22.2	5.6	16.8	5.3	19.4	8.7
	MSWEP	5.7	21.3	6.4	20.1	5.9	22.6	5.6	15.4	5.1	17.0	5.8	15.9	6.3	17.4
	IMERG V06	5.1	24.8	6.2	17.8	7.0	21.0	5.7	14.2	4.7	18.2	5.9	16.6	5.9	19.0
	ERA-Interim	6.5	26.9	7.3	20.9	6.4	21.2	5.2	15.8	4.9	18.4	5.7	24.2	6.4	40.6
	ERA5	6.2	19.8	6.2	16.2	6.0	18.4	5.9	14.7	4.8	17.6	6.4	17.8	6.6	17.6
	MERRA	5.7	23.5	6.8	18.6	6.1	23.8	5.8	15.5	5.4	16.5	5.8	16.6	6.4	21.1
	APHRODITE	2.2	19.2	5.6	20.6	2.1	18.4	5.1	16.3	2.9	21.2	2.3	14.0	3.1	24.0
	GPCC	5.6	21.5	5.7	20.3	6.1	18.5	5.9	16.7	5.0	16.9	5.9	16.5	5.8	18.9
SPEI 指数	CPAP	5.1	36.7	8.7	25.3	7.0	19.9	9.1	24.4	5.3	17.3	8.2	24.1	8.0	26.4
	PERSIANN-CDR	5.3	48.9	8.7	25.4	5.0	21.0	7.7	24.6	5.2	17.1	6.7	23.1	6.8	23.2
	CHIRPS V2.0	5.3	61.6	8.9	26.6	4.5	24.6	9.2	25.9	5.3	18.6	6.7	21.9	6.3	21.5
	MSWEP	5.5	50.3	9.0	24.6	5.8	23.5	8.8	24.8	5.5	16.5	7.7	22.4	8.6	23.3
	ERA-Interim	6.7	64.9	10.5	25.3	5.0	30.6	10.3	26.0	6.4	20.3	8.2	27.6	9.5	35.2
	ERA5	8.0	51.1	10.8	26.8	5.6	20.4	9.3	23.8	7.6	18.1	10.6	32.2	10.0	35.4
	MERRA	4.5	36.8	7.7	24.3	3.0	19.1	7.7	26.5	4.0	16.2	4.9	18.2	4.3	25.0
	APHRODITE	4.1	35.4	8.9	21.9	6.2	21.6	9.1	22.7	5.5	17.1	7.8	24.0	7.6	27.9
	GPCC	4.5	37.3	8.7	27.3	6.6	22.4	9.3	24.8	5.1	18.5	7.7	24.1	7.8	24.0

APHRODITE 降水产品的 Z 指数整体上低估了III和IV区的干旱事件的平均烈度。基于 ERA-Interim 降水产品的 Z 指数在VI区整体上出现了高估干旱事件的平均烈度的情况。②基于 GPCC 和 MSWEP 降水产品估算的 SPEI 指数监测的干旱事件的平均烈度的空间分布相比于其他降水产品更接近于基于 CPAP 降水产品估算的 SPEI 指数监测的干旱事件的平均烈度的空间分布。此外，基于 ERA 系列的两套降水产品估算的 SPEI 指数监测到的干旱事件的平均烈度在VI区均发生了明显的高估现象。基于卫星的 PERSIANN-CDR 和 CHIRPS V2.0 以及基于再分析的 MERRA 降水产品估计的 SPEI 指数在III区监测到的干旱事件的平均烈度相对较低。

4.3 讨　论

大量研究在评估比较多套降水产品在干旱指数计算应用中的性能时，只考虑了基于卫星的降水产品，Zhong 等（2018）比较和评估了基于卫星的 3 套降水产品（PERSIANN-CDR、CHIRPS V2.0 和 TMPA 3B42 Ⅵ）在我国的干旱监测性能；Bai 等（2020）基于 scPDSI 和 SPEI 指数分析了在全球变暖条件下长期的卫星降水产品在我国干旱监测的适用性。然而，这些研究并没有对比分析其他类型的降水产品，因而本章选择了 9 套基于不同类型的降水产品，包括基于气象站、基于卫星以及基于再分析的降水产品，并对比分析了它们的干旱监测性能。

此外，大量研究评估了降水产品在干旱指数计算中的应用（Lai et al.，2018；Guo et al.，2016）。然而，它们大多只关注 SPI，这是一个只考虑降水数据作为输入的指数。这些结果普遍表明，SPI 的精度与降水数据输入的精度高度一致，因为 SPI 代表了源降水数据的简单移动积累和分位数转换。然而，SPI 并未考虑全球变暖的影响；因此，考虑潜在蒸散量（PET）的其他干旱指数也应考虑到全球变暖（Venkataraman et al.，2016）。目前有两种方法可以将降水和 PET 结合到干旱指数中：一种是简单地计算降水和 PET 之间的差异（如 SPEI），另一种是使用降水和 PET 数据作为输入来计算水文模型的响应（如 PDSI）。然而，PDSI 的计算需要土壤水分的有效持水量数据，以及不能估算多个时间尺度下的干旱监测特征（Wu et al.，2020），而 SPEI 指数考虑了温度和降水对干旱的综合影响，是目前发展最为成熟且应用最为广泛的干旱指数之一，可以在不同的时间尺度下监测干旱，具有灵活性，本章选择 SPEI 指数来比较降水和 PET 相结合的方法，但该指标要求所需气象要素的时间序列长度不得低于 30 年，因而本章中基于 SPEI 指数的干旱监测没有考虑 IMERG V06 降水产品。Z 指数有基于空间格网计算的案例（李景刚等，2010），且没有时间长度局限，可以用基于时段相对较短的 IMERG V06 降水产品来估算，也可以计算多个时间尺度，较灵活，因此，研究又选用了 Z 指数来评价 IMERG V06 降水产品的干旱监测能力，同时对比这两种指标的评价性能，以及不同类型降水产品的敏感度。

以往研究中分析干旱面积比率时仅基于格网数量的比值（任立良等，2019；赵安周等，2020），却忽略了不同经纬度下格点面积存在一定的差异，并且这种差异会随着纬度和分辨率的变化而变化，因而其会在一定程度上影响面积计算的精度，本章在计算干旱面积比率时考虑了经纬度格网面积差异的影响。此外，大多数的研究在分析干旱面积变化时都没有考虑研究区内的下垫面条件，本章分析的干旱面积不考虑下垫面为水体或荒地的情况，因而在分析干旱面积比率时剔除了水体和荒地。

4.4 小 结

对不同类型降水产品的两种干旱指数估算精度进行比较，IMERG V06 和 MSWEP/GPCC 降水产品分别对 Z 指数和 SPEI 指数有较强的估算精度。对比两种干旱指数，大多数降水产品对 SPEI 指数的估算精度高于 Z 指数。对比不同分区，多数降水产品分别在Ⅰ、Ⅲ区和Ⅱ、Ⅶ区对 Z 指数和 SPEI 指数的估算精度较差。基于不同类型降水产品的干旱指数估算精度对时间尺度的敏感性有所差异，基于再分析的降水产品的干旱指数估算精度最易受时间尺度影响，其随时间尺度的增大而降低。

基于 SPEI 指数的时间序列比 Z 指数更能够准确捕捉历史干旱事件，其中基于卫星的降水产品在各个研究区对两种干旱指数时间变化序列的估算能力整体上强于其他降水产品。不同类型降水产品基于 SPEI 指数估算的干旱面积精度要大于 Z 指数，GPCC 降水产品一直都是最佳选择。基于 Z 指数估算的干旱主周期要低于基于 SPEI 指数估算的干旱主周期。基于再分析的降水产品对干旱主周期的判断能力较差。

基于 SPEI 指数的干旱强度和干旱面积都高于 Z 指数，但更多的降水产品基于 Z 指数的干旱监测精度相对于 SPEI 指数更好。最适合用于计算 Z 指数空间分布的降水产品为 IMERG V06，最适合用于计算 SPEI 指数并监测其旱情的空间分布情况的降水产品为 MSWEP。在干旱场次的监测中，Z 指数在全国监测到的干旱场次、干旱事件的平均历时及平均烈度均略低于 SPEI 指数。两种干旱指数在监测干旱场次方面对降水产品的敏感度相仿，Z 指数估算干旱场次、干旱事件的平均历时及平均烈度最合适的降水产品为 PERSIANN-CDR 或 GPCC，而基于 SPEI 指数估算干旱场次、干旱事件的平均历时及平均烈度的最佳选择为 GPCC 和 MSWEP 降水产品。

参 考 文 献

丁一汇. 2008. 中国气象灾害大典(综合卷)[M]. 北京: 气象出版社.

国家防汛抗旱总指挥部. 2012. 中国水旱灾害公报[M]. 北京: 中国水利水电出版社.

鞠笑生, 杨贤为, 陈丽娟, 等. 1997. 我国单站旱涝指标确定和区域旱涝级别划分的研究[J]. 应用气象学报, 8: 26-33.

李景刚, 李纪人, 黄诗峰, 等. 2010. 基于 TRMM 数据和区域综合 Z 指数的洞庭湖流域近 10 年旱涝特征分析[J]. 资源科学, 32: 1103-1110.

任立良, 卫林勇, 江善虎, 等. 2019. CHIRPS 和 GLEAM 卫星产品在中国的干旱监测效用评估[J]. 农业工程学报, 35(15): 146-154.

张德二, 李小泉, 梁有叶. 2003. 《中国近五百年旱涝分布图集》的再续补(1993～2000 年)[J]. 应用气象学报, 3: 124-133.

赵安周, 王冬利, 范倩倩, 等. 2020. TRMM 数据在京津冀地区干旱监测适用性研究[J]. 水资源与水工程学报, 31: 235-242.

Allen R G, Pereira L S, Raes D, et al. 1998. Crop Evapotranspiration: Guidelines for Computing Crop Water Requirements[R]. Rome, Italy: Food and Agriculture Organization of the United Nations.

Ayantobo O O, Li Y, Song S. 2018. Multivariate drought frequency analysis using four-variate symmetric and asymmetric archimedean copula functions[J]. Water Resources Management, 33: 103-127.

Ayantobo O O, Li Y, Song S. 2019. Copula-based trivariate drought frequency analysis approach in seven climatic sub-regions of Chinese mainland over 1961—2013[J]. Theoretical and Applied Climatology, 137: 2217-2237.

Bai X, Shen W, Wu X, et al. 2020. Applicability of long-term satellite-based precipitation products for drought indices considering global warming[J]. Journal of Environmental Management, 255: 109846.

Green P J, Silverman B W. 1994. Nonparametric Regression and Generalized Linear Models[M]. Los Angeles: CRC Press.

Guo H, Bao A, Liu T, et al. 2016. Evaluation of PERSIANN-CDR for meteorological drought monitoring over China[J]. Remote Sensing, 8(5): 379.

Javed T, Li Y, Feng K, et al. 2020. Monitoring responses of vegetation phenology and productivity to extreme climatic conditions using remote sensing across different sub-regions of China[J]. Environmental Science and Pollution Research, 28(3): 3644-3659.

Kumar P, Foufoula-Georgiou E. 1997. Wavelet analysis for geophysical applications[J]. Reviews of Geophysics, 35: 385-412.

Lai C, Zhong R, Wang Z, et al. 2018. Monitoring hydrological drought using long-term satellite-based precipitation data[J]. Science of the Total Environment, 649: 1198-1208.

Penman H L. 1948. Natural evaporation from open water, bare soils and grass[J]. Proceedings of the Royal Society of London, 193(1032): 120-145.

Qian M, Yi L, Hao F, et al. 2021. Performance evaluation and correction of precipitation data using the 20-year IMERG V06 and TMPA precipitation products in diverse subregions of China[J]. Atmospheric Research, 249(19): 105304.

Shen Y, Xiong A, Wang Y, et al. 2010. Performance of high-resolution satellite precipitation products over China[J]. Journal of Geophysical Research: Atmospheres, 115: D02114.

Venkataraman K, Tummuri S, Medina A, et al. 2016. 21st century drought outlook for major climate divisions of Texas based on CMIP5 multimodel ensemble: Implications for water resource management[J]. Journal of Hydrology, 534: 300-316.

Vicente-Serrano S M, Beguería S, López-Moreno J I. 2010. A multiscalar drought index sensitive to global warming: The standardized precipitation evapotranspiration index[J]. Journal of Climate, 23: 1696-1718.

Whitcher B, Guttorp P, Percival D B. 2000. Wavelet analysis of covariance with application to atmospheric time series[J]. Journal of Geophysical Research: Atmospheres, 105: 14941-14962.

Wu M, Li Y, Hu W, et al. 2020. Spatiotemporal variability of standardized precipitation evapotranspiration index in Chinese mainland over 1961—2016[J]. International Journal of Climatology, 40(11): 4781-4799.

Yao N, Li Y, Dong Q G, et al. 2019. Influence of the accuracy of reference crop evapotranspiration on drought monitoring using standardized precipitation evapotranspiration index in Chinese mainland[J]. Land Degradation and Development, 31: 266-282.

Zhong R, Chen X, Lai C, et al. 2018. Drought monitoring utility of satellite-based precipitation products across Chinese mainland[J]. Journal of Hydrology, 568: 343-359.

第二篇

气候变化和人类活动对中国不同分区干湿程度的影响

第 5 章　水分亏缺/盈余的关键环流驱动因子筛选

虽然过去有很多学者在环流指数对水分亏缺/盈余的影响方面有一定的研究，但是环流指数的种类众多，以往都是选取某些常见的环流指数，如北极涛动（AO）指数和表征厄尔尼诺现象的 ENSO 指数等来分析大气环流对干旱的影响，并且在环流指数的选取上没有明确解释，忽略了其他环流指数对干旱的影响。本章主要是基于水分亏缺/盈余量（D），对我国 7 个分区、639 个站点的干旱时空变化规律进行分析，并综合利用共线性分析、皮尔逊相关分析及其显著性检验对影响我国不同分区的环流指数进行筛选，从而筛选出对我国不同分区干旱影响较大的环流指数，进而揭示水分亏缺/盈余的关键环流驱动因子。

5.1　研究区概况与研究方法

5.1.1　研究区概况

中国的海拔从西部到东部逐渐减小，地势呈现出三级阶梯式分布。其中，第一级阶梯（海拔最高）是青藏高原地区，位于我国的西南部；四川盆地、黄土高原、新疆、内蒙古和云贵高原所覆盖的区域为第二阶梯；第三阶梯由我国的东部和临海地区组成。这三级阶梯所对应的平均海拔分别为 4500 m、1000～2000 m 以及 500 m 以下。赵松乔（1983）按照不同的地形地势和气候条件把我国划分为 7 个区，依次为西北荒漠地区、内蒙古草原地区、青藏高原地区、东北湿润半湿润温带地区、华北湿润半湿润温带地区、华中华南湿润亚热带地区、华南湿润热带地区，编号依次为Ⅰ～Ⅶ，各分区分别含 46 个、50 个、52 个、71 个、114 个、242 个和 64 个站，共 639 个站点。气象站的分布和分区信息如图 5-1 所示。

5.1.2　数据来源

计算水分亏缺/盈余量（D）用到的气象要素有：降水、风速、最高温、平均温度、最低温、相对湿度、日照时数等。气象要素数据在中国气象数据网（http://data.cma.cn/）下载。气象要素的时间尺度为月值，时间段为 1961 年 1 月～2020 年 12 月，研究最初共收集了 645 个站点的气象要素数据。对下载的数据进行严格的审查，保证研究区域内各个气象站点的历史观测数据的连续性和质量，将长时间缺测数据的气象站点排除，对于个别站点的少量缺测气象数据，采用相邻日或月的算术平均数对其进行线性回归方程插值，最终保留了 1961～2018 年639 个序列完整的地面气象观测站点的逐月降水、气温等气象要素资料。

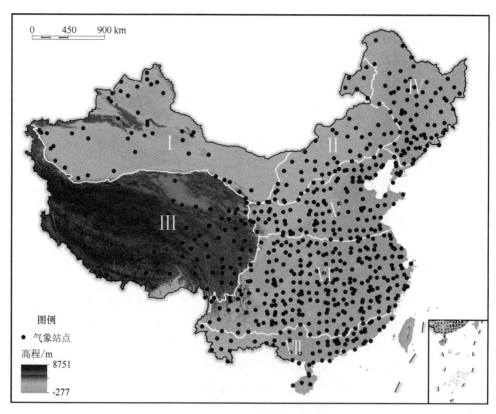

图 5-1　气象站的分布和分区信息

缺少台湾省气象站相关数据

大气类、海温类和其他类共计 130 项 1961～2020 年月尺度环流指数数据均来源于中国气象局国家气候中心气候系统监测·诊断·预测·评估（https://cmdp.ncc-cma.net/cn/download.htm）。通过对 130 项环流指数进行严格的数据检查，发现数据较可靠。当某项环流指数连续缺测大于或等于 3 个月时，则剔除该环流指数；当某项环流指数连续缺测 2 个月时，利用缺测月的多年平均值代替；当某项环流指数缺测 1 个月时，利用缺测月前后两个月的平均值进行插值，从而有 105 项环流指数得到保留。但因为印度副高面积指数、南海副高面积指数、印度副高强度指数、南海副高强度指数和北大西洋–欧洲环流 E 型指数均有超过 66%的月份出现 0 值，可能导致在之后的相关分析中出现大量无效回归，所以剔除。最后得到了 1961～2020 年数据序列较完整的 100 项环流指数，其中大气类、海温类和其他类分别为67 项、26 项和 7 项，环流指数的名称、简写如表 5-1 所示。

表 5-1　序列较完整的环流指数名称及简写

名称	简写	名称	简写
大气类			
北半球副高面积指数	NHSHA	太平洋区极涡强度指数	PPVI
北非副高面积指数	NAHAI	北美区极涡强度指数	NAPV
北非–大西洋–北美副高面积指数	NAASHA	北大西洋–欧洲区极涡强度指数	AEPVI
西太平洋副高面积指数	WPSHA	北半球极涡强度指数	NVI
东太平洋副高面积指数	EPSHA	北半球极涡中心经向位置指数	NVCL
北美副高面积指数	NASHA	北半球极涡中心纬向位置指数	NVCLI
北大西洋副高面积指数	NASHAI	北半球极涡中心强度指数	NHPVCI
北美–大西洋副高面积指数	NAASHAI	欧亚纬向环流指数	EZC
北太平洋副高面积指数	PSHA	欧亚经向环流指数	EMC
北半球副高强度指数	NHSH	亚洲纬向环流指数	AZC
北非副高强度指数	NASH II	亚洲经向环流指数	AMC
北非–北大西洋–北美副高强度指数	NAAASH	东亚槽位置指数	EATP
西太平洋副高强度指数	WPSH	东亚槽强度指数	EATI
东太平洋副高强度指数	EPSH	西藏高原-1 指数	TPR1
北美副高强度指数	NASH	西藏高原-2 指数	TPR2
北大西洋副高强度指数	NASHI	印缅槽强度指数	IBTI
北美–北大西洋副高强度指数	NAASH	北极涛动指数	AO
太平洋副高强度指数	PSHI	南极涛动指数	AAO
北半球副高脊线位置指数	NHRP	北大西洋涛动指数	NAO
北非副高脊线位置指数	NARP	太平洋–北美遥相关型指数	PNA
北非–北大西洋–北美副高脊线位置指数	NANRP	东大西洋遥相关型指数	EA
西太平洋副高脊线位置指数	WWRP	西太平洋遥相关型指数	WP
东太平洋副高脊线位置指数	EPRP	东大西洋–西俄罗斯遥相关型指数	EAWR

名称	简写	名称	简写
北美副高脊线位置指数	NSRP	极地–欧亚遥相关型指数	POL
南海副高脊线位置指数	SSRP	斯堪的纳维亚遥相关型指数	SCA
北美–北大西洋副高脊线位置指数	NNRP	30hPa 纬向风指数	30ZW
北太平洋副高脊线位置指数	PSHRG	50hPa 纬向风指数	50ZW
西太平洋副高西伸脊点指数	WHWRP	赤道中东太平洋 200hPa 纬向风指数	MPZW
亚洲区极涡面积指数	APVA	850hPa 西太平洋信风指数	WPTW
太平洋区极涡面积指数	PPVA	850hPa 中太平洋信风指数	CPTW
北美区极涡面积指数	NAPVA	850hPa 东太平洋信风指数	EPTA
大西洋欧洲区极涡面积指数	AEPVA	北大西洋–欧洲环流 W 型指数	ACWP
北半球极涡面积指数	NHPVA	北大西洋–欧洲环流型 C 型指数	ACCP
亚洲区极涡强度指数	APVI		
海温类			
NINO 1+2 区海表温度距平指数	NINO1+2	印度洋暖池强度指数	IOWPS
NINO 3 区海表温度距平指数	NINO3	西太平洋暖池面积指数	WPWPA
NINO 4 区海表温度距平指数	NINO4	西太平洋暖池强度指数	WPWPS
NINO 3.4 区海表温度距平指数	NINO3.4	大西洋多年代际振荡指数	AMO
NINO W 区海表温度距平指数	NINOW	亲潮区海温指数	OC
NINO C 区海表温度距平指数	NINOC	西风漂流区海温指数	WWDC
NINO A 区海表温度距平指数	NINOA	黑潮区海温指数	KC
NINO B 区海表温度距平指数	NINOB	类 ENSO 指数	EM
NINO Z 区海表温度距平指数	NINOZ	东部型 ENSO 指数	NE
热带北大西洋海温指数	TNA	中部型 ENSO 指数	NC
热带南大西洋海温指数	TSA	热带印度洋全区一致海温模态指数	IOBW
西半球暖池指数	WHWP	热带印度洋海温偶极子指数	TIOD
印度洋暖池面积指数	IOWPA	副热带南印度洋偶极子指数	SIOD
其他类			
西太平洋编号台风数	WNPTN	大西洋经向模式海温指数	AMM
登陆中国台风数	NLTC	准两年振荡指数	QBO
太阳黑子指数	TSN	大西洋海温三极子指数	NAT
南方涛动指数	SOI		

5.1.3　水分亏缺/盈余量的计算方法

水分亏缺/盈余量（$D=\text{Pr}-\text{ET}_0$）是基于降水量（Pr）与蒸发量（ET_0）之间的差值进行计算的（Vicente-Serrano et al.，2010）。ET_0 和 D 序列的具体计算步骤见 4.1.2 节，此处不再赘述。

为了与环流指数的逐月数据对应，本书计算了 1 个月尺度的水分亏缺/盈余量。D 值大于 0 表明该地区湿润，D 值越大，表明越湿润；D 值小于 0 表明该地区干旱，D 值越小，表明干旱程度越严重。

5.1.4　趋势分析和突变检验

Mann-Kendall（MK）的检验方法是由世界气象组织推荐并已经被广泛使用的非参数检验方法，也称为无分布检验（陈中平和徐强，2016）。Mann-Kendall 检验的优势在于样本不需要遵从一定的分布，异常值对其也不存在干扰，其更适用于类型变量和顺序变量，而且计算起来比较简单（Yue and Wang，2002；Kendall，1990）。但是 Mann-Kendall 检验忽略了数据序列自相关的影响，本章采用改进的非参数方法进行趋势分析和突变检测，Mann-Kendall 检验的具体计算步骤如下（Huang et al.，2014）：

$$SV = \sum_{i=1}^{n'-1} \sum_{j=i+1}^{n'} \text{sign}(x_j - x_i) \tag{5-1}$$

式中，x_j 和 x_i 分别为第 j 个和第 i 个待检验的数据序列。统计量 Z_{MK} 的计算公式为

$$Z_{\text{MK}} = \begin{cases} \dfrac{SV-1}{\sqrt{\text{Var}}} & , \quad SV > 0 \\[2mm] 0 & , \quad SV = 0 \\[2mm] \dfrac{SV+1}{\sqrt{\text{Var}}} & , \quad SV < 0 \end{cases} \tag{5-2}$$

式中，Var 为时间序列的方差；SV 为近似服从均值为 0 的正态分布的统计量；Z_{MK} 大于 0 时表示时间序列具有上升的趋势，小于 0 时表示具有下降的趋势。在 0.05 的显著水平下，当 Z_{MK} 的绝对值大于 1.96 时，时间序列有显著上升或者下降的趋势。

$$Z_{\text{MK}}^{*} = \frac{Z_{\text{MK}}}{\sqrt{n'/n^{*}}} \tag{5-3}$$

式中，Z_{MK}^{*} 为修正的统计量 Z_{MK}；n'/n^{*} 为统计量 SV 的方差修正系数，修正方法详见参考文献 Li 等（2010）。

5.1.5 多重共线性分析

多重共线性是指在回归模型中，各变量之间很强的相关关系使模型估计丧失准确性。在多元回归中，基于方差膨胀因子 VIF 的值来判断该回归模型是否存在严重的多重共线性问题（Doetterl et al.，2015）。共线性分析方法在科研领域用途广泛，当研究中多个自变量之间存在高度相关时，将对因变量的估计生成相悖的回归方程（丁元林等，2004）。

在每个站点计算所有自变量之间的方差膨胀因子 VIF 值，筛选 VIF 值大于 10 所对应的自变量的集合，并且在该自变量集合中剔除 VIF 值最大所对应的自变量；重复此过程，直到所有剩余自变量的 VIF 值小于 10 为止。VIF 值的计算公式如下：

$$VIF = \frac{1}{1 - R_i^2} \tag{5-4}$$

式中，VIF 为方差膨胀因子；R_i^2 为第 i 个环流指数对其他变量做回归分析得出的决定系数。通过去除具有较高共线性的变量，最终保留了相对独立的具有代表性的变量集合。

VIF_i 值的范围为（1，$+\infty$），当算出的 VIF_i 值越接近于 1 时，则表示该指数与其他指数之间的多重共线性越低，反之越高。在本章中，以 VIF_i 值为 10 作为判断边界，如果第 i 项环流指数可以使用其他环流指数至少 90%的方差解释（$R_i^2 \geqslant 0.9$，即 $VIF_i \geqslant 10$），则该环流指数与其他环流指数在统计上具有明显的共线性，反之 $VIF_i < 10$ 则说明该环流指数具有独立性。通过对 VIF 值计算，找出 VIF_i 值大于或等于 10 的环流指数中 VIF_i 值最大的一项环流指数，在下一步继续计算 VIF 值之前将其舍弃，直到所有保留下来的环流指数对应的 VIF_i 值均小于 10 则计算结束。

用软件 PrjRegression 计算 VIF 值来检验各环流指数之间的多重共线性（Stine，1995）。VIF 值越大，说明各变量间的多重共线性越大，反之则说明变量之间独立性越强。VIF<10 被认为是有效的（Liu et al.，2015），表明在统计学中各变量之间不存在共线性。对于 VIF>10 的变量，由于其共线性较高，不考虑进一步与 D 值建立回归模型。

5.1.6 皮尔逊相关分析及其显著性检验

皮尔逊相关系数是一种广泛用于度量两个序列间相关程度的方法。皮尔逊相关系数 r 采用式（5-5）估算：

$$r = \frac{n_y \sum X_{t,i} Y_{t,i} - \sum X_{t,i} \sum Y_{t,i}}{\sqrt{n_y \sum X_{t,i}^2 - (\sum X_{t,i})^2} \sqrt{n_y \sum Y_{t,i}^2 - (\sum Y_{t,i})^2}} \tag{5-5}$$

式中，n_y 为序列的年限；$X_{t,i}$ 和 $Y_{t,i}$ 为第 i 年的变量值。

皮尔逊相关系数 r 的值为 $-1\sim1$，r 值为 1、0 和 -1 分别表示两个变量完全正相关、无关及完全负相关，若 $|r|$ 的范围为 $0\sim0.2$，则表示两个变量相关性很弱；$0.2\sim0.4$ 表示弱相关；$0.4\sim0.6$ 表示中等程度相关；$0.6\sim0.8$ 表示强相关；$0.8\sim1.0$ 表示极强相关。

采用 P 值表示两个变量相关性是否在统计学上显著。对不同分区水分亏缺/盈余量的平均值与环流指数在 $0\sim48$ 个月的滞后时间进行皮尔逊相关分析和显著性检验，选取 $|r|>0.2$ 且通过显著性检验（$P<0.05$）的环流指数，以便进一步用于 D 的定量分析。

5.2　结果与分析

5.2.1　不同分区水分亏缺/盈余量（D）的时间变化

1. D 月值的时间变化规律

图 5-2 展示了 $1961\sim2020$ 年我国 639 个气象站点 D 月值在全国及 7 个分区的变化。图中所有站点 D 月值都以分布形式（红色阴影部分）显示，黑色实线表示各月 D 的峰值，红色的阴影越深，D 月值的分布就越集中，而各个分布的峰值也可以在一定程度上表示整个分布的中心位置。各个峰值用黑色的线连接起来可以在一定程度上揭示 D 月值的变化趋势。由图 5-2 可知：①在该研究时间段内，D 月值在各个分区及全国范围下都表现出一定的周期性变化，其中，Ⅰ区和Ⅶ区最为明显，这表明在研究时间段内，不管是干旱还是湿润的地区都存在一定的周期性，而其他区域的波动性相对较小。②D 月值在Ⅰ区、Ⅱ区和Ⅲ区下的变化及峰值基本处于 0 以下，且在Ⅰ区的变化程度最大，表明我国西部和西北部大多数时期都处于干旱状态，并且Ⅰ区干旱最严重，Ⅱ区次之，Ⅲ区的干旱程度相对最低；Ⅵ区和Ⅶ区的 D 月值及其峰值大多数在 0 值以上，且Ⅶ区的变化范围最大，表明我国东南地区大多数时期处于湿润状态；尽管各 D 月值分布的中心位置、范围及峰值有所不同，但是在Ⅳ区、Ⅴ区和全国的 D 月值变化趋势相对较小，并且 D 序列峰值在 0 值附近上下波动，表明这些地区发生了由干旱到湿润的转变，或由湿润到干旱的转变。

图 5-3 对比了 $1961\sim2020$ 年不同月份下全国及 7 个分区逐月 D 值变化的小提琴图，可直观地反映干湿变化情况。

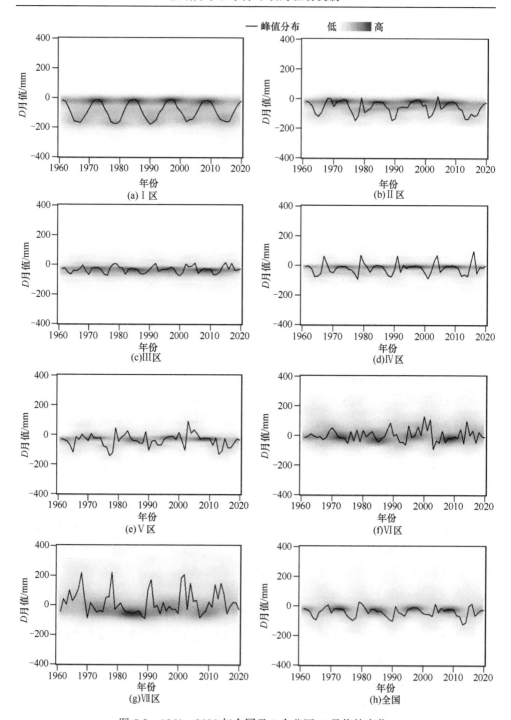

图 5-2　1961～2020 年全国及 7 个分区 *D* 月值的变化

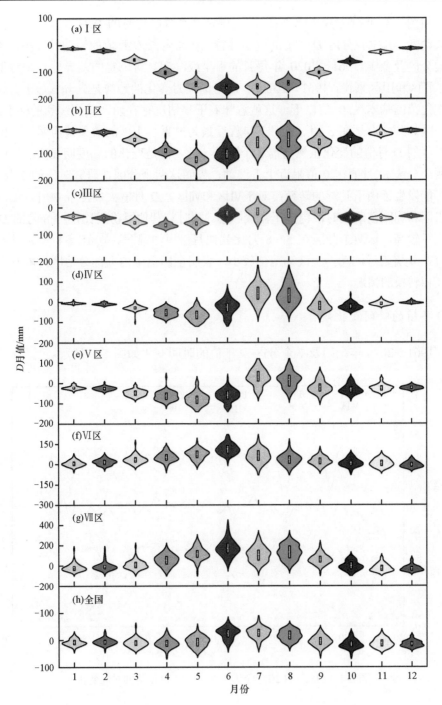

图 5-3 1961~2020 年全国及 7 个分区逐月 D 值变化的小提琴图

由图 5-3 可知：①1961～2020 年全国及 7 个分区逐月的 D 月值具有一定程度的波动性，其中各分区 D 月值的波动性较大，而全国 D 月值的波动性较小，表明不同分区及全国 1961～2020 年每月的干旱或湿润具有一定的差异性。②对于 Ⅰ区、Ⅱ区和Ⅲ区来说，1961～2020 年 D 月值逐月变化的趋势是先降低后上升，且其变化范围基本在 0 值以下，这就意味着干旱情况存在由严重到缓和的转变，3个分区的共同点是在 5 月、6 月干旱程度最为严重，Ⅰ区的效果最为明显；Ⅳ区和Ⅴ区的 D 月值的变化虽然与前 3 个区域一致，但是变化的幅度明显变小，而且这两个分区 D 月值在 0 值附近上下波动，表明这两个分区在研究时段的 7 月、8月可能发生了由干到湿的转变；对于Ⅵ区和Ⅶ区，D 月值大多位于 0 值以上，表明Ⅵ区和Ⅶ区在研究时段内处于湿润状态，同时与其他月份对比，5～8 月的 D 月值相对较高，这两个分区在 5～8 月比其他月份更加湿润。③全国 1～12 月的 D月值在 0 值附近波动，且波动范围较小，表明全国范围内大部分地区可能发生干湿互相转换的情况。

2. D 年值的时间变化规律

1961～2020 年全国及 7 个分区 D 年值的时间变化如图 5-4 所示。

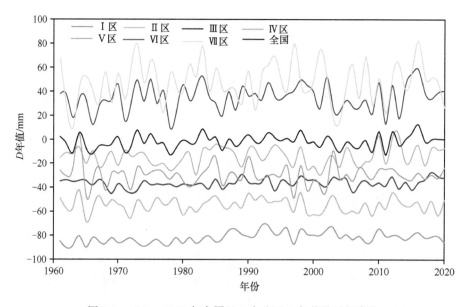

图 5-4　1961～2020 年全国及 7 个分区 D 年值的时间变化

由图 5-4 可知，在不同分区及全国，D 年值的变化范围及波动程度有所不同，除Ⅵ区和Ⅶ区外,其他 5 个分区 D 年值小于 0,表明这些分区在研究时段内处于干旱状态,且Ⅰ区的干旱程度最严重,Ⅳ区的旱情较轻;Ⅵ和Ⅶ的 D 年值大于 0,表明这两个分区处于湿润状态,并且在研究期内Ⅶ区的 D 年值基本上都高于Ⅵ区的 D 年值,这意味着华南地区更加湿润;而全国 D 年值在 0 值附近波动,表明大部分地区发生了干湿相互转换的情况。

5.2.2　D 值的空间变化特征

如图 5-5 所示,基于估算的数据分析了中国 639 个站点 1961~2020 年 D 值的空间分布。D 值小于 0,表明该地区处于干旱状态,D 值大于 0,表明该地区处于湿润状态。正/负值越大/小,表明干旱/湿润的程度越高。由分析结果可知:①我国北部大多数站点对应的 D 为负值,其范围为 $-150\sim0$ mm,表明我国北部地区处于干旱状态,特别是Ⅰ区和Ⅱ区大部分地区的干旱程度最为严重;我国东部地区大部分站点的 D 值大于 0,其范围为 $0\sim100$ mm,尤其是我国的东南部地区,表明我国东部地区比较湿润,且东南部大部分地区的湿润程度最高。②D 值由南到北逐渐降低,表明我国干旱的严重程度由南到北逐渐增加,湿润的程度由北到南逐渐上升。

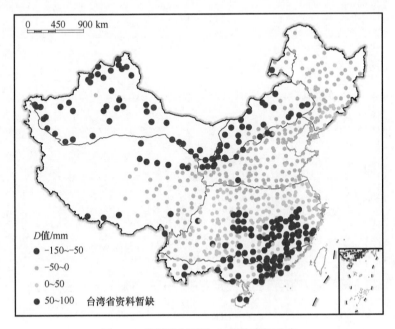

图 5-5　我国多年平均 D 值的空间分布

5.2.3 *D* 值的变化趋势

图 5-6 绘出了 1961～2020 年不同分区 *D* 值进行突变检验的向前 Mann-Kendall 统计量 UFK 曲线和向后 Mann-Kendall 统计量 UFB 曲线, 如果两条曲线存在交叉, 则交叉点所对应的年份即突变年。UFK 和 UFB 曲线由于区域的不同, 变化趋势则不同。

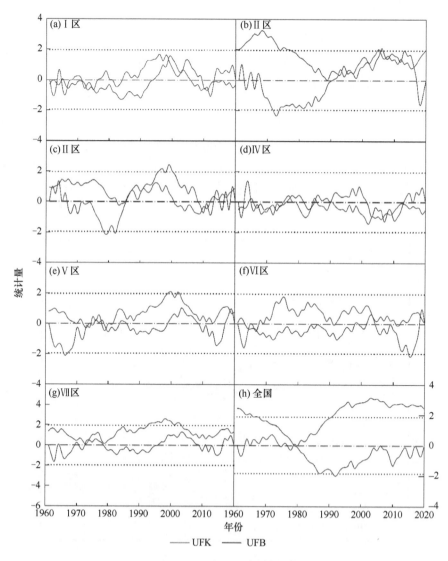

图 5-6　1961～2020 年不同分区 *D* 值的 UFK 和 UFB 曲线

由图 5-6 可知，Ⅰ区、Ⅳ区统计量的绝对值小于 1.96，不存在突变点；而其他区域和全国 Mann-Kendall 统计量的绝对值都存在大于 1.96 的情况，表明这些区域 D 值存在突变点。

表 5-2 列出了 1961～2020 年不同分区及全国 D 值的突变年。

表 5-2　1961～2020 年不同分区及全国 D 值的突变年

项目	Ⅰ区	Ⅱ区	Ⅲ区	Ⅳ区	Ⅴ区	Ⅵ区	Ⅶ区	全国
突变年（年份）	—	1996	1992	—	1973	1964	1973	1980
趋势	—	–/+	–/+	—	+/–	–/+	–/+	–/+

注："–/+"表示突变点之前具有下降趋势、突变点之后具有上升趋势；"+/–"则相反。"—"表示无突变点。

由表 5-2 可知，除了Ⅰ区、Ⅳ区没有突变点外，其他分区及全国都存在突变点；Ⅱ～Ⅲ区、Ⅵ区、Ⅶ区和全国 D 值的变化趋势在突变点前具有下降趋势、在突变点后有上升趋势，而Ⅴ区则相反。

D 值在全国及 7 个分区不同趋势检验结果对应的站点数如表 5-3 所示。

图 5-7 绘制的是年尺度 D 值的变化趋势和线性倾向率空间分布，三角形朝上代表上升趋势，三角形朝下代表下降趋势。

表 5-3　D 值在全国及 7 个分区不同趋势检验结果对应的站点数

分类	Ⅰ区	Ⅱ区	Ⅲ区	Ⅳ区	Ⅴ区	Ⅵ区	Ⅶ区	全国
显著上升	19	1	12	5	3	11	2	53
不显著上升	14	24	20	36	32	134	38	298
不显著下降	7	14	19	28	60	80	17	225
显著下降	6	11	1	2	19	17	7	63

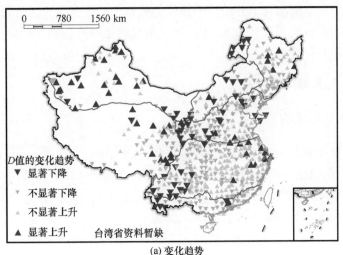

(a) 变化趋势

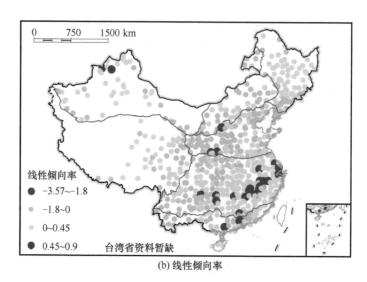

(b) 线性倾向率

图 5-7　年尺度 D 值的变化趋势和线性倾向率空间分布

由表 5-3 和图 5-7 可知：①除了东北—中部—西南这条带状分布区域以外，其他大部分地区都有变湿润的趋势。具体来说，除了 I 区，其他分区内表现为显著变化趋势的站点数量都比表现为不显著变化趋势的站点数量少。除 V 区外，D 值呈现出上升趋势的站点数量都大于呈现出下降趋势的站点数量。②位于东北部、中部和西南部的大部分地区的 D 值呈现出下降趋势（增长率为 $-1.8 \sim 0a^{-1}$），有少部分站点下降趋势更为明显（增长率为 $-3.57 \sim -1.8a^{-1}$），表明这些地区呈现干旱化现象。其他部分地区各站点 D 值的变化趋势表现为增加的趋势（增长率为 $0 \sim 0.9a^{-1}$），其中在东南部有部分站点的变化趋势较大，这表明我国西北部、东部和东南部沿海大部分地区在过去 60 年内表现出湿润化趋势，而中部和西南部大部分地区呈现出干旱化趋势。

5.2.4　筛选的关键环流指数

1. 相互独立的环流指数

通过计算 VIF 值来检测 100 项环流指数之间的多重共线性，一次排除 VIF 值大于 10 所对应的环流指数，共排除了 43 项具有共线性的环流指数，最后剩下 VIF 值小于 10 所对应的环流指数共有 57 项。通过共线性分析计算的 VIF 值小于 10 的环流指数如表 5-4 所示。

表 5-4　通过共线性分析计算的 VIF 值小于 10 的环流指数

简称	VIF 值	简称	VIF 值	简称	VIF 值	简称	VIF 值	简称	VIF 值	简称	VIF 值
NAHAI	9.5	50ZW	2.7	AEPVA	3.6	TSA	2.6	AO	3.6	SIOD	1.4
WPSH	4.5	MPZW	7.2	PPVI	9.8	WHWP	3.2	AAO	1.5	WNPTN	4.0
EPSH	4.1	WPTW	4.6	AEPVI	9.5	IOWPA	6.7	NAO	4.2	NLTC	3.2
NANRP	9.5	CPTW	8.2	NVCL	1.5	WPWPA	8.1	PNA	1.9	TSN	1.3
EPRP	8.0	EPTA	5.6	NVCLI	1.9	AMO	8.6	EA	2.8	SOI	3.7
SSRP	8.8	ACCP	2.6	EMC	3.9	OC	4.8	WP	2.4	AMM	5.9
WHWRP	1.9	NINO1+2	7.4	AZC	3.1	WWDC	5.6	EAWR	2.5	QBO	2.3
APVA	4.2	NINOW	5.7	AMC	3.8	EM	4.8	POL	2.8	NAT	4.6
PPVA	3.3	NINOA	2.2	EATP	1.5	NE	6.2	SCA	3.2	TIOD	1.7
NAPVA	5.1	NINOB	6.3	IBTI	5.1						

2. 基于皮尔逊相关分析的环流指数进一步筛选

图 5-8 显示了 1961~2020 年 7 个分区 57 项环流指数与 D 平均值（特定分区内所有站点平均）滞后 0~48 个月（间隔为 1 个月）的皮尔逊相关系数（r）的变化。图 5-8 左边是 $|r|$ 大于 0.2 的每个分区所对应的环流指数，右边是 $|r|$ 小于 0.2 的每个分区所对应的环流指数，r 的正负代表的是环流指数对干旱的正影响和负影响。图 5-8 表明：①每个分区的 r 都存在明显的周期性变化，周期大约都是 12 个月，说明环流指数对干旱的影响具有周期性，其中在 I 区 r 的波动范围最大，表明环流指数对 I 区干旱的影响最明显。②有些环流指数对干旱的影响在当月达到峰值，然后逐渐减弱；有些环流指数对干旱的影响是随着时间推移而逐渐上升的，表明环流指数对干旱的影响具有一定的滞后性，而且不同环流指数的滞后时间不同，为 0~12 个月。③我国 7 个分区的干旱都受到了多种环流指数的影响，其中 I 区的 $|r|$ 最高，而 IV 区的 $|r|$ 最低，表明西北区域干旱受环流指数影响的程度最高，东北地区干旱受环流指数影响的程度最低；同时，某项环流指数对不同分区的干旱都有一定的影响，且影响程度不同。

从图 5-8 可知，D 值和环流指数的相关性具有 12 个月左右的周期性，因此进一步对 D 值和 57 项环流指数序列在滞后时间为 0~12 个月的情况下进行了皮尔逊相关分析及其显著性检验，I 区的分析结果见图 5-9。其中，"*"表示相关性通过 0.05 的显著性检验，通过显著性检验代表该项环流指数对干旱的确有影响，用红色到蓝色的渐变色表示相关系数的大小，红色表示负相关，蓝色表示正相关，颜色的深浅表示环流指数对干旱影响程度的大小，且标出 $|r| \geqslant 0.2$ 的情况，未标数

字代表|r|<0.2。

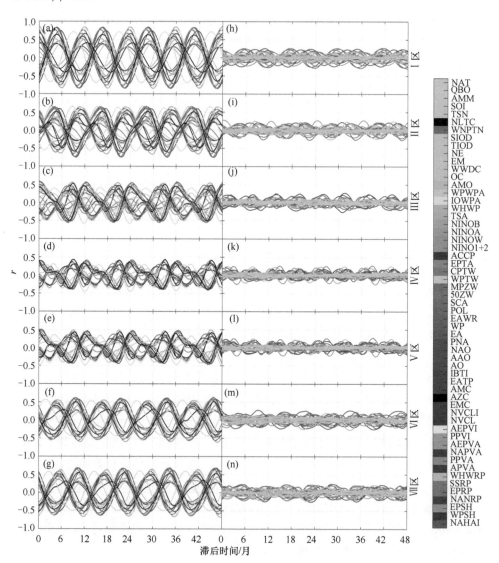

图 5-8　1961～2020 年 7 个分区 D 平均值与 57 项环流指数滞后 0～48 个月的皮尔逊相关系数的变化

由图 5-9 可知：①当月对 I 区干湿产生影响的大气类环流指数有 24 个，分别是西太平洋副高西伸脊点指数（WHWRP）、亚洲区极涡面积指数（APVA）、太平洋区极涡面积指数（PPVA）、北非副高面积指数（NAHAI）、西太平洋副高强度指数（WPSH）、东太平洋副高强度指数（EPSH）、北非-北大西洋-北美副高脊线位置指数（NANRP）、东太平洋副高脊线位置指数（EPRP）、南海副高脊线位置指数（SSRP）、北美区极涡面积指数（NAPVA）、大西洋欧洲区极涡面积指数（AEPVA）、太平洋区极涡强度指数（PPVI）、北大西洋–欧洲区极涡强度指数（AEPVI）、北半球极涡中心纬向位置指数（NVCLI）、欧亚经向环流指数（EMC）、亚洲纬向环流指数（AZC）、亚洲经向环流指数（AMC）、印缅槽强度指数（IBTI）、西太平洋遥相关型指数（WP）、东大西洋–西俄罗斯遥相关型指数（EAWR）、50hPa纬向风指数（50ZW）、赤道中东太平洋 200hPa 纬向风指数（MPZW）、850hPa 西太平洋信风指数（WPTW）和北大西洋–欧洲环流型 C 型指数（ACCP），r 的变化范围是–0.71（NAHAI）～0.88（PPVI）。海温类环流指数有西太平洋暖池面积指数（WPWPA），r 为–0.38；其他类环流指数有西太平洋编号台风数（WNPTN）和登陆中国台风数（NLTC），r 分别为–0.42 和–0.49。在这些环流指数中，大气类环流指数对旱涝的影响占据主导地位，而海温类和其他类环流指数对干旱的影响次之，其中在大气类环流指数中 PPVI 对 Ⅰ 区的影响程度最高，r 为 0.88，IBTI 对 Ⅰ 区的影响程度最低，r 为 0.20。②当滞后时间为 1 个月时，对 Ⅰ 区干旱产生影响的大气类环流指数有 NAHAI、EPSH、NANRP、EPRP、APVA、PPVA、NAPVA、AEPVA、PPVI、AEPVI、AZC、WP、50ZW、MPZW、WPTW 和 ACCP，共计16 项，其中 PPVI 的 r 最高，为 0.73，海温类有 IOWPA，r 为–0.37；同样，大气类环流指数仍然占主导地位。当滞后时间为 2 个月时，该区域干旱的大气环流驱动因子有 NANRP、EPRP、SSRP、WHWRP、APVA、PPVI、AEPVI、AZC、EATP 和 WPTW，共计 10 项；海温类驱动因子有 IOWPA 和 WPWPA；其他类驱动因子有 WNPTN。此外，当滞后时间为 2 个月时，大气类环流指数对 Ⅰ 区干旱的影响明显下降，影响最大的大气类环流指数为 AEPVI，r 为 0.41，而海温类 IOWPA 的影响反而上升，r 值高达–0.63。当滞后时间为 3 个月时，NAHAI、WPSH、EPSH、NANRP、EPRP、SSRP、WHWRP、PPVA、NAPVA、NVCLI、MPZW 和 ACCP，共计 12 项大气类环流指数影响 Ⅰ 区的干旱；海温类有 IOWPA 和 WPWPA；其他类有 WNPTN 和 NLTC；此外，大部分大气类环流指数对干旱的影响又有所上升，海温类中 IOWPA 的影响程度仍然在上升，其他类中 WNPTN 的影响程度也存在明显的上升。当滞后时间为 4 个月时，大气类有 NAHAI、NVCLI、ACCP 等 19 项指标；海温类有 WHWP、IOWPA 和 WPWPA；其他类有 WNPTN 和 NLTC；大部分大气类环流指数对各分区干旱的影响程度有明显上升的趋势，海温类环流指数 IOWPA 略微下降，而 WPWPA 达到峰值 0.80，其他类环流指数对干旱的影响仍然在上升。当滞后时间为 5、6 个月时，影响 Ⅰ 区干旱的大气类和其他类环流指数对干旱的影响程度基本相似，而海温类环流指数在滞后时间为 5 个月时比滞后时间为 6 个月时多了 WHWP 和 IOWPA 两项；当滞后时间为 7 个、8 个月时，关键环流指数数量减少。当滞后时间为 9 个月时，环流指数的数量和影响程度略微增加。滞后时间为 10 个、11 个和 12 个月时，影响 I 区干旱的环流指数数量及程度明显增加。

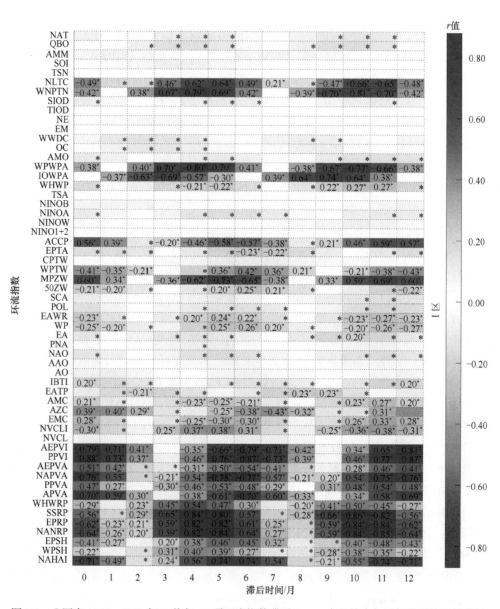

图 5-9　I 区在 1961～2020 年 D 值与 57 项环流指数滞后 0～12 个月的皮尔逊相关系数及显著性

　　Ⅰ区干旱的环流指数的驱动因子有多种，环流指数对干旱的影响存在一定的滞后性，且达到影响程度最高的滞后时间各不相同。Ⅰ区筛选的在不同滞后时间下的环流指数见表5-5。

表 5-5　Ⅰ区在滞后时间为 0～12 个月筛选的环流指数

滞后时间	环流指数
0 个月	NAHAI，WPSH，EPSH，NANRP，EPRP，SSRP，WHWRP，APVA，PPVA，NAPVA，AEPVA，PPVI，AEPVI，NVCLI，EMC，AZC，AMC，IBTI，WP，EAWR，50ZW，MPZW，WPTW，ACCP，WPWPA，WNPTN，NLTC
1 个月	NAHAI，EPSH，NANRP，EPRP，APVA，PPVA，NAPVA，AEPVA，PPVI，AEPVI，AZC，WP，50ZW，MPZW，WPTW，ACCP，IOWPA
2 个月	NANRP，EPRP，SSRP，WHWRP，APVA，PPVI，AEPVI，AZC，EATP，WPTW，IOWPA，WPWPA，WNPTN
3 个月	NAHAI，WPSH，EPSH，NANRP，EPRP，SSRP，WHWRP，PPVA，NAPVA，NVCLI，MPZW，ACCP，IOWPA，WPWPA，WNPTN，NLTC
4 个月	NAHAI，WPSH，EPSH，NANRP，EPRP，SSRP，WHWRP，APVA，PPVA，NAPVA，AEPVA，PPVI，AEPVI，NVCLI，EMC，AMC，EAWR，MPZW，ACCP，WHWP，IOWPA，WPWPA，WNPTN，NLTC
5 个月	NAHAI，WPSH，EPSH，NANRP，EPRP，SSRP，WHWRP，APVA，PPVA，NAPVA，AEPVA，PPVI，AEPVI，NVCLI，EMC，AZC，AMC，WP，EAWR，50ZW，MPZW，WPTW，ACCP，WHWP，IOWPA，WPWPA，WNPTN，NLTC
6 个月	NAHAI，WPSH，EPSH，NANRP，EPRP，SSRP，WHWRP，APVA，PPVA，NAPVA，AEPVA，PPVI，AEPVI，NVCLI，EMC，AZC，AMC，WP，EAWR，50ZW，MPZW，WPTW，EPTA，ACCP，WPWPA，WNPTN，NLTC
7 个月	NAHAI，EPSH，NANRP，EPRP，APVA，PPVA，NAPVA，AEPVA，PPVI，AEPVI，AZC，WP，50ZW，MPZW，WPTW，EPTA，ACCP，IOWPA，NLTC
8 个月	SSRP，WHWRP，APVA，NAPVA，PPVI，AEPVI，AZC，EATP，WPTW，IOWPA，WPWPA，WNPTN
9 个月	NAHAI，WPSH，NANRP，EPRP，SSRP，WHWRP，PPVA，NAPVA，NVCLI，EATP，MPZW，ACCP，WHWP，IOWPA，WPWPA，WNPTN，NLTC
10 个月	NAHAI，WPSH，EPSH，NANRP，EPRP，SSRP，WHWRP，APVA，PPVA，NAPVA，AEPVA，PPVI，AEPVI，NVCLI，EMC，AMC，EA/WP，EAWR，MPZW，WPTW，ACCP，WHWP，IOWPA，WPWPA，WNPTN，NLTC
11 个月	NAHAI，WPSH，EPSH，NANRP，EPRP，SSRP，WHWRP，APVA，PPVA，NAPVA，AEPVA，PPVI，AEPVI，NVCLI，EMC，AZC，AMC，WP，EAWR，MPZW，WPTW，ACCP，WHWP，IOWPA，WPWPA，WNPTN，NLTC
12 个月	NAHAI，WPSH，EPSH，NANRP，EPRP，SSRP，WHWRP，APVA，PPVA，NAPVA，AEPVA，PPVI，AEPVI，NVCLI，EMC，AMC，IBTI，WP，EAWR，50ZW，MPZW，WPTW，ACCP，WPWPA，WNPTN，NLTC

　　根据Ⅰ区的环流指数对干旱影响的结果，可得到其他六个分区的结果及响应的关键环流指数。其他六个分区 D 值与各环流指数在滞后时间为 0～12 个月的相

关性及其显著性检验的分析结果不再赘述。相应的研究结果可进一步用于对水分亏缺/盈余情况的建模及预报。

5.3 讨 论

5.3.1 干旱指数的选择

前人指出在全球变暖的趋势下，如果还用降水和气温来描述干旱从而研究环流指数对干旱的影响已经不能满足当下需求，并且如今干旱指数的发展越来越成熟，研究环流指数对干旱的影响实际上是研究环流指数与各干旱指数之间的关系。Yao 等（2018）分别使用降水距平百分率（Pa）、SPI、SPEI 和蒸发需求干旱指数（EDDI）四个干旱指数来揭示全国的干旱演变、严重程度和趋势。Duan 等（2017）采用集合经验模态分解（EEMD）方法分解了我国连续干旱日的时间变化特征，从中发现了我国长江中下游和西南地区的干旱具有增加的趋势，这与本章中我们得到的 D 值在 Ⅵ 区呈现出上升趋势一致。吴梦杰（2020）将 SPEI 与 4 项环流指数进行皮尔逊相关分析，它们之间的皮尔逊相关系数较低，范围为–0.22～0.3。齐乐秦等（2019）也分析了 SPEI 与 57 项环流指数月特征值之间的相关关系以及环流指数对干旱的影响，SPEI 与环流指数的相关程度最高，为–0.617。Feng 等（2020）还分析了 SPI 与滞后 1～12 个月的 7 项环流指数之间的关系，皮尔逊相关系数的范围为–0.15～0.15。前人使用的 SPEI 和 SPI 等干旱指数是基于水分亏缺/盈余指数（Pr–ET$_0$，即 D）或降水，再将 D 值或降水用标准化三参数 log- logistic 概率分布或 Gamma 函数拟合以后得到的干旱指数。本章使用的 D 值没有经过标准化，不仅可以表征我国各分区干旱时空变化情况，还可以直接分析影响干旱时空变化的环流指数，环流指数与 D 值的相关性高达 0.87，可以更加清晰准确地体现出环流指数对全国范围及各分区干旱的影响。

5.3.2 环流指数的选择

以往有许多学者在环流指数对干旱的影响上做了研究，如齐乐秦等（2019）在年尺度和月尺度上利用相关统计方法分析了 SPEI 与 70 项环流指数月值之间的相关性，从而筛选通过了显著性检验的环流指数，进而分析环流指数对西北地区干旱的影响，结果表明，在年际和年代际尺度上，影响西北地区干旱的主要环流指数为 ENSO 和太阳黑子。Wu 等（2020）在分析 1961～2016 年标准化降水蒸散指数的时空变化时，也分析了 SPEI 与 AO、NINO3.4、PDO 和 SST 四项环流指数之间的关系，表明 AO 是影响干旱发生的主要物理因子。裴文涛等（2019）选用环流指数 ENSO 和 SSTA，分析其与 SPEI 之间的关系，结果表明，ENSO 冷事件发生时，对河西地区干旱具有一定的影响。本章在环流指数的选择上与前人有所不同，首先通过共线性分析对 100 项环流指数进行分析，从而得到了 57 项相对独立的环流指数，再利用带有时滞的皮尔逊相关分析及显著性检验对 57 项环流指数与 D 值进行分析，从而在不同滞后时间下筛选了对我国各分区干旱具有影响的环流指数。

本章对环流指数进行了严格的筛选，但也只是简单地分析干旱与环流指数的相关性与滞后相关性，因而只能了解哪些环流指数对某一分区干旱具有影响，或者哪些环流指数对各个分区乃至全国的干旱具有影响，具体影响的机制还尚未清楚，此外除了环流指数对干旱的影响外，各地区社会经济和人类活动等其他因素对干旱也存在影响。因此，我国不同地区干旱的影响因素及各地区未来干旱的趋势有待进一步研究。

5.4　小　　结

本章对 1961～2020 年全国及 7 个分区月尺度和年尺度的 D 值的时间和空间变化进行分析，采用 Mann-Kendall 趋势分析和突变检验对各分区 D 值的变化趋势进行分析，并且综合使用共线性分析和带有滞后的皮尔逊相关分析及其显著性检验对影响各分区干旱的环流指数进行筛选，从而得到我国不同分区、不同滞后时间下干旱的关键环流驱动因子。本章的主要结论如下：

（1）将全国划分为 7 个分区，1961～2020 年 D 值在不同分区上具有差异性，具体来说，Ⅰ区、Ⅱ区、Ⅲ区处于干旱状态，其中Ⅰ区在 5 月、6 月干旱最严重，Ⅵ区和Ⅶ区表现为湿润，东南地区在 5～8 月湿润程度最高。D 值的年变化趋势结果表明，除Ⅱ和Ⅴ区外，其他分区的 D 值呈上升趋势的站点数大于呈下降趋势的站点数。此外，在研究期内，我国西北、东部以及东南部地区呈现出湿润化的趋势，而中部和西南部大部分地区则呈现出干旱化的趋势。

（2）共线性分析和皮尔逊相关分析及其显著性检验的结果表明，干旱的发生是多种环流指数并发的结果；环流指数对各个分区及全国范围内的干旱具有影响。此外，气候变化下环流指数对干旱的影响存在大致 12 个月的周期，并且存在滞后性，滞后时间基本在 0～12 个月。在众多环流指数中，大气类环流指数对各分区干旱的影响占据主导地位，如Ⅰ区干旱的环流驱动因子最多，影响程度最高，其中在同月与 PPVI 的皮尔逊相关系数高达 0.88，在滞后时间为 10 个月时与 SSRP 的皮尔逊相关系数为–0.86。

参 考 文 献

陈中平, 徐强. 2016. Mann-Kendall 检验法分析降水量时空变化特征[J]. 科技通报, 32(6): 47-50.

丁元林, 孔丹莉, 毛宗福. 2004. 多重线性回归分析中的常用共线性诊断方法[J]. 数理医药学杂志, 17(4): 299-300.

裴文涛, 陈栋栋, 薛文辉, 等. 2019. 近 55 年来河西地区干旱时空演变特征及其与 ENSO 事件的关系[J]. 干旱地区农业研究, 37(1): 250-258.

齐乐秦, 粟晓玲, 冯凯. 2019. 西北地区多尺度气象干旱对环流因子的响应研究[J]. 干旱区资源与环境, 34(1): 106-114.

吴梦杰. 2020. 基于 SPEI 的干旱时空演变规律及驱动机制[D]. 杨凌: 西北农林科技大学.

赵松乔. 1983. 中国综合自然地理区划的一个新方案[J]. 地理学报, 1: 1-10.

Doetterl S, Stevens A, Six J, et al. 2015. Soil carbon storage controlled by interactions between geochemistry and climate[J]. Nature Geoscience, 8(10): 780-783.

Duan Y W, Ma Z G, Yang Q. 2017. Characteristics of consecutive dry days variations in China[J]. Theoretical and Applied Climatology, 130(1-2): 701-709.

Feng P Y, Wang B, Luo J J, et al. 2020. Using large-scale climate drivers to forecast meteorological drought condition in growing season across the Australian wheatbelt[J]. Science of the Total Environment, 724: 138162.

Huang S Z, Chang J X, Huang Q, et al. 2014. Spatio-temporal changes and frequency analysis of drought in the Wei River Basin, China[J]. Water Resources Management, 28(10): 3095-3110.

Kendall M G. 1990. Rank correlation methods[J]. British Journal of Psychology, 25(1): 86-91.

Li Y, Horton R, Ren T S, et al. 2010. Investigating time scale effects on reference evapotranspiration from EPAN data in north China[J]. Journal of Applied Meteorology and Climatology, 49(5): 867-878.

Liu Z, Jian Z, Yoshimura K, et al. 2015. Recent contrasting winter temperature changes over North America linked to enhanced positive Pacific-North American pattern[J]. Geophysical Research Letters, 42(18): 7750-7757.

Stine R A. 1995. Graphical interpretation of variance inflation factors[J]. The American Statistician, 49(1): 53-56.

Vicente-Serrano S M, Beguería S, López-Moreno J I, et al. 2010. A multiscalar drought index sensitive to global warming: The standardized precipitation evapotranspiration index[J]. Journal of Climate, 23(7): 1696-1718.

Wu M J, Li Y, Hu W, et al. 2020. Spatiotemporal variability of standardized precipitation evapotranspiration index in Chinese mainland over 1961—2016[J]. International Journal of Climatology, 40(11): 4781-4799.

Yao N, Li Y, Lei T, et al. 2018. Drought evolution, severity and trends in Chinese mainland over 1961—2013[J]. Science of the Total Environment, 616: 73-89.

Yue S, Wang C Y. 2002. Regional streamflow trend detection with consideration of both temporal and spatial correlation[J]. International Journal of Climatology, 22(88): 933-946.

第6章 基于关键环流指数的
水分亏缺/盈余预测

第5章在0~12个月的不同滞后时间下筛选了水分亏缺/盈余量（D）值作为关键环流指数驱动因子，但是目前基于环流指数的干旱定量分析还不够系统，为了能系统地分析环流指数对干旱的影响并对未来短期干旱进行预测。本章基于筛选的关键环流指数，利用多元线性回归的方法对干旱进行定量分析，并对未来的D值进行预测，从而量化各环流指数对干旱的影响并揭示未来我国不同地区的干湿情况。

6.1 数据来源与分析方法

6.1.1 数据来源和D值的计算

本章计算D值所用的645个站点1961~2020年的气象要素数据来源与5.1.2节相同。1961~2020年月环流指数数据来源与第5章相同，但是本章使用的环流指数是通过共线性分析筛选和皮尔逊相关分析（$|r|>0.2$）及其显著性检验（$P<0.05$）后得到的环流指数。

D值的计算过程参考4.1.2节，本章取7个分区D的平均值进行研究。

6.1.2 多元线性回归函数建模

多元线性回归模型是用来进行回归分析的数字模型，被广泛用作统计分析工具（Lee et al.，2019）。在这项研究中，D作为因变量，环流指数作为自变量。将1961~2020年D的月值数据和环流指数数据分为两组，1961~2010年被划分为率定期，以此建立D值与各环流指数之间的多元线性回归模型，2011~2020年被划分为验证期，用于验证模型方程。多元线性回归方程可表示为

$$Y = aa + \sum_{i=1}^{LL} bb_i X_i \qquad (6\text{-}1)$$

式中，Y 为因变量（此处指水分亏缺/盈余）；aa 为截距；bb_1，bb_2，$\cdots$，bb_{LL} 为偏回归系数；X_1，X_2，$\cdots$，X_{LL} 为自变量；LL 为自变量的总数。

通过前 50 年 D 值与各环流指数建立多元线性回归模型，利用后 10 年的数据集进行验证，并基于该模型对未来的 D 值进行预测。使用 R 软件中线性回归函数"lm"建立 D 值与各环流指数的多元线性回归方程。

基于模型的预测潜力，这里使用皮尔逊相关系数（r）和归一化均方根误差（nRMSE）来评估模型的性能。r 的计算公式见式（5-5），nRMSE 的计算公式如下：

$$\text{nRMSE} = \frac{\sqrt{\frac{1}{n}\sum_{i=1}^{n}(D_{ss}-D_{cc})}}{D_{cc,\max}-C_{cc,\min}} \times 100\% \qquad (6\text{-}2)$$

式中，n 为样本数量；D_{cc} 和 D_{ss} 分别为计算的水分亏缺/盈余量和多元线性回归拟合的水分亏缺/盈余量；$D_{cc,\max}$ 和 $D_{cc,\min}$ 分别为最大和最小的 D_{cc}。

皮尔逊相关系数 r 用来衡量计算值和模拟值之间的接近程度，r 值越大表明模型的效果越好，反之越差。而 nRMSE 表示残差的相对标准差，nRMSE 值越小表明模型效果越好，反之越差，nRMSE 低于 10%、10%～20%、20%～30% 及高于30%，分别表示模型的性能表现为很好、好、一般、差。

6.2　结果与分析

6.2.1　计算与模拟的 D 值之间的关系

基于 D 值与环流指数建立多元线性回归模型，Ⅰ区率定期和验证期 D 值的计算值和模拟值绘制的散点图如图 6-1 所示，蓝色空心圈代表的是率定期（1961～2010 年），粉色三角形代表的是验证期（2011～2020 年），黑色虚线为 1∶1 线。选择Ⅰ区进行示例的原因是多元线性回归模型在Ⅰ区的表现效果最好。

由图 6-1 可知：①在Ⅰ区，滞后时间为 1～12 个月 D 值的计算值和模拟值相差不大，且都在 1∶1 线附近。②对于其他滞后时间来说，Ⅰ区的率定期在滞后时间为 5 个月的情况下，D 值的计算值和模拟值最接近 1∶1 线，表明滞后时间为 5个月的情况下通过多元线性回归模拟的 D 值与计算值最为接近，即模型的表现效果最好，其评价指标 r 和 nRMSE 分别为 0.96 和 8.2%；而在滞后时间为 1 个月的情况下，r 和 nRMSE 分别为 0.89 和 14.3%，这意味着在滞后时间为 1 个月的情况下，多元线性回归的模拟效果相对于其他滞后时间而言表现较差。③验证期 D 的计算值和模拟值与率定期表现出相同的规律，在滞后时间为 11 个月的情况下，其模型评

价指标 r 和 nRMSE 分别为 0.95 和 9.2%，模型表现效果最好；在滞后时间为 1 个月的情况下，模型评价指标 r 和 nRMSE 分别为 0.86 和 19.9%，模型结果表现较差。

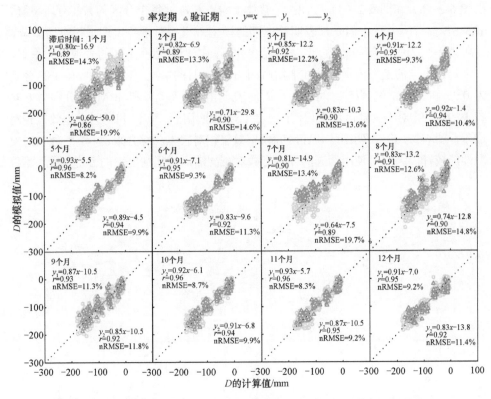

图 6-1　Ⅰ区在滞后 1～12 个月下率定期和验证期计算与模拟的 D 值对比

6.2.2　模型性能的评价

基于建立的滞后时间为 1～12 个月不同分区 D 值的多元回归模型，图 6-2 显示的是率定期（1960～2010 年）和验证期（2011～2020 年）多元线性回归模型的评价指标 r 和 nRMSE 的变化。

由图 6-2（a）和图 6-2（c）可知：①整体上看，在 1961～2010 年率定期下，多元线性回归模型在 Ⅰ 区的表现要比其他分区好，在滞后时间为 5 个月的情况下，其模型评价指标 r 和 nRMSE 分别高达 0.96 和 8.2%，并且在滞后时间为 1 个月的情况下模型相对于其他滞后时间表现较差，其 r 和 nRMSE 值分别为 0.89 和 14.3%。②其他区域的 nRMSE 都在 10%～20%，表明该模型是好的，但是就 r 而言，Ⅳ区和Ⅴ区的模型相对于其他区域来说较差，Ⅳ和Ⅴ区在滞后时间为 5 个月的情况下 r 最低，分别为 0.31 和 0.30，Ⅵ区在滞后时间为 3 个月、Ⅴ区在 1 个月的情况下

r 最高，分别为 0.58 和 0.61。

图 6-2（b）和图 6-2（d）分别为验证期（2011～2020 年）的 r 和 nRMSE。由图 6-2（b）和图 6-2（d）可知：①整体上看，基本上每个分区的 r 都有所下降，nRMSE 都有所上升，但是都表明验证期的模型效果相对于率定期来说有所下降，这可能是因为时间年限较短，但是多元线性回归模型依然在 I 区的表现效果最好，与率定期不同的是表现最好的在滞后时间为 11 个月的情况下，其 r 和 nRMSE 分别为 0.95 和 9.2%，在滞后时间为 1 个月时表现相对较差，r 和 nRMSE 分别为 0.86 和 19.9%。②对于其他区域来说，图 6-2（b）表明III区、IV区和V区模型效果相对最差，图 6-2（d）表明III区和VII区的模型效果相对较差。综合来说，7 个分区的模型性能较好，因此可使用筛选的环流指数对不同滞后时间情况下的 D 值进行预测。

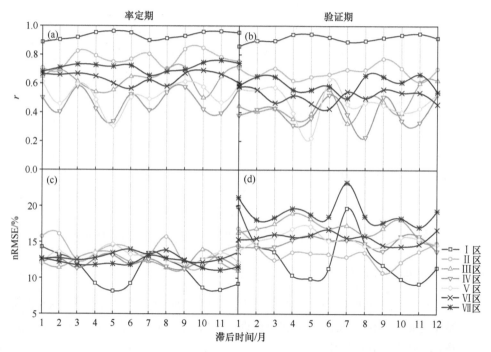

图 6-2　不同分区率定期和验证期的多元线性回归模型的评价指标 r 和 nRMSE 的变化

6.2.3　D 值与环流指数的定量关系

以上基于对率定期（1960～2010 年）和验证期（2011～2020 年）两项模型评价指标 r 和 nRMSE 的判定，可以发现，经过率定期所建立的模型较为可靠，I 区在滞后时间不同的情况下 D 值与各环流指数之间的多元线性回归方程式见表 6-1，并基于该回归模型对未来的 D 值进行预测，从而揭示我国不同分区的干湿状况。

由表 6-1 及对所有分区和全部滞后时间的分析结果进行对比可知，Ⅰ区在滞后时间为 5 个月的情况下，建立的多元线性回归模型效果最好，r 和 nRMSE 值分别为 0.96 和 8.2%。其他区域的多元线性回归方程不再展示，Ⅱ区在滞后时间为 10 个月时，多元线性回归方程的效果最好，r 和 nRMSE 的值分别为 0.85 和 11.6%。Ⅲ区在滞后时间为 1～12 个月时的 r 明显下降，nRMSE 明显增加，表明在Ⅲ区 D 值与对应的环流指数之间建立的多元线性回归方程较差，但相对于其他滞后时间来说，Ⅲ区在滞后时间为 12 个月时，多元回归方程的效果较好，r 和 nRMSE 的值分别为 0.73 和 11.1%。Ⅳ区多元线性回归方程效果最好的是在滞后时间为 9 个月的情况下。Ⅴ区多元线性回归方程效果最好的滞后时间为 9 个月。相对于Ⅲ区和Ⅳ区，Ⅵ区的多元线性回归方程的效果明显提升，且Ⅵ区的多元线性回归方程在滞后时间为 3 个月或 9 个月时，r 和 nRMSE 值分别为 0.57 和 12.5%。Ⅶ区的多元线性回归方程在滞后时间为 11 个月的情况下效果最好，对应的两项评价指标 r 和 nRMSE 值分别为 0.76 和 11.1%，而在滞后时间为 6 个月时效果最差。

表 6-1 Ⅰ区的 D 值与各环流指数之间的多元线性回归方程式

滞后时间	多元线性回归方程	r	nRMSE/%
1 个月	$D=-180.036+0.332$NAHAI$+0.019$EPSH$+0.94$NANRP$+0.012$EPRP$+4.536$APVA -6.187PPVA$+1.454$NAPVA-1.388AEPVA$+0.026$PPVI$+0.009$AEPVI$+2.854$AZC -30.699WP-0.322MPZW-1.084WPTW$+0.094$ACCP-3.21IOWPA	0.89	14.3
2 个月	$D=-309.999-1.177$EPRP$+0.108$SSRP$+0.071$WHWRP$+2.179$APVA$+0.014$PPVI $+0.007$AEPVI$+1.045$AZC-0.168EATP-3.748WPTW-5.438IOWPA $+10.592$WPWPA$+0.332$WNPTN	0.89	13.3
3 个月	$D=-240.734-2.113$NAHAI$+0.104$WPSH-0.003EPSH-0.597NANRP-0.592EPRP $+1.238$SSRP$+0.099$WHWRP-0.378PPVA$+2.893$NAPVA-0.074NVCLI -1.49MPZW$+0.711$ACCP-5.605IOWPA$+9.454$WPWPA$+3.588$WNPTN -6.592NLTC	0.92	12.2
4 个月	$D=-284.507-0.366$NAHAI$+0.01$WPSH-0.021EPSH$+1.478$NANRP$+0.612$EPRP $+1.319$SSRP$+0.064$WHWRP-1.446APVA$+3.014$PPVA$+0.462$NAPVA -0.94AEPVA$+0.002$PPVI$+0.001$AEPVI$+0.046$NVCLI$+2.308$EMC-1.847AMC -1.729MPZW-0.501ACCP-0.132WHWP-2.503IOWPA$+6.463$WPWPA $+3.706$WNPTN-4.986NLTC	0.95	9.3
5 个月	$D=-186.722+0.636$NAHAI-0.002WPSH-0.008EPSH$+1.517$NANRP$+0.9$EPRP $+0.8$SSRP-0.008WHWRP-1.848APVA$+4.825$PPVA-1.314NAPVA-0.954AEPVA -0.007PPVI-0.006AEPVI$+0.11$NVCLI$+0.412$EMC$+0.466$AZC-1.002AMC $+3.475$WP$+15.45$EAWR$+0.65150$ZW-1.387MPZW-0.026WPTW-0.937ACCP -2.129WHWP-0.133IOWPA$+2.797$WPWPA$+2.197$WNPTN-1.646NLTC	0.96	8.2
8 个月	$D=169.162+0.087$SSRP-2.397APVA-1.876NAPVA-0.014PPVI-0.006AEPVI -1.942AZC$+0.288$EATP$+3.52$WPTW$+5.116$IOWPA-9.343WPWPA -1.146WNPTN	0.91	12.6

6.2.4 D 值的预测

根据得出的各区域多元线性回归方程，利用 2020 年 12 月的环流指数数据，对我国不同分区的 D 值进行预测，从而预测我国不同地区的干湿状况。图 6-3 显示的是 2021 年 1~12 月我国不同分区 D_p 值的变化，D_p 为水分亏缺指数的预测值。由图 6-3 可知：① 2021 年 1~12 月的 D_p 值在 Ⅰ~Ⅴ 区基本在 0 以下，表明这些地区 2021 年将会处于干旱状态，且在 Ⅱ 区干旱最为严重；Ⅵ 区和 Ⅶ 区的 D_p 值大多在 0 以上，表明这些地区在 2021 年将会处于湿润状态，且在 Ⅶ 区最为湿润。② 对于 Ⅰ 区和 Ⅱ 区来说，D_p 值在 2021 年有先降低后增加的趋势，表明这两个地区的干旱先变严重后缓解，并且 Ⅰ 区在 2021 年 5 月干旱严重程度最高，D_p 值为 -122.6mm，而 Ⅱ 区在 2021 年 6 月干旱最为严重，D_p 值为 -144.1mm；Ⅳ 区和 Ⅴ 区存在由干变湿的迹象；在 Ⅵ 区和 Ⅶ 区中，Ⅵ 区 2021 年 1~12 月 D 值的变化幅度不大，而 Ⅶ 区变化幅度较大，表明 Ⅶ 区在 2021 年 8 月达到最为湿润的状态，在 8 月之后又变为干旱状态。

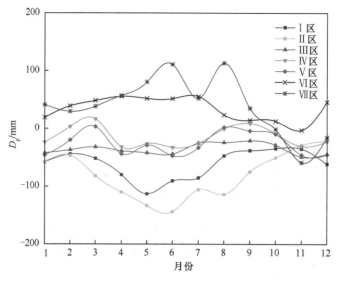

图 6-3 2021 年 1~12 月我国不同分区 D_p 值的变化

6.2.5 D 值预测结果的评价

图 6-4 展示了预测的 2021 年 1~12 月不同分区 D 值预测结果的评价。以 Ⅰ 区 2021 年 1 月的预测结果为例，将 1961~2020 年所有 1 月的 D 值从小到大进行排序，分别得到阈值为 20%、40%、60% 和 80% 的 D 值大小分别为 -13.9mm、

−12.7mm、−11.7mm 和−10.4mm。将模拟得到的 D 值（−57.6mm）与阈值划定的范围对比，进而确定该预测结果与过去 60 年 1 月的 D 值处于偏低的情况（<20%），即表明Ⅰ区 2021 年 1 月比往年的 1 月更加干旱。以此类推，2021 年 1～12 月 7 个分区的 D 值都采用该方法进行评价。由图 6-4 可知：Ⅰ区在 2021 年 1 月、2 月、11 月和 12 月会比以往 60 年相同月份下更加干旱（<20%），而在 3～10 月与往年相比干旱程度有所降低（>60%）；Ⅱ区在 1～9 月和 12 月干旱程度比以往严重（<40%），未来连续且严重的干旱需要引起我们更多的关注，应提前采取措施预防和应对干旱，10 月和 11 月则与往年相同月份的干旱程度相差不大（40%～60%）；Ⅲ区、Ⅳ区和Ⅴ区在 1 月、11 月和 12 月的干旱程度比以往更加严重（<20%），而在 2～5 月和 9～10 月大部分地区有所缓解（>60%）；对于处于湿润的Ⅵ区来说，1～3 月和 12 月会比以往更加湿润（>60%），5 月和 6 月湿润程度有所降低（<40%），4 月和 7～11 月的湿润程度与以往相差不大（40%～60%）；对于同样处于湿润程度的Ⅶ区来说，1～3 月、10 月和 12 月的湿润程度比以往更加严重（>60%），需要我们提前采取一定措施防止该地区发生洪水风险，而 5～9 月和 11 月湿润程度有所降低（<40%），4 月湿润程度变化不大（40%～60%）。

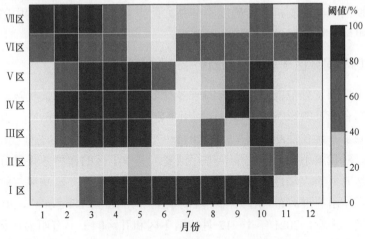

图 6-4　不同分区 2021 年 1～12 月 D 值预测效果评价

6.3　讨　　论

6.3.1　不同预测方法在干旱预测中的不确定性

为了对干旱进行预报，很多学者提出了各种各样的方法对干旱进行预测，包括统计方法、动态方法和混合方法（Mariotti et al.，2013）。本章通过建立多元线性回归模型来预测我国 2021 年不同分区的干湿情况。模型结果表明，2021 年 1～12 月我国 I 区和 II 区的干旱有明显缓解的趋势，VI 区和 VII 区湿润程度有明显降低的趋势。董亮等（2014）采用多元线性回归方法建立了 4 种西南地区秋季干旱与环流指数的预测模型，发现非线性模型对干旱预测的成功率高于线性模型，欧亚及亚洲经向环流、大西洋和北非副高、北半球极涡等是西南地区的主要致旱因子。李林超（2019）利用 28 个气候模式预测 2100 年我国 552 个站点的极端干旱发生次数，其结果表明，在 RCP8.5 的情景下，发生极端干旱的次数上升最为明显。姚宁（2020）收集国际耦合模式比较计划第五阶段（Coupled Model Intercomparison Project Phase5，CMIP5）中 28 个全球气候模式（GCMs）的未来气候变化情景数据，对我国 2011～2100 年的干旱进行预测，结果表明，中国未来将发生更加严重、更加频发的干旱，尤其是在 RCP8.5 情景下，西北地区干旱更加频发，干旱峰值更大。Feng 等（2019）基于机器学习中的随机森林，利用 28 个 GCMs 模式估算了 RCP8.5 情景下澳大利亚东南部小麦带的气候变化对未来干旱特征的影响，结果表明，NINO3.4 和 MEI 被确定为主导整个小麦带生长季节干旱的两个最关键指标。总的来说，目前对于干旱的预测大多是通过统计降尺度法，但是这种方法针对的是长期的干旱预测，且准确度不够高。而本章采用的是统计学中的多元线性回归法，可以对短期干旱进行精确的预报。

6.3.2　中国不同分区干旱的变化趋势

我国干旱频发且范围广，影响因子多种多样，气候变化下大气环流和人类活动对干旱都有一定的影响。本章中，利用率定期（1961～2010 年）的 D 值与各环流指数建立了多元线性回归模型，将 2011～2020 年作为验证期进行模型验证，并利用该模型对我国不同分区的干旱进行预测，其中 I 区的模型效果最好，原因可能是 I 区是典型的大陆性气候，地势复杂且位于西风带、高原季风气候和东亚季风气候相互作用的过渡带，对大气环流的响应十分敏感（Ding et al.，2005）。从 D 值的变化趋势来看，2021 年 1～12 月我国 I 区和 II 区的干旱有明显缓解的趋势，而 VI 区和 VII 区的干旱有增加的趋势，未来不同分区的干旱变化趋势是不同的，具有很大的空间变异性。Yao 等（2018）分析了中国不同分区干旱的时空变化规律，结果发现，我国 I 区干旱也呈现出缓解的趋势。莫兴国等（2018）利用 GCMs 分析了我国 21 世纪干旱演变趋势，结果表明，我国 I 区、VI 区和 VII 区更容易受到干旱的影响。该结果与刘珂和姜大膀（2015）的研究结果一致。此外，青藏高原热力抬升作用会影响亚洲大部分区域，大气环流的异常会加剧夏季青藏高原的加热作用，使得中亚、西北和华北的干旱有所加剧（Liu et al.，2007）。厄尔尼诺年冬季的东亚季风比较弱，而西太平洋副热带的高压较强，水汽输送多，会增加东亚季风的降水；拉尼娜现象发生的年份，水汽输送变少，造成华北地区降水减少（陈文和康丽华，2006）。土地过垦、过牧及过采地下水等过度开发使得土地退化和生态环境恶化。尤其在半干旱地区，退化的土地与区域干旱形成正反馈作用，导致干旱不断加剧（Taylor et al.，2002）。由此可见，气候变化、人类活动和二者共同作用下都会对不同分区干旱的变化趋势造成一定的影响。

6.4　小　　结

为了定量分析气候变化下环流指数对各分区干旱的影响并对未来干旱进行预测，本章分为率定期（1961～2010 年）和验证期（2011～2020 年）来分析 D 值与各环流指数之间的关系，在率定期建立多元线性回归模型，在验证期采用 r 和 nRMSE 对模型进行验证，从而利用该模型对我国不同分区干湿情况进行预报。本章得出的主要结论如下：

（1）总的来说，相对于验证期，率定期的 r 偏高，nRMSE 偏低，但是都表明多元线性回归模型效果在率定期要好于验证期，这可能是因为率定期的年限远比验证期长。

（2）无论是在率定期下，还是在验证期下，多元线性回归模型在 I 区的表现效果要比其他分区好。此外，同一分区不同滞后时间下的模型表现效果虽然没有不同分区表现的差异那么大，但是也存在一定的变化，如在率定期下 I 区在滞后时间为 5 个月时，模拟效果最好，r 和 nRMSE 分别为 0.96 和 8.2%；验证期下 VI区在滞后时间为 1 个月时，模拟效果最好，r 和 nRMSE 分别是 0.58 和 15.3%。

（3）2021 年 1～12 月的 D_p 值在 I～V 区基本在 0 以下，表明这些地区 2021年将会处于干旱状态，且在 II 区干旱最为严重，最干旱的月份为 6 月；VI区和VII区的 D_p 值大多在 0 以上，表明这些地区在 2021 年将会处于湿润状态，且在VII区最为湿润，最湿润的月份为 8 月。

（4）I 区在 2021 年 1 月、2 月、11 月和 12 月的干旱程度将会比以往 60 年相同月份下更加严重；II 区在 1～9 月和 12 月的干旱程度有所增加；III区、IV区和V 区在 1 月、11 月和 12 月的干旱程度将会变得严重，2～5 月和 9～10 月干旱程度有缓和的趋势；VI区在 1～3 月和 12 月的湿润程度将会增加，5 月和 6 月的湿润程度有所下降；VII区在 1～3 月、10 月和 12 月的湿润程度增加，在 5～9 月和11 月的湿润程度有所下降。

参 考 文 献

陈文, 康丽华. 2006. 北极涛动与东亚冬季气候在年际尺度上的联系: 准定常行星波的作用[J]. 大气科学, 30(5): 863-870.

董亮, 陆桂华, 吴志勇, 等. 2014. 基于大气环流因子的西南地区干旱预测模型及应用[J]. 水电能源科学, 32(8): 5-8.

李林超. 2019. 极端气温, 降水和干旱事件的时空演变规律及其多模式预测[D]. 杨凌: 西北农林科技大学.

刘珂, 姜大膀. 2015. RCP4.5 情景下中国未来干湿变化预估[J]. 大气科学, 39(3): 489-502.

莫兴国, 胡实, 卢洪健, 等. 2018. GCM 预测情景下中国 21 世纪干旱演变趋势分析[J]. 自然资源学报, 33(7): 144-156.

姚宁. 2020. 气候变化背景下干旱时空演变规律及其预测[D]. 杨凌: 西北农林科技大学.

Ding R, Li J, Wang S, et al. 2005. Decadal change of the spring dust storm in northwest China and the associated atmospheric circulation[J]. Geophysical Research Letters, 32(2): L02808.

Feng P, Liu D L, Wang B, et al. 2019. Projected changes in drought across the wheat belt of southeastern Australia using a downscaled climate ensemble[J]. International Journal of Climatology, 39(2): 1041-1053.

Lee Y, Jung C, Kim S. 2019. Spatial distribution of soil moisture estimates using a multiple linear regression model and Korean geostationary satellite (COMS) data[J]. Agriculture Water Management, 213: 580-593.

Liu Y M, Hoskins B, Blackburn M. 2007. Impact of Tibetan orography and heating on the summer flow over Asia[J]. Journal of the Meteorological Society of Japan, 85: 1-19.

Mariotti A, Schubert S, Mo K, et al. 2013. Advancing drought understanding, monitoring and prediction[J]. Bulletin of the American Meteorological Society, 94(12): ES186-ES188.

Taylor C M, Lambin E F, Stephenne N, et al. 2002. The influence of land use change on climate in the Sahel[J]. Journal of Climate, 15(24): 3615-3629.

Yao N, Li Y, Lei T, et al. 2018. Drought evolution, severity and trends in Chinese mainland over 1961—2013[J]. Science of the Total Environment, 616: 73-89.

第7章 社会经济状况对极端干湿事件的影响

第6章分析了气候变化下环流指数对水分亏缺/盈余量的影响,并对水分亏缺/盈余特征进行了定量分析和预测。近几十年来,极端事件由于对人类、经济和生态存在巨大和潜在的影响而受到越来越多研究者的关注,但是以往对极端湿润和极端干旱事件的研究主要集中在其自然特征、时空变化及其对社会经济和人类活动的影响上,而社会经济和人类活动对具有复杂内部结构的极端湿润和极端干旱事件影响方面的研究较少。

因此,本章旨在通过分析社会经济指标[人口和国内生产总值(GDP)]与 12 个月尺度的标准化降水蒸散指数的最大值(SPEI_MAX)和最小值(SPEI_MIN)的关系,从而揭示社会经济状况对极端湿润和极端干旱事件的影响。

7.1 材料与方法

7.1.1 研究区域概况和数据来源

随着经济和社会的快速发展,中国已经成为世界上最大的发展中国家。我国由 34 个省级行政区构成,其中包括 23 个省、4 个直辖市、5 个自治区和香港、澳门特别行政区。我国的人口从 2000 年的 13 亿人左右增长到了 2018 年的 14 亿人左右,GDP 从 2000 年的 10 万亿元左右上升到 2018 年的 90 万亿元左右,由于剧烈的经济增长和快速的城市扩张,2018 年 GDP 约是 2000 年 GDP 的 9 倍。

计算 SPEI 所用的气象要素与第 5 章中计算 D 值所需的气象要素一致,数据来源也相同,此处不再赘述。为了与收集的人口和 GDP 数据的站点数保持一致,最终从 639 个站点中选择了 1961~2018 年我国 525 个气象站点的逐月降水量、气温、风速、最高温度、最低温度、平均温度、相对湿度和日照时数等气象要素资料进行进一步研究。

2000～2018 年的社会经济发展数据（人口和 GDP）来自国家统计局（http://www.stats.gov.cn/）和 Wind 数据库（https://www.wind.com.cn/）。将筛选的 525 个气象站点按照 2018 年的人口、GDP、人口和 GDP 划分为 6 个社会经济发展水平。

按人口、GDP 和两者分类的社会经济发展水平见表 7-1。

表 7-1　按人口、GDP 和两者分类的社会经济发展水平

社会经济发展水平	基于人口分类/万人	基于 GDP 分类/亿元	基于人口（万人）和 GDP（亿元）分类
1	<50	<100	人口<50 和 GDP<100
2	50～100	100～400	50≤人口<100 和 100≤GDP<400
3	100～300	400～1000	100≤人口<300 和 400≤GDP<1000
4	300～500	1000～2000	300≤人口<500 和 1000≤GDP<2000
5	500～1000	2000～10000	500≤人口<1000 和 2000≤GDP<10000
6	≥1000	≥10000	人口≥1000 和 GDP≥10000

基于 2018 年我国人口，将 525 个气象站点划分为 1～6 个社会经济发展水平，6 个社会经济发展水平下对应的人口范围分别为<50 万人、50 万～100 万人、100 万～300 万人、300 万～500 万人、500 万～1000 万人和≥1000 万人，6 个社会经济发展水平下所拥有的站点数量分别为 266 个、101 个、64 个、39 个、43 个和 12 个；基于 2018 年我国 GDP 的大小，525 个气象站点也被分为 6 个社会经济发展水平，6 个社会经济发展水平下对应的 GDP 大小范围分别为<100 亿元、100 亿～400 亿元、400 亿～1000 亿元、1000 亿～2000 亿元、2000 亿～10000 亿元和≥10000 亿元，同时不同社会经济发展水平对应的站点数量分别为 156 个、191 个、62 个、52 个、52 个和 12 个。当将 2018 年我国人口和 GDP 大小同时考虑在内时，最终的社会经济发展水平是通过人口和 GDP 对应的社会经济发展水平的平均值估计得出的。如果社会经济发展水平为 1.5、2.5、3.5、4.5 和 5.5，则将其按社会经济发展水平 2、3、4、5 和 6 进行分类。最后综合考虑人口和 GDP，将我国 525 个气象站点划分为 6 个不同的社会经济发展水平，其对应的站点数量分别是 270 个、113 个、52 个、47 个、35 个和 8 个。

综合利用 2018 年我国人口和 GDP 数据，将我国 525 个气象站点划分为 6 个不同社会经济发展水平。研究区的高程、气象站点、省界及分别按人口、GDP、人口和 GDP 划分的站点规模如图 7-1 所示。以下将基于人口数量和 GDP 划分的 6 个社会经济发展水平进行进一步分析。

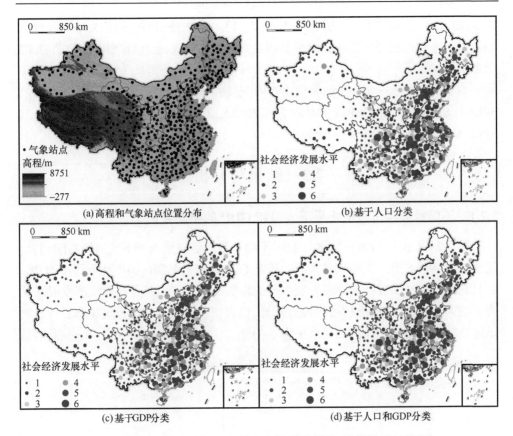

图 7-1　我国高程、气象站点和社会经济发展水平（台湾省资料暂缺）

7.1.2　SPEI 的计算

SPEI 是基于降水量与参考作物蒸散量（ET$_0$）之间的差值进行计算的。选用 12 个月时间尺度的 SPEI 序列进行旱涝分析。SPEI 的计算过程分为三步，详细的计算公式见 4.1.2 节。

根据 SPEI 数值的具体干湿等级划分参见表 4-2，此处不再赘述。选出 12 个月尺度 SPEI 中的最大值（SPEI_MAX）和最小值（SPEI_MIN）进行下一步分析，其中 12 个月尺度中 SPEI 的最大值代表极端湿润事件，12 个月尺度中 SPEI 的最小值 SPEI_MIN 代表极端干旱事件。

7.1.3　线性斜率估计和相关分析

线性斜率的值量化了时间序列的变化。线性斜率为负值表示时间序列具有下降趋势，而线性斜率为正值表示时间序列具有上升趋势。将所有站点 12 个月尺度的 SPEI 中的 SPEI_MAX、SPEI_MIN、人口和 GDP 分别与时间建立一元线性回归模型，并获得相对应的线性斜率值和决定系数 R^2，以上计算采用 R 语言 3.4.3 版本实现。

为了简化表示变量，下面将使用不同变量的下标 LS。例如，$Popu_{LS}$、GDP_{LS}、$SPEI_{LS}$、$SPEI\_MAX_{LS}$、$SPEI\_MIN_{LS}$ 分别表示人口，GDP 年值，12 个月尺度 SPEI、SPEI_MAX 和 SPEI_MIN 的线性斜率。

7.2 结果与分析

7.2.1 不同社会经济发展水平下人口和 GDP 的空间变化

图 7-2 展示了 2000～2018 年我国不同社会经济发展水平下人口和 GDP 的时间变化。结果表明：①不论是人口，还是 GDP，它们都随时间变化而逐渐增加，并且它们的值都随着社会经济发展水平的增加而增加，尤其是社会经济发展水平为 6 的人口和 GDP 的增加趋势最为显著，这表明我国的人口增长快速和经济发展迅速，特别是在社会经济发展水平为 6 的北京、上海、广州和深圳等一些发达城

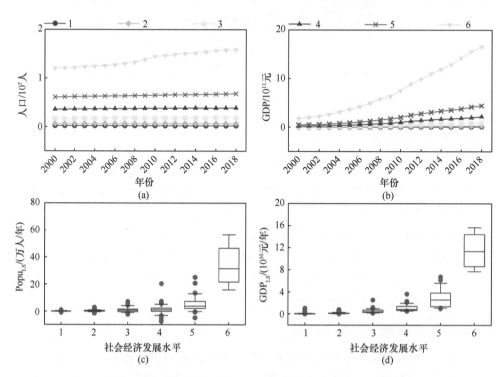

图 7-2　不同社会经济发展水平下人口和 GDP 随时间的变化及其线性斜率箱形图

市。此外，社会经济发展水平 1～6 对应的人口的增长趋势都比社会经济发展水平 1～6 对应的 GDP 的增长趋势缓和。② 2000～2018 年我国人口和 GDP 的线性斜率的箱形图表明，我国人口和 GDP 的增长率也都随着社会经济发展水平的增加而增加，其中在社会经济发展水平 6 表现最为明显。除了社会经济发展水平为 6 的人口和 GDP 的线性斜率外，社会经济发展水平为 1～5 的人口和 GDP 的线性斜率都具有一定的变异性，表明在对应社会经济发展水平下有些地区的人口和 GDP 的增长率高于相同社会经济发展水平下的增长率。

根据 2000～2018 年我国不同社会经济发展水平下人口和 GDP 线性斜率的空间分布规律（图 7-3），将人口增长率划分为 6 个层次，其范围分别为–10 万～–5 万人/年、–5 万～0 万人/年、0～5 万人/年、5 万～10 万人/年、10 万～15 万人/年和 15 万～60 万人/年。大多数站点对应的地区的人口增长率为 0～5 万人/年，同时也有一部分地区的人口增长率为负值，这可能是大量人口迁出的结果；GDP 增长率也被划分为 6 个层次，其增长率范围分别为 0～20 亿元/年、20 亿～50 亿元/年、50 亿～100 亿元/年、100 亿～300 亿元/年、300 亿～700 亿元/年和 700 亿～1600 亿元/年，GDP 增长速度最快的地区（700 亿～1600 亿元/年）大多分布在我国东部地区。

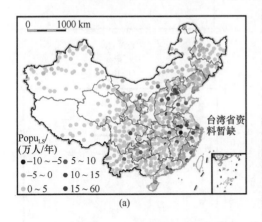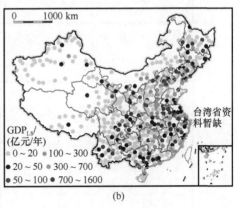

图 7-3　不同社会经济发展水平下人口和 GDP 线性斜率的空间分布

7.2.2　SPEI_MAX 和 SPEI_MIN 的时间变化

SPEI_MAX 和 SPEI_MIN 分别代表极端湿润和极端干旱事件情况。图 7-4 显示了 2000～2018 年 6 个社会经济发展水平下 SPEI_MAX 和 SPEI_MIN 的变化及其线性斜率。图 7-4 表明：①图 7-4（a）和（b）显示了不同社会经济发展水平下 SPEI_MAX 和 SPEI_MIN 的平均值随时间的变化和波动情况。不同社会经济发展水平下曲线的变化总体一致。SPEI_MAX 和 SPEI_MIN 的平均值随着时间的推移呈现出上升的趋势，这意味着极端湿润事件逐渐严重，而极端干旱事件变得更加缓和。特别是在2016年，SPEI_MAX的值达到1.83，并且SPEI_MIN值也很高，这表明中国在2016年非常湿润，Li等（2019）的研究中有相似的结果。2011年，中国降水量普遍较少，导致了严重的干旱年，SPEI_MIN值为−1.58，Lu等（2014）也得出了2011年的中国是一个干旱年。②随着社会经济发展水平的提高，$SPEI\_MAX_{LS}$的值略微增加，这表明从农村地区到城市地区的极端湿润事件增加较小。同时，$SPEI\_MIN_{LS}$的值有所降低，表明极端干旱事件变得更加缓和[图7-4（c）和（d）]。③另外，$SPEI\_MAX_{LS}$和$SPEI\_MIN_{LS}$的变异性随着社会经济发展水平的提高而降低。

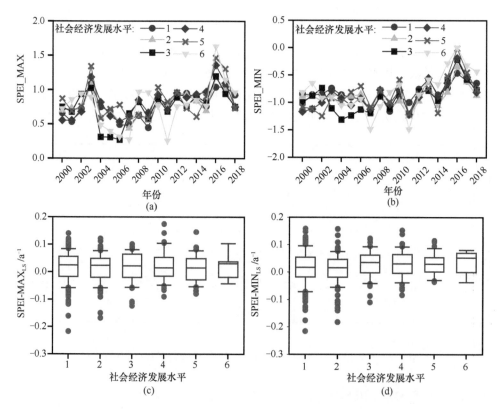

图7-4 不同社会经济发展水平下SPEI_MAX和SPEI_MIN的变化及其线性斜率

为了展示SPEI_MAX和SPEI_MIN在不同社会经济发展水平下的详细变化，本书绘制了箱形图7-5和图7-6。图7-5和图7-6表明不同社会经济发展水平下SPEI_MAX和SPEI_MIN随时间变化的波动各不相同，且随着社会经济发展水平的提高，二者的波动性逐渐降低。

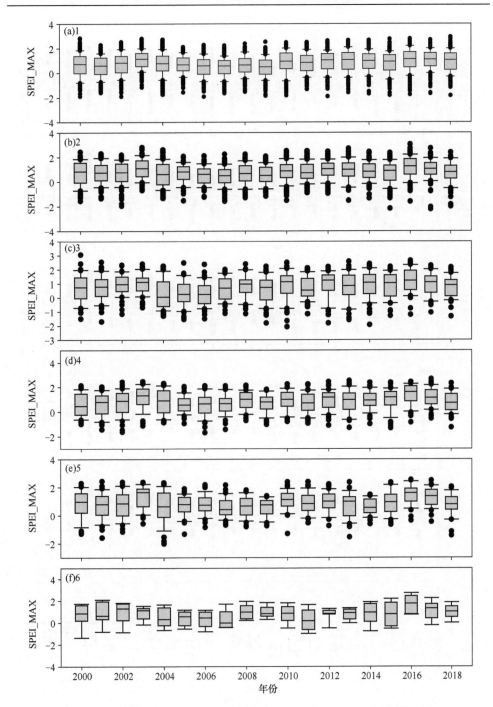

图 7-5　2000～2018 年不同社会经济发展水平下 SPEI_MAX 变化的箱形图

分图题中的 1、2、3、4、5 和 6 表示社会经济发展水平，下同

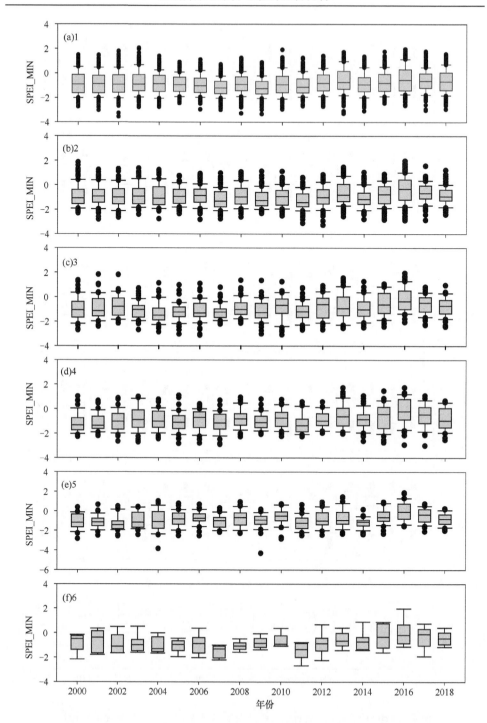

图 7-6　2000～2018 年不同社会经济发展水平下 SPEI_MIN 变化的箱形图

7.2.3　SPEI$_{LS}$、SPEI_MAX$_{LS}$ 和 SPEI_MIN$_{LS}$ 的空间分布

根据 SPEI$_{LS}$、SPEI_MAX$_{LS}$ 和 SPEI_MIN$_{LS}$ 的空间分布结果可知（图 7-7）：① SPEI$_{LS}$ 的范围为 $-0.02\sim0.02\,a^{-1}$，其值由西到东逐渐增加，表明我国西部的干旱程度较轻，而东部的湿润程度较严重。SPEI$_{LS}$ 的低值主要分布在我国西北和西南地区[图 7-7（a）]。② SPEI_MAX$_{LS}$ 的范围为 $-0.3\sim0.2\,a^{-1}$，它的大小从中国西部到东部逐渐增大[图 7-7（b）]，这表明极端的湿润事件趋于恶化，原因是在中国西部低社会经济发展水平下的站点逐渐转变为中国东部高社会经济发展水平下的站点，特别是东北地区以及北京市、河北省，极端湿润事件变化的趋势较为明显。③ 尽管 SPEI_MIN$_{LS}$ 的范围与 SPEI_MAX$_{LS}$ 相同，但其代表极端干旱事件从西部到中国东部趋于缓和，然而西北部的青藏高原和西南部地区极端干旱事件变得更加严重[图 7-7（c）]。综合而言，SPEI_MAX$_{LS}$ 和 SPEI_MIN$_{LS}$ 变化范围的大小接近 SPEI$_{LS}$ 的 10 倍，这意味着最近 18 年的极端湿润和极端干旱逐渐变严重。

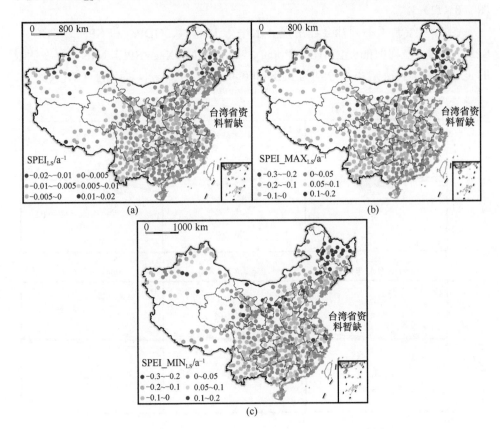

图 7-7　我国 SPEI$_{LS}$、SPEI_MAX$_{LS}$ 和 SPEI_MIN$_{LS}$ 的空间分布

7.2.4 社会经济指标和干旱指数线性斜率之间的关系

1. 不同社会经济发展水平下两者的关系

SPEI_MAX$_{LS}$（或 SPEI_MIN$_{LS}$）和 Popu$_{LS}$（或 GDP$_{LS}$）之间的相关性揭示了 SPEI_MAX 和 SPEI_MIN 与社会经济指标之间的关系，如图 7-8 所示。

图 7-8 表明：①随着人口增长率的增加，在社会经济发展水平 3、4、5 和 6 下的站点的 SPEI_MAX$_{LS}$ 和 SPEI_MIN$_{LS}$ 也逐渐增加，特别是 SPEI_MAX$_{LS}$ 增加得更加明显，然而社会经济发展水平 1 和 2 下的站点恰好相反，这意味着在大城市（社会经济发展水平 5 和 6）中，极端湿润事件逐渐严重，而极端干旱事件可能仅在小城市或城镇加剧（尤其是社会经济发展水平 4）[图 7-8（a1）～图 7-8（f1）]。②随着 GDP 增长率的增加，SPEI_MAX$_{LS}$ 和 SPEI_MIN$_{LS}$ 也增加，这表明极端湿润事件的风险上升，而极端干旱事件的风险有降低的趋势[图 7-8（a2）～图 7-8（f2）]。

图 7-9 绘制了不同社会经济发展水平下 Popu$_{LS}$、GDP$_{LS}$ 和 SPEI_MAX$_{LS}$、SPEI_MIN$_{LS}$ 平均值的变化情况。Popu$_{LS}$ 与 SPEI_MAX$_{LS}$、SPEI_MIN$_{LS}$ 存在明显的正相关性，其决定系数分别为 0.28 和 0.40 [图 7-9（a）]，而对于 GDP$_{LS}$ 来说，

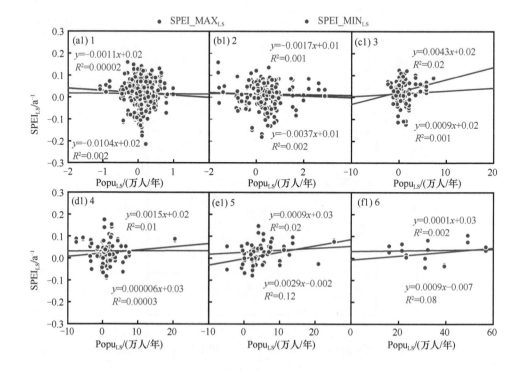

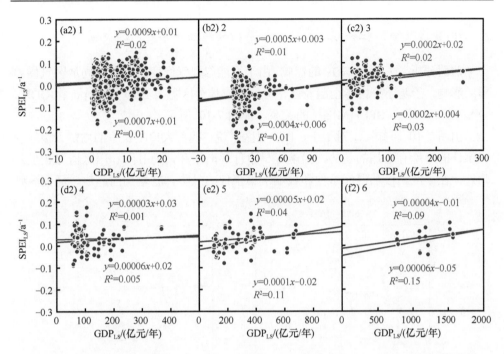

图 7-8　不同社会经济发展水平下 $Popu_{LS}$、GDP_{LS} 和 $SPEI\_MAX_{LS}$、$SPEI\_MIN_{LS}$ 的关系

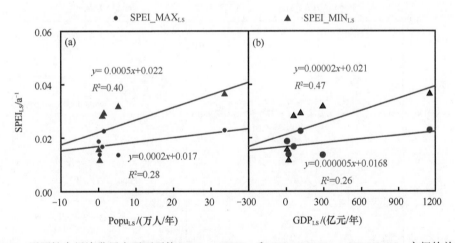

图 7-9　不同社会经济发展水平下平均 $Popu_{LS}$、GDP_{LS} 和 $SPEI\_MAX_{LS}$、$SPEI\_MIN_{LS}$ 之间的关系

与 $Popu_{LS}$ 相似，其决定系数分别为 0.26 和 0.47[图 7-9（b）]。这也表明，中国人口的极端扩张和 GDP 的增长可能造成了极端湿润事件和极端干旱事件，并且对极端湿润事件的影响大于极端干旱事件。

2. 不同分区及全国社会经济指标和干旱指数线性斜率之间的关系

前面分析了人口和 GDP 的影响，由于不能忽视气候变化以及不同地区气候差异的影响，于是还分析了全国及 7 个分区（具体分区见表 2-1）下 $Popu_{LS}$、GDP_{LS} 与 $SPEI\_MAX_{LS}$、$SPEI\_MIN_{LS}$ 的关系，如图 7-10 所示。

由图 7-10 可知：①对于 I、IV、VI区来说，随着人口增长率的增加，极端湿润事件的风险有增加的趋势，极端干旱事件逐渐缓和，而 II 区和III区恰好相反。此外，在 V 区，极端湿润事件和极端干旱事件的风险都有增加的趋势，而VII区则

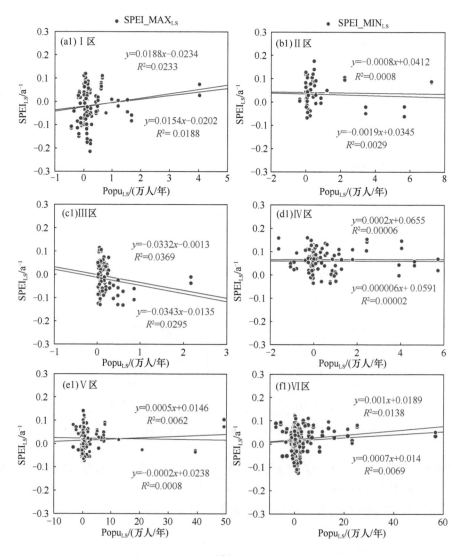

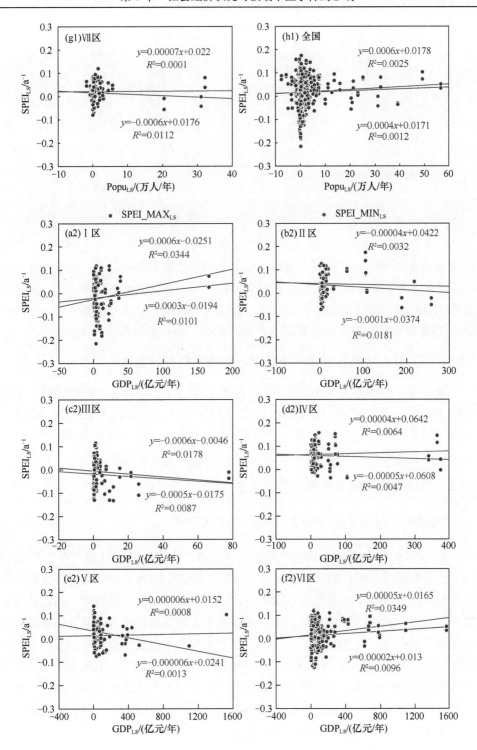

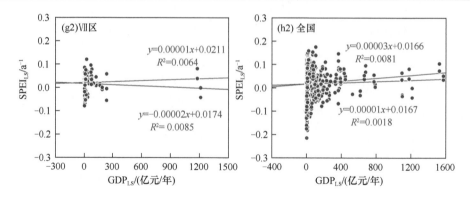

图 7-10 不同分区及全国平均 $Popu_{LS}$、GDP_{LS} 和 $SPEI\_MAX_{LS}$、$SPEI\_MIN_{LS}$ 之间的关系

与之相反。②在 GDP 层面，与人口增长率的影响略有不同。在Ⅰ和Ⅵ区，随着 GDP 增长率的增加，发生极端湿润事件的风险有逐渐增加的趋势，极端干旱事件有缓和的趋势，而Ⅱ区和Ⅲ相反。对于Ⅳ和Ⅴ区，极端湿润事件和极端干旱事件随着 GDP 增长率的增加而逐渐严重，而Ⅶ区则相反。③针对全国而言，人口和 GDP 的增长率增加使得极端湿润事件风险增加，极端干旱事件风险减弱。

7.2.5 不同社会经济发展水平下干旱指数线性斜率的变化

图 7-11 显示了不同社会经济发展水平与平均 $SPEI_{LS}$、$SPEI\_MAX_{LS}$ 和 $SPEI\_MIN_{LS}$ 之间的关系。由图 7-11 可知，随着社会经济发展水平的提高，$SPEI_{LS}$、$SPEI\_MAX_{LS}$ 和 $SPEI\_MIN_{LS}$ 都有增加的趋势，表明我国不同地区极端干旱事件随着社会经济发展水平的提升有所缓解，而极端湿润事件的风险上升。

7.2.6 极端湿润和极端干旱事件的发生

1. 极端湿润和极端干旱事件发生次数的空间分布

2000~2018 年全国极端湿润和极端干旱事件发生次数的空间分布如图 7-12 所示。分析结果表明：①极端湿润事件发生次数的范围为 0~22 次且在空间中随机分布。发生极端湿润事件次数最多的地方是中国西北地区的甘肃玉门，共发生 22 次。此外，有 172 个站点对应的地区没有发生极端湿润事件，并且大多数都分布在中国的中部。有 185 个、117 个、42 个和 7 个站点发生极端湿润事件的次数范围分别是 1~5 次、6~10 次、11~15 次和 16~20 次。②发生极端干旱事件次数的范围为 0~37 次，其中发生次数最多的位于中国西北部的新疆阿克苏，极端干旱事件在新疆的吐鲁番、和田、民丰，内蒙古的二连浩特和云南的玉溪发生的次数也很多，分别发生了 28 次、28 次、26 次、26 次和 25 次。另外，有集中分

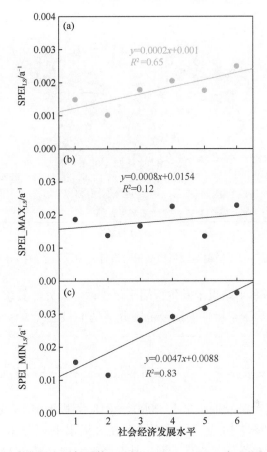

图 7-11　不同社会经济发展水平与平均 $SPEI_{LS}$、$SPEI\_MAX_{LS}$ 和 $SPEI\_MIN_{LS}$ 之间的关系

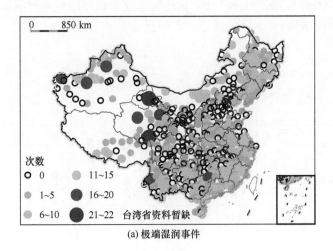

(a) 极端湿润事件

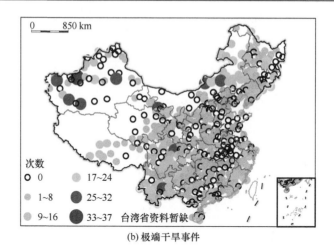

(b) 极端干旱事件

图 7-12　极端湿润和极端干旱事件发生次数的空间分布

布在中国中部的 168 个站点未发生极端干旱事件。此外，其余 229 个、105 个和 171 个站点发生极端干旱事件的次数范围分别是 1～8 次、9～16 次和 17～24 次，且是随机分布的。

2. 不同社会经济发展水平下极端湿润和极端干旱事件的发生次数

我国不同社会经济发展水平下 2000～2018 年极端湿润和极端干旱事件的平均发生次数比较如图 7-13 所示。在社会经济发展水平 4、5 和 6 下，极端湿润事件的发生次数高于极端干旱事件，而在社会经济发展水平 1、2、3 下则相反。结果表明，在高社会经济发展水平下，发达城市或大城市的极端湿润事件更为严重，在低社会经济发展水平下，欠发达城市的极端干旱事件更为严重。

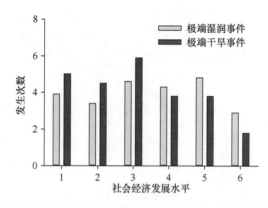

图 7-13　我国不同社会经济发展水平下极端湿润和极端干旱事件平均发生次数比较

7.3 讨 论

从我们划分社会经济发展水平时的人口和 GDP 情况来看，人口越多，GDP 越高，社会经济发展水平就越高。社会经济发展水平越高，城市化程度就越高。城市化的发展往往会伴随着明显的城市热岛效应，最明显的现象是城市的气温高于农村，这增加了大气的持水能力和不稳定性，也增强了凝结核效应，导致空气中污染物颗粒的浓度增加，污染物颗粒产生凝结核增强效应，增强水蒸气凝结，进而增加城市降雨的概率和强度（Jaqaman et al.，1983），此外，其还存在明显的微地形阻碍效应，即暖湿的空气在遇到城市高层建筑时，会沿着建筑物爬升，上升到一定高度会被冷却。这些变化导致降水增加，由此极端湿润事件的风险增加（Miller and Hutchins，2017；Liu et al.，2013）。郑祚芳等（2014）对 1971～2010 年北京降水的空间分布特征及其城市效应进行了研究，结果表明，城市的降水具有增加的趋势，农村或者郊区的降水具有减少的趋势；Song 等（2019）研究分析了城市化发展对北京产汇流的影响，结果表明，城市化和人类活动导致下垫面条件激烈改变，不透水面积、径流系数、径流深度和洪峰流量增加，从而间接导致城市洪水的风险增加。Zhang 等（2016）分析了中国城市的洪涝灾害，发现城市排水格局受到城市无序发展的破坏，从而改变了排水格局，增加了排水系统的脆弱性，导致城市极端洪涝事件增多。本章在不同社会经济发展水平下应用 SPEI_MAX，发现高社会经济发展水平（发达地区）的极端湿润事件增加，从而导致洪涝事件也增加。

另外，通过分析降水（简化为 Pr_{LS}）、ET_0（简化为 ET_{0LS}）和 $Pr–ET_0$[简化为 $(Pr–ET_0)_{LS}$]的线性斜率（图 7-14），可以发现，随着社会经济发展水平的提高，Pr_{LS} 增加，ET_{0LS} 减少，随后 $(Pr–ET_0)_{LS}$ 增加，这也验证了发达地区发生极端湿润事件的可能性。此外，图 7-14（b）中 ET_{0LS} 的减少也间接表明了随着社会经济发展水平的增加，极端干旱事件有减少趋势。此外，城市雨岛效应、热岛效应、下垫面条件的改变、凝结核效应的增强和排水方式的改变也间接缓解了极端干旱事件的发生。城市地区的防灾体系等基础设施建设和水资源保护文化教育普及远比非城市地区稳定和广泛（Yang and Ying，2012），随着社会经济发展水平的提高，极端干旱事件逐渐得到缓解。由于各种因素的综合作用，极端湿润和极端干旱事件日益突出。也有一种普遍的观点认为"干旱地区越来越干燥，而湿润地区越来越湿润"（Feng and Zhang，2015）。因此，应采取一定的措施来应对极端水旱灾害的发生，如加强基础设施建设，建立极端水旱灾害的三维监测系统，或完善极端水旱灾害应急预报系统。

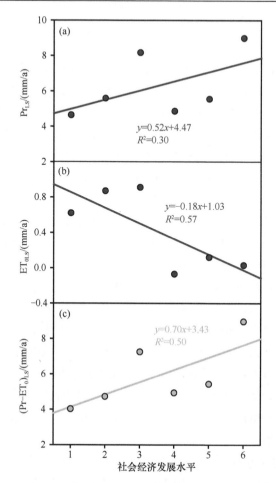

图 7-14　不同社会经济发展水平下 Pr_{LS}、ET_{0LS} 和（$Pr-ET_0$）$_{LS}$ 变化

将 525 个气象站点按 2018 年的人口和 GDP 划分为 6 个不同的社会经济发展水平。然而，中国的站点分布并不均匀，这可能导致在区域分析上存在一些偏差。本章揭示了人类活动（以人口表示）、社会经济发展水平（以人口和 GDP 表示）对中国极端水旱灾害的可能影响。研究虽然有困难，但应做出更多努力去探索人类活动和气候变化对极端湿润和极端干旱事件的贡献。

7.4　小　　结

本章结合社会经济指标（人口和 GDP）将 525 个气象站点划分为 6 个不同的社会经济发展水平，结果表明，各社会经济发展水平下的人口和 GDP 均有增加的趋势，特别是属于社会经济发展水平 6 的上海、北京、深圳、广州等大城市，它们主要分布在中国东部地区。随着时间的推移，极端湿润事件（用 SPEI_MAX 表示）变得更严重，极端干旱事件（由 SPEI_MIN 表示）变得更缓和。2016 年和 2011 年分别是中国的湿润年和干旱年，其对应的 12 个月尺度中的 SPEI_MAX 和 SPEI_MIN 分别为 1.83 和−1.58。随着社会经济发展水平的提高，SPEI_MAX 总体呈上升趋势，SPEI_MIN 总体呈下降趋势，但上升或下降的速率各不相同。这种逐渐的、持续的增加或减少趋势受到了人口快速扩张、GDP 快速增长和城市化的潜在影响，特别是在社会经济发展水平 5 和 6 的地区。在高社会经济发展水平下，发达城市的极端湿润事件更为严重，在低社会经济发展水平下，欠发达城市的极端干旱事件更为严重。

总体而言，2000～2018 年中国极端湿润和极端干旱事件受社会经济发展水平影响较大。人口和 GDP 的快速增长促进了城市化的发展，从而增加了极端湿润事件发生的风险，而极端干旱事件可能会减少。其主要原因可能是城市雨岛效应、热岛效应以及下垫面条件的变化。本章从社会和经济两方面探讨了中国不同社会经济发展水平下极端湿润和极端干旱事件的变化规律，研究结果可为不同社会经济发展水平下的地级市、县级市预防极端水旱灾害提供参考。人类活动和气候变化对极端湿润和极端干旱事件的贡献度有待进一步研究。

参 考 文 献

郑祚芳, 高华, 王在文, 等. 2014. 北京地区降水空间分布及城市效应分析[J]. 高原气象, 33(2): 522-529.

Feng H, Zhang M. 2015. Global land moisture trends: Drier in dry and wetter in wet over land[J]. Scientific Reports, 5(12): 18018.

Jaqaman H, Mekjian A Z, Zamick L. 1983. Nuclear condensation[J]. Physical Review C, 27(6): 2782-2791.

Li L, Yao N, Liu D L, et al. 2019. Historical and future projected frequency of extreme precipitation indicators using the optimized cumulative distribution functions in China[J]. Journal of Hydrology, 579: 124170.

Liu K, Gao W, Gu X, et al. 2013. The Relation Between the Urban Heat Island Effect and the Underlying Surface LUCC of Meteorological Stations[C]. Diego, California, United States: Proceedings of SPIE-The International Society for Optical Engineering.

Lu E, Liu S, Luo Y, et al. 2014. The atmospheric anomalies associated with the drought over the Yangtze River basin during spring 2011[J]. Journal of Geophysical Research: Atmospheres, 119(10): 5881-5894.

Miller J D, Hutchins M. 2017. The impacts of urbanization and climate change on urban flooding and urban water quality: A review of the evidence concerning the United Kingdom[J]. Hydrology Regional Studies, 12: 345-362.

Song X, Zhang J, Zou X, et al. 2019. Changes in precipitation extremes in the Beijing metropolitan area during 1960-2012[J]. Atmospheric Research, 222: 134-153.

Yang G, Ying S. 2012. Evaluating the demand of investment and financing in rural infrastructure construction in Jiangsu Province[J]. Advances in Intelligent and Soft Computing, 137: 891-901.

Zhang Q, Han L Y, Jia J Y. 2016. Management of drought risk under global warming[J]. Theoretical Applied Climatology, 125(1-2): 187-196.

第8章　气候变化和人类活动对干旱的贡献度

第 5～第 7 章分析了气候变化（以环流指数表示）和社会经济状况（以人口和 GDP 表示）对干湿状况的影响。以往研究表明，气候变化和人类活动是影响干旱的两大主要因素，但大多数研究单独分析气候变化或人类活动对干旱的影响，在各自对干旱的贡献度上的研究相对较少。因此，本章基于前面筛选的关键环流指数和四种温室气体指标（CH_4、CO_2、N_2O 和 SO_2）来探究气候变化和人类活动对干旱的贡献度。

8.1　材料与方法

8.1.1　数据来源

从欧盟委员会联合研究中心的全球大气研究排放数据库（EDGAR v4.2）（http://edgar.jrc.ec.europa.eu/overview.php?v=42）下载了 1970～2015 年四种温室气体甲烷（CH_4）、二氧化碳（CO_2）、一氧化二氮（N_2O）和二氧化硫（SO_2）年排放数据，单位为 $kg/(m^2 \cdot s)$，通过反距离权重对下载的数据进行插值，并提取到第 4 章所研究的 525 个气象站点上，再经过单位换算得到年尺度的温室气体数据，单位为 kg/m^2。

为了与温室气体的时间长度对应，选取 1970～2015 年的 D 值，并选取第 2 章 7 个关键环流指数进行分析。针对我国 7 个分区和第 7 章划分的 6 个社会经济发展水平进行研究。

8.1.2　不确定性分析

不确定分析方法用来确定各因子的贡献度大小。方差分析（ANOVA）在量化各种不同不确定性因子贡献度方面得到广泛应用（Shi et al.，2020）。该方法能够将总方差划分为不同的来源，并识别不同来源各自对总方差的贡献度。与其他不确定性分析方法相比，方差分析法的假设较为简单，同时考虑了各种来源的相互作用对总方差的贡献度（Freni et al.，2009）。本章利用方差分析法分析气候变化（以环流指数表示）和人类活动（以温室气体浓度表示）及二者的交互作用对 D 值的贡献度大小，计算总平方和（SST）的公式如下：

$$\text{SST} = \text{SS}_C + \text{SS}_H + \text{SS}_{C:H} \tag{8-1}$$

将 SST 分解成气候变化（SS_C）和人类活动（SS_H）及两者交互作用（$\text{SS}_{C:H}$），它们可分别表示为

$$\text{SS}_C = N_H \sum_{j=1}^{N_C} \left(\overline{\text{QX}}_{oj} - \overline{\text{QX}}_\infty \right)^2 \tag{8-2}$$

$$\text{SS}_H = N_C \sum_{i=1}^{N_H} \left(\overline{\text{QX}}_{io} - \overline{\text{QX}}_\infty \right)^2 \tag{8-3}$$

$$\text{SS}_{C:H} = \sum_{i=1}^{N_H} \sum_{j=1}^{N_C} \left(\text{QX}_{ij} - \overline{\text{QX}}_{io} - \overline{\text{QX}}_{oj} + 2\overline{\text{QX}}_\infty \right)^2 \tag{8-4}$$

式中，下标 C 表示气候变化；下标 H 表示人类活动；$\overline{\text{QX}}_{io}$ 为第 i 个气候变化中所有环流指数的平均值；$\overline{\text{QX}}_{oj}$ 为人类活动中第 j 个温室气体排放浓度数据的平均值。

8.2　结果与分析

8.2.1　温室气体浓度的时空变化特征

1. 温室气体浓度的时间变化规律

图 8-1 给出了 1970～2015 年不同社会经济发展水平下四种温室气体浓度的时间变化规律。由图 8-1 可知：①整体上四种温室气体 CH_4、CO_2、N_2O 和 SO_2 的浓度随时间变化都有上升的趋势，这归因于我国城市化和工业化发展的结果。

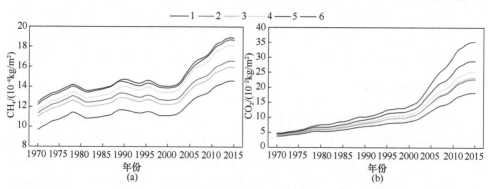

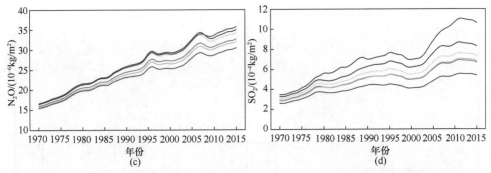

图 8-1 1970～2015 年不同社会经济发展水平下四种温室气体浓度的时间变化规律

②随着社会经济发展水平的提升，四种温室气体的浓度也在增加。③对比发现，CO_2 的浓度最高，而 N_2O 的浓度最低，说明 CO_2 是温室气体的主要来源。

2. 温室气体浓度的空间分布规律

分析我国 525 个气象站点 1970～2015 年四种温室气体（CH_4、CO_2、N_2O 和 SO_2）浓度平均值的空间分布特征（图 8-2），可知：①四种温室气体浓度的空间分布具有区域性，西部和东北部低，而东部高，其中 CO_2 浓度最高，为 $6 \times 10^{-2} \sim 26 \times 10^{-2}$ kg/m^2，N_2O 的浓度最低，为 $16 \times 10^{-6} \sim 32 \times 10^{-6}$ kg/m^2。②虽然 CH_4 和 N_2O 浓度的空间分布十分相似，但是从量级来看，CH_4 比 N_2O 的浓度高，CH_4 浓度约为 N_2O 的 100 倍；另外，CO_2 和 SO_2 浓度的空间分布也基本一致，而 CO_2 的浓度约为 SO_2 浓度的 200 倍。③在 525 个气象站点中，大多数站点对应排放的 CO_2 和 SO_2 浓度都比较低，但上海站所排放的 CO_2 和 SO_2 浓度分别高达 25.8×10^{-2} kg/m^2 和 12.1×10^{-4} kg/m^2，这可能与其城市化和工业化程度较高有关。

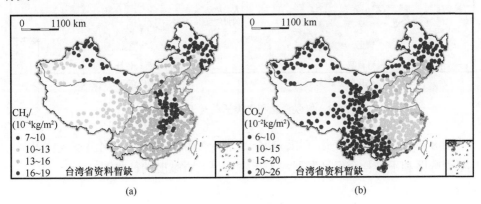

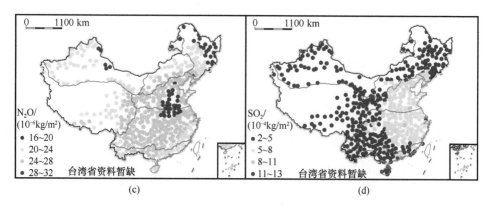

图 8-2　基于站点的温室气体浓度多年平均值的空间分布

8.2.2　气候变化和人类活动对干旱的贡献度分析

本书分析了我国 525 个气象站点气候变化（用环流指数表示）和人类活动（用温室气体表示）对干旱的贡献度大小（图 8-3）。结果表明，气候变化对我国干旱的贡献度要比人类活动对干旱的贡献度高，即气候变化是干旱的主导因素，气候变化对干旱的贡献度的范围为 30%～99.2%。人类活动对我国干旱的贡献度为 0%～70%，同时人类活动对干旱的贡献度大小为西部较小而中东部较大。

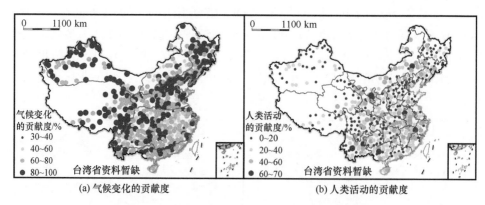

图 8-3　气候变化和人类活动对干旱的贡献度

图 8-4 对比了气候变化（用环流指数表示）和人类活动（用温室气体表示）在不同分区和不同社会经济发展水平下对干旱的贡献度的柱状图。

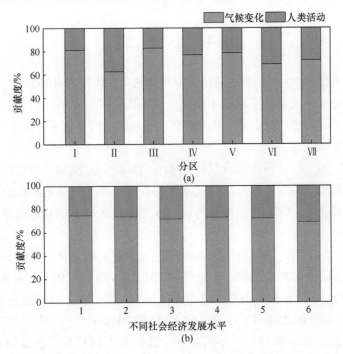

图 8-4　不同分区和不同社会经济发展水平下气候变化和人类活动对干旱的贡献度

8.3　讨　　论

干旱具有复杂的内部结构，它可能是气候等自然因素引发的，也可能是人类活动导致的，还可能是气候变化和人类活动共同作用的结果（蒋桂芹，2013）。气候变化中大气环流异常会改变降水量的时空分布，从而导致干旱事件的发生（李毅等，2021；Zhang et al.，2019）；植被退化、积雪增多或者土地不合理利用等会使得地表反照率增大，抑制降水的发生，从而引发干旱（Li and Xue，2010）；青藏高原的动力和热力过程对东亚地区干旱具有一定的影响（叶笃正，1979）；海洋的海表温度会影响降水的发生，从而导致干旱，以上研究都表明降水是影响干旱的直接原因。此外，人类活动会改变地表状况，进而影响地–气能量、动力和水分的交换过程，最终导致区域性的干旱发生。以往的研究中没有确定气候变化和人类活动对干旱的贡献度，而本章从不同站点、不同分区和不同社会经济发展水平层面分析了气候变化和人类活动对干旱的贡献度，从而发现气候变化对干旱影响更为显著，Dai（2011）在阐述气候变化下干旱的变化情况时也指出干旱的主要影响因素为气候变化。

8.4 小 结

本章对我国 1970～2015 年四种温室气体浓度的时空变化特征进行了分析，并采用不确定分析方法分析了我国不同站点、不同分区以及不同社会经济发展水平下气候变化（用环流指数表示）和人类活动（用温室气体表示）对干旱的贡献度。主要结论如下：

（1）从时间上看，四种温室气体 CH_4、CO_2、N_2O 和 SO_2 的浓度随时间变化都有上升的趋势，随着社会经济发展水平的提升，温室气体的浓度也逐渐增加，在四种温室气体中，CO_2 的浓度最高，N_2O 的浓度最低，CO_2 是温室气体的主要来源。

（2）从空间上看，四种温室气体浓度在我国的空间分布具有一定的区域性，并且由西向东逐渐增加。其中，温室气体 CH_4 和 N_2O 浓度的空间分布十分类似，温室气体 CO_2 和 SO_2 浓度的空间分布大致相同，并且在上海站温室气体 CO_2 和 SO_2 的浓度分别高达 $25.8×10^{-2}$ kg/m^2 和 $12.1×10^{-4}$ kg/m^2。

（3）无论是从不同站点、不同分区，还是从不同社会经济发展水平来看，气候变化对干旱的贡献度都要比人类活动的贡献度大。不同站点下，气候变化对干旱的贡献度范围为 30%～99.2%，人类活动对干旱的贡献度范围为 0%～70%，同时人类活动对干旱的贡献度在我国西部较小而中东部较大；不同分区下，气候变化和人类活动对干旱的贡献度各不相同，其中Ⅲ区气候变化对干旱的贡献度最高，为 82.7%；Ⅱ区人类活动对干旱的贡献度最高，为 37.4%。气候变化对干旱的贡献度随社会经济发展水平的提高而减小，而人类活动对干旱的贡献度随社会经济发展水平的提升而逐渐增加。

参 考 文 献

蒋桂芹. 2013. 干旱驱动机制与评估方法研究[D]. 北京: 中国水利水电科学研究院.

李毅, 姚宁, 陈新国, 等. 2021. 新疆地区干旱严重程度时空变化研究[M]. 北京: 中国水利水电出版社.

叶笃正. 1979. 近年来我国大气科学研究的进展[J]. 大气科学, 3: 195-202.

Dai A G. 2011. Drought under global warming: A review[J]. Wiley Interdisciplinary Reviews: Climate Change, 2(1): 45-65.

Freni G, Mannina G, Viviani G. 2009. Urban runoff modeling uncertainty: Comparison among Bayesian and pseudo-Bayesian methods[J]. Environmental Modelling and Software, 24(9): 1100-1111.

Li Q, Xue Y. 2010. Simulated impacts of land cover change on summer climate in the Tibetan

Plateau[J]. Environment Research Letters, 5(1): 015102.

Shi L, Feng P, Wang B, et al. 2020. Projecting potential evapotranspiration change and quantifying its uncertainty under future climate scenarios: A case study in southeastern Australia[J]. Journal of Hydrology, 584: 124756.

Zhang Q, Lin J J, Liu W C. 2019. Precipitation seesaw phenomenon and its formation mechanism in the eastern and western parts of Northwest China during the flood season[J]. Science China Earth Science, 62(12): 2083-2098.

第三篇

气候变化和人类活动对极端降水事件的影响

第9章　影响极端降水指数的关键环流指数

众多研究表明，大气环流对我国降水事件有明显的驱动作用。大尺度环流信号会由不同尺度天气系统的变化进程产生，进而通过大气环流对遥远地区的气候产生影响。以往研究者直接采用有限的几种常见环流指数与不同降水指数进行遥相关分析，最终确定大气环流对我国极端降水事件的影响。本章分析我国极端降水事件时空演变规律，揭示各个分区极端降水事件的变化特征，然后对序列完整的 100 项环流指数进行共线性分析，初步筛选得到 57 项独立的环流指数，将这 57 项环流指数与极端降水指数在不同分区、不同滞后月份下进行显著性 t 检验和皮尔逊相关分析，从而得到影响我国 7 个分区滞后 1～12 个月极端降水事件的关键环流指数，从环流角度揭示不同分区极端降水的驱动机制。

9.1　材料与方法

9.1.1　研究区概况及降水和大气环流指数

作者于中国气象数据网收集了我国 7 个分区 800 个气象站点 1961 年 1 月～2020 年 12 月的日降水数据（http://data.cma.cn/site/index.html）。当出现个别数据缺失时，对同一时期邻近 10 个站点数据的均值进行插值处理。所有数据均通过 Kendall 相关性检验和 Mann-Whitney 均质性检验，数据的可靠性较好。经筛选后各分区站点数分别为 46 个、50 个、52 个、71 个、114 个、242 个及 64 个，共 639 个站点。各分区名称、气候及地理特征、站点空间分布等详见 5.1.1 节。

处理后保留的 1961～2020 年大气类、海温类和其他类共 100 项月尺度环流指数数据详见表 5-1，此处不再赘述。

9.1.2　极端降水指数的选取

极端降水指数已经被广泛地用于定量表征极端降水事件。不同的极端降水指数有不同的意义，如"日数"这一类指标有着固定的日值（如 R10，R20，…，R100 等）；而分位数类型的指数（如湿润天分位数 R95p 和极端湿润天分位数 R99p）是相对于基准期的指数，它们适用于各个区域，克服了固定阈值的一些不足（Zhang et al.，2011；Li et al.，2010）。

本章用到的 9 个极端降水指数均来自气候变化检测和指数专家组（Expert Team on Climate Change Detection and Indices，ETCCDI）推荐的极端降水指数（http://etccdi. pacificclimate.org/），研究的时间尺度为月尺度。专家组推荐的极端降水指数共有 10 个，但考虑到 R99p 和 R95p 在计算结果上具有相似性，故在这两个指数中只选择了 R99p 进行分析。

9 个极端降水指数名称及定义见表 9-1。

表 9-1　所选极端降水指数的名称及定义

指数	名称	定义	单位
CDD	连续干旱日数	降水<1 mm 的最长持续天数	天
CWD	连续湿润日数	降水≥1 mm 的最长持续天数	天
R10	强降水日数	降水量≥10 mm 日数	天
R20	特强降水日数	降水量≥20 mm 日数	天
Rx1day	最大 1 日降水量	最大 1 天降水量	mm
Rx5day	最大 5 日降水量	连续 5 天最大降水量	mm
R99p	非常湿润天降水量	大于 99 分位数的总降水量	mm
SDII	降水强度	总降水量与潮湿天数之比（≥ 1 mm）	mm/d
PRCPTOT	湿润日总降水量	大于 1 mm 的总降水量	mm

用森（Sen's）斜率估算极端降水指数（EPI）的趋势值，公式为

$$Sen's = Median\left(\frac{EPI_i - EPI_j}{i - j}\right), \quad i > j \tag{9-1}$$

式中，Sen's 为计算得到的斜率估算值；EPI_i 和 EPI_j 分别为第 i 和 j 年的 EPI 值。

9.1.3　影响极端降水指数的关键环流指数筛选

采用多重共线性分析方法排除环流指数之间的相互作用和影响，通过每项环流指数对应输出的方差膨胀因子（VIF）的大小来确定其与其他环流指数之间是否存在多重共线性（Doetterl et al.，2015），其基本原理参考 5.1.5 节。使用 R 语言 4.4 版本的 VIF 程序包进行共线性分析计算。因为共线性分析只与自变量有关，所以在 VIF 程序包中只需要导入任意站点 1961～2020 年月尺度极端降水指数作为因变量值即可，而 100 项 1961～2020 年月尺度环流指数则作为自变量值。VIF 的计算公式见式（5-4），进行多轮计算，最终保留 VIF<10 的环流指数。

皮尔逊相关分析方法已广泛应用于两个时间序列之间的相关性分析（Chen et al.，2020）。为确定影响不同分区、不同滞后月份极端降水事件的关键环流指数，本章将分区中对应每个站点的极端降水指数值求平均。采用皮尔逊相关分析对 57

项环流指数和 7 个分区中 9 个极端降水指数进行了两两相关分析。为了进一步确定环流指数与极端降水指数之间相关关系的显著性,采用 t 检验的 P 值大小进行判断。当 $P \geqslant 0.05$ 时,则表明两个变量之间不存在显著相关性;当 $0.01 \leqslant P < 0.05$ 时,则表明两个变量之间存在显著相关性;当 $P < 0.01$ 时,则表明两个变量之间存在强显著相关性。在滞后 0～48 个月的情况下进一步分析相对独立的环流指数和极端降水指数的显著性,舍弃各个滞后月份下均无显著相关性($P \geqslant 0.05$)的环流指数。

类似第 5 章的分析结果,各极端降水指数对环流指数的响应存在滞后性,初步以滞后时间为 0～48 个月进行皮尔逊相关系数 r 的对比。以滞后 1 个月为例,环流指数的时间序列为 1961 年 1 月～2020 年 11 月,而极端降水指数的时间序列则为 1961 年 2 月～2020 年 12 月,通过计算得到 r。其余滞后月份依次采用类似方式得到 r。r 的计算公式见式(5-5)。

9.2　结果与分析

9.2.1　极端降水指数时空变化特征

1. 极端降水指数时间变化

1961～2020 年 7 个分区及全国的月尺度极端降水指数时间变化见图 9-1。

从图 9-1 可以看出:① CDD 在 7 个分区与其余表征湿润类的指数具有相反的时间变化特征。Ⅰ区的 CDD 值明显高于其他区,而且 CDD 随时间变化呈现出减少的趋势,说明Ⅰ区有变湿润的趋势。②其余 8 个指数(CWD、R10、R20、Rx1day、Rx5day、R99p、SDII 和 PRCPTOT)在Ⅶ区的值最大,而在Ⅰ区值最小。③Ⅰ区的 R10 和 R20 的值都接近于 0,这说明该区域出现强降水和特强降水的情况特别少。④ 9 个极端降水指数在Ⅶ区表现出较大的年际变化,说明Ⅶ区虽然降水充沛,但依旧存在旱涝交替出现的情况。反观Ⅰ区,8 个代表湿润的极端降水指数值及其变化波动都很小,这说明该区域很少会受到极端湿润事件的影响。

2. 极端降水指数空间分布及趋势变化

1961～2020 年 9 个月尺度极端降水指数的空间分析结果表明(图 9-2):① CDD 的空间分布与其余 8 个代表湿润的极端降水指数具有相反规律。值较高的站点基本上都分布在Ⅰ区南部,且最大值为 28 天,说明该站点所在区域有效降水极度匮乏。②从 CWD 的空间分布情况来看,最小值相应地出现在分区Ⅰ的南部,而最大值则是出现在西南部地区,该地区降水量充沛,但也需要谨防连续降水所带来的洪水影响。③其余 6 个极端降水指数的空间分布具有相似性，即由西北往东南方向呈现阶梯形递增，华南地区降水多而频繁、强度更大，可能引起洪涝事件，需谨慎预防。

1961～2020 年极端降水指数森斜率值的空间分析结果表明（图 9-3）：①从 CDD 的变化趋势来看，整个西北区域大部分站点呈现出下降趋势，说明该区域的干旱情况确实得到缓解。华中和华东地区呈现相对较小的下降趋势，而西南地区则呈现较小的增加趋势，而几个最靠近西南边界区域的站点有着较大的增加趋势。

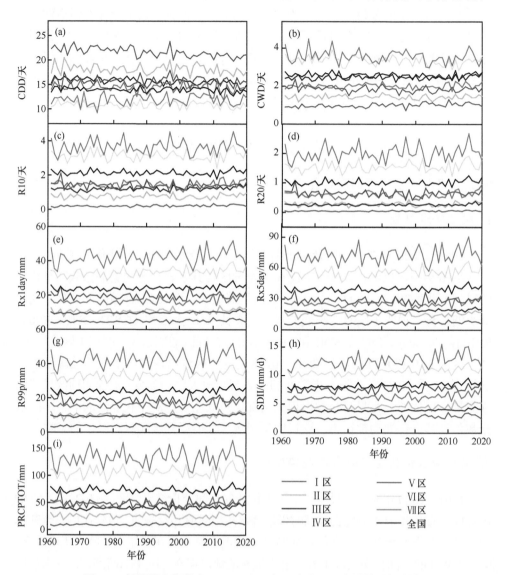

图 9-1 极端降水指数在 1961～2020 年 7 个分区及全国的时间变化

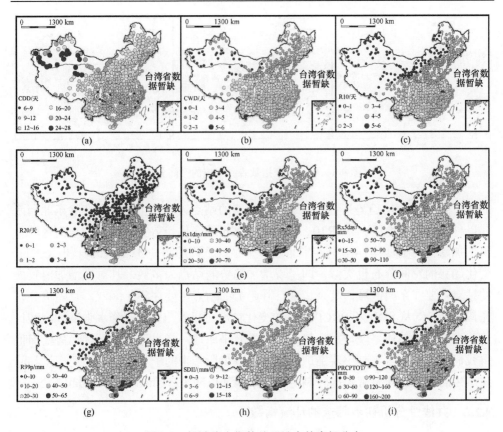

图 9-2　极端降水指数基于站点的空间分布

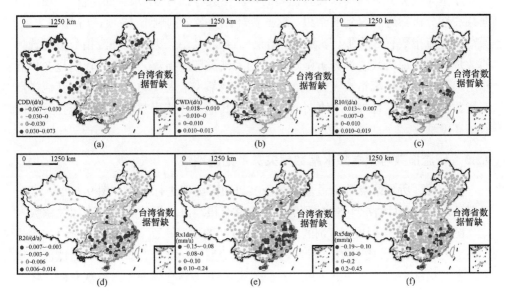

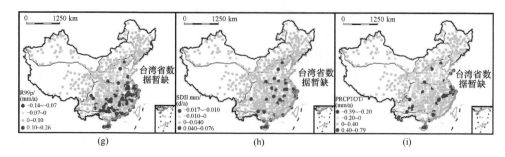

图 9-3　极端降水指数森斜率值的空间分布

②从 CWD 的变化趋势来看，出现下降趋势的站点较多且主要分布在除东北和西北以外的大部分地区。③ R10、R20 和 R99p 的变化趋势类似，均为东南区域呈现增加趋势，而西南—华中—华北这一带呈现下降趋势。④ Rx1day 和 Rx5day 变化趋势的空间分布也类似，即呈现增加趋势的站点为多数，且对应增加值较大的站点主要在东南区域，其余呈现下降趋势的站点主要在华北区域，且随机分布在该区域。⑤从 SDII 和 PRCPTOT 的变化情况可以看出，我国降水强度和湿润日总降水量仍然总体呈现增加趋势，但黄淮海平原地区降水量呈现下降趋势依旧值得我们注意，该区域是小麦主产区，降水减少所带来的干旱事件对小麦产量和品质产生的影响也需要有关部分制定相应措施加以防范（Chen et al.，2020）。

9.2.2　共线性分析初步筛选的环流指数

原本大气类、海温类以及其他类的环流指数分别有 67 项、26 项和 7 项，根据共线性分析筛选后得到的结果，这三类环流指数分别剩下 35 项、15 项和 7 项，保留的环流指数有 57 项（与表 5-4 结果一致）。其中，大气类环流指数被筛选掉的数量最多，说明共线性分析筛选之前的大气类环流指数之间存在较明显的相互作用，而海温类环流指数无论是数量还是比例都少于大气类环流指数。其他类环流指数都保留了，且 VIF 值均小于 6，说明其他类环流指数与所有环流指数之间保持高度独立。

9.2.3　环流指数与极端降水指数相关关系的周期性

由于Ⅵ区所含站点数量最多，故下文以Ⅵ区为例进行说明。图 9-4 展示了Ⅵ区滞后 0～48 个月情况下 57 项环流指数与 9 个极端降水指数的皮尔逊相关系数 r。

图 9-4 左边一列展示了 $|r|$ 的最大值 ≥ 0.3 的情况，而右边一列展示了 $|r|$ 的最大值 < 0.3 的情况。从图 9-4 中可以看出，在滞后 0～48 个月条件下，右侧部分环流指数与极端降水指数的 r 值在不同滞后月份下仍具有周期性。反观左侧，环流

指数与极端降水指数之间 r 的峰值都较高。除 CDD 以外，环流指数与其余 8 个极端降水指数之间的 r 峰值所对应的滞后时间基本一致。此外，r 的变化周期为 12 个月，且同一环流指数在各周期（13～24 个月、24～36 个月、37～48 个月）r 的变化规律大致相同。由于其余 6 个分区环流指数与极端降水指数的相关关系均表现出类似的周期特征，故将滞后时间由 0～48 个月缩短为 0～12 个月，从而筛选出关键环流指数。

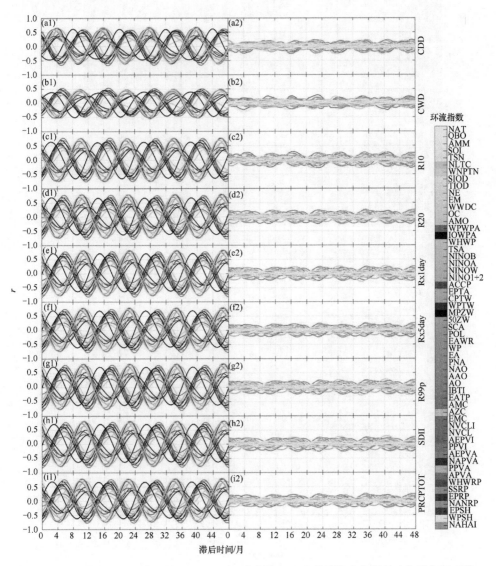

图 9-4　Ⅵ区滞后 0～48 个月情况下 57 项环流指数与 9 个极端降水指数的皮尔逊相关系数

9.2.4　滞后 0～12 个月环流指数的筛选

在滞后 0～12 个月下进行了 t 检验，图 9-5 展示了Ⅵ区滞后 0～12 个月情况下 57 项环流指数与极端降水指数之间相关关系的显著性（P 值）。

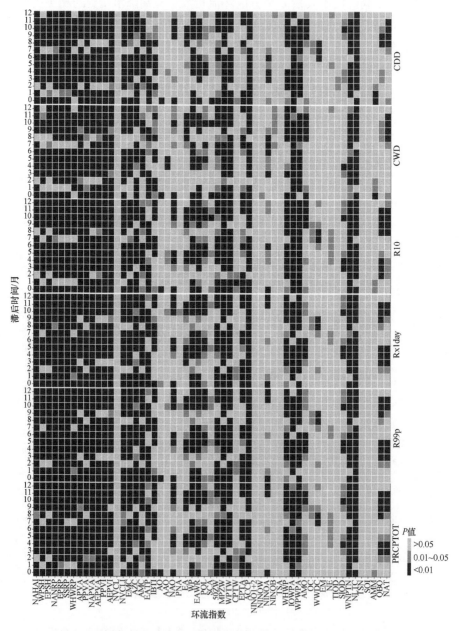

图 9-5　Ⅵ区滞后 0～12 个月下 57 项环流指数与极端降水指数的显著性

由图 9-5 可知：① CDD 与 CWD、R10、Rx1day、R99p、PRCPTOT 虽然分别代表干旱类和湿润类的极端降水指数，但其与环流指数之间在不同滞后月份下的显著性 P 值却表现出相似性，说明环流指数对极端降水指数的影响具有同一性。② EA、POL、CPTW、WHWP 和 SIOD 等环流指数与 6 个极端降水指数在当月未表现出显著相关性，但在滞后 2～6 个月显示出显著相关性。③ NVCL、TSA 和 EM 等环流指数对 6 个极端降水指数的影响不显著（$P \geq 0.05$）。

基于 t 检验分析相关性的显著水平，可将极端降水指数之间相关性不显著的环流指数剔除。当两者之间皮尔逊相关系数 $|r| \geq 0.3$ 时，则保留该环流指数，同时保证在不同分区、不同滞后时间下 9 个极端降水指数至少与 1 项环流指数相关。表 9-2 列出了 Ⅵ 区滞后 0～12 个月各环流指数与 CDD 之间具有显著相关性情况下 r 的具体数值，$|r| < 0.3$ 时为空白。

表 9-2 　Ⅵ区滞后 0～12 个月各环流指数与 CDD 显著相关的 r 值

环流指数	滞后时间/月												
	0	1	2	3	4	5	6	7	8	9	10	11	12
NAHAI	−0.40			0.37	0.58	0.62	0.49			−0.40	−0.51	−0.51	−0.40
WPSH				0.31	0.31								
EPSH					0.41	0.48	0.32				−0.33		
NANRP			0.33	0.58	0.68	0.59			−0.43	−0.61	−0.61	−0.47	
EPRP			0.34	0.58	0.65	0.59			−0.44	−0.63	−0.62	−0.46	
SSRP			0.40	0.61	0.67	0.51			−0.45	−0.60	−0.58	−0.44	
WHWRP				0.37	0.36					−0.38	−0.33		
APVA	0.39				−0.44	−0.56	−0.47				0.47	0.52	0.45
PPVA				−0.36	−0.49	−0.44				0.32	0.37		
NAPVA	0.42			−0.35	−0.54	−0.62	−0.46			0.40	0.57	0.56	0.47
AEPVA	0.34					−0.36	−0.34			0.39	0.35	0.35	
PPVI	0.54	0.34			−0.55	−0.68	−0.61	−0.34		0.31	0.57	0.61	0.54
AEPVI	0.56	0.36			−0.42	−0.58	−0.56	−0.41			0.47	0.54	0.55
NVCLI					0.32								
AZC						−0.40	−0.38						
MPZW	0.42			−0.43	−0.52	−0.43				0.37	0.46	0.47	
WPTW					0.34	0.38	0.32						−0.31
ACCP	0.31			−0.30	−0.42	−0.42	−0.33				0.47	0.50	0.35
IOWPA	−0.31	−0.45	−0.48	−0.45	−0.35			0.49	0.63	0.56	0.30		
WPWPA			0.52	0.62	0.55	0.35			−0.41	−0.56	−0.55	−0.38	
WNPTN			0.43	0.60	0.59	0.37			−0.49	−0.57	−0.53	−0.33	
NLTC				0.48	0.57	0.45			−0.34	−0.47	−0.43	−0.35	

从表 9-2 可以看出：① NAHAI 和 IOWPA 与 CDD 在滞后 0 个月的情况下呈现负相关，而其余满足阈值的环流指数在该滞后月份下则呈现正相关，说明在滞后 0 个月情况下环流指数对 CDD 主要起促进作用。②在滞后 0~12 个月情况下，NVCLI 与 CDD 之间的皮尔逊相关系数|r|满足≥0.3 条件的仅 1 个滞后时间（滞后第 4 个月），且|r|最大（=0.32），而满足 PPVI 与 CDD 之间|r|≥0.3 条件的有 10 个滞后时间（滞后 2 个、3 个和 8 个月除外），且滞后 5 个月时|r|最大（=0.68）。③在滞后 0~12 个月情况下满足阈值环流指数的类别和数量均不同，具体表现为滞后 1~2 个和 7~8 个月较少，而滞后 3~6 个和 9~11 个月所对应的环流指数较多，说明不同滞后时间下环流指数对 CDD 的影响具有差异性。④在滞后 0~12 个月下环流指数与 CDD 之间|r|的峰值≥0.5 所对应的环流指数有 14 项，说明大部分环流指数对 CDD 的影响比较大。

表 9-3 列出了Ⅵ区滞后 0~12 个月各环流指数与 CWD 显著相关的 r 值。

表 9-3　Ⅵ区滞后 0~12 个月各环流指数与 CWD 显著相关的 r 值

环流指数	滞后时间/月												
	0	1	2	3	4	5	6	7	8	9	10	11	12
NAHAI	0.33				-0.46	-0.54	-0.44				0.39	0.39	0.34
EPSH					-0.30	-0.40							
NANRP				-0.43	-0.54	-0.51	-0.30			0.44	0.51	0.44	
EPRP				-0.41	-0.50	-0.51	-0.31			0.46	0.50	0.42	
SSRP				-0.42	-0.54	-0.47				0.45	0.52	0.43	
APVA	-0.32				0.36	0.45	0.41	0.30				-0.40	-0.36
PPVA					0.42	0.41					-0.33	-0.30	
NAPVA	-0.36				0.42	0.52	0.39				-0.45	-0.47	-0.37
AEPVA	-0.34										-0.30		
PPVI	-0.43	-0.32			0.42	0.54	0.52	0.36			-0.41	-0.51	-0.44
AEPVI	-0.46	-0.32			0.33	0.47	0.46	0.39			-0.36	-0.44	-0.44
AZC	-0.31												
MPZW	-0.36			0.30	0.39	0.38					-0.35	-0.39	
WPTW						-0.31	-0.30						
ACCP					0.31	0.36	0.31				-0.32	-0.43	-0.31
IOWPA			0.36	0.38				-0.36	-0.50	-0.52	-0.34		
WPWPA				-0.41	-0.53	-0.51	-0.37			0.41	0.44	0.33	
WNPTN					-0.44	-0.47	-0.36		0.34	0.46	0.48	0.36	
NLTC					-0.33	-0.43	-0.37			0.33	0.39	0.34	

从表 9-3 可以看出：①与 CDD 不同，CWD 是代表湿润类的极端降水指数，所以在滞后 0～12 个月情况下环流指数与 CWD 之间的皮尔逊相关系数 r 大体呈现与 CDD 正负相反的情况。②各环流指数与 CWD 之间的 r 呈正负交替变化。以 NAHAI 为例，在滞后 0 个月情况下 r 为正值，滞后 4～6 个月情况下为负值，10～12 个月情况下又变成正值。③具有显著性的环流指数类别和数量均不同，滞后 1～2 个月和 7～8 个月的环流指数较少，而滞后 3～5 个月和 9～11 个月的环流指数较多。④ $|r|$ 的峰值≥0.5 的环流指数仅有 8 项，说明大部分环流指数对 CWD 的影响相对较小。

表 9-4 列出了Ⅵ区滞后 0～12 个月各环流指数与 R10 显著相关的 r 值。

表 9-4　Ⅵ区滞后 0～12 个月各环流指数与 R10 显著相关的 r 值

环流指数	滞后时间/月												
	0	1	2	3	4	5	6	7	8	9	10	11	12
NAHAI	0.58	0.34		−0.33	−0.59	−0.69	−0.61	−0.37		0.35	0.61	0.68	0.58
WPSH				−0.31	−0.35	−0.31				0.31	0.34		
EPSH	0.35				−0.38	−0.44	−0.38				0.40	0.44	0.36
NANRP	0.46		−0.32	−0.62	−0.76	−0.73	−0.48		0.33	0.65	0.79	0.71	0.44
EPRP	0.41		−0.33	−0.63	−0.75	−0.71	−0.46		0.33	0.66	0.78	0.68	0.42
SSRP	0.33		−0.40	−0.65	−0.76	−0.68	−0.39		0.40	0.69	0.78	0.66	0.37
WHWRP				−0.39	−0.45	−0.38				0.43	0.43	0.34	
APVA	−0.60	−0.45			0.44	0.60	0.60	0.45			−0.43	−0.60	−0.61
PPVA	−0.33			0.35	0.48	0.52	0.39			−0.34	−0.49	−0.46	−0.33
NAPVA	−0.61	−0.36			0.58	0.73	0.62	0.40		−0.33	−0.60	−0.71	−0.62
AEPVA	−0.47	−0.31			0.35	0.46	0.42	0.31		−0.36	−0.44	−0.46	
PPVI	−0.73	−0.53			0.54	0.76	0.78	0.55		−0.56	−0.76	−0.74	
AEPVI	−0.72	−0.54			0.43	0.67	0.70	0.56		−0.45	−0.66	−0.72	
NVCLI					−0.37	−0.31				0.36	0.32		
AZC	−0.38					0.32	0.39	0.37			−0.33	−0.36	
MPZW	−0.53			0.38	0.57	0.58	0.45			−0.41	−0.57	−0.60	−0.44
WPTW	0.36					−0.41	−0.43	−0.33				0.32	0.34
ACCP	−0.45				0.47	0.53	0.46			−0.48	−0.56	−0.46	
IOWPA		0.50	0.64	0.62	0.46			−0.42	−0.62	−0.67	−0.50		
WPWPA			−0.50	−0.71	−0.73	−0.55			0.45	0.65	0.68	0.52	
WNPTN			−0.46	−0.66	−0.69	−0.56			0.48	0.70	0.72	0.54	
NLTC	0.31			−0.48	−0.59	−0.56	−0.38			0.51	0.61	0.54	0.31

从表 9-4 可以看出：①与 CWD 相同，R10 同样也是代表湿润类的极端降水指数，所以滞后 0～12 个月情况下环流指数与 R10 之间的皮尔逊相关系数 r 大体呈现与 CWD 正负相同的情况。②与前 2 个代表持续时间类型的极端降水指数不同，在滞后 0～12 个月情况下，环流指数与 R10 之间的 r 满足阈值条件所对应的环流指数更多，且对应的 $|r|$ 更大。此外，滞后 10 个月的 NANRP 与 R10 之间的 $|r|$ 最大（0.79）。③在滞后 0～12 个月情况下环流指数与 R10 之间的 $|r|$ 峰值 $\geqslant 0.5$ 所对应的环流指数有 15 项，说明大部分环流指数对 R10 的影响比较大。

表 9-5 列出了Ⅵ区滞后 0～12 个月各环流指数与 Rx1day 显著相关的 r 值。

表 9-5　Ⅵ区滞后 0～12 个月各环流指数与 Rx1day 显著相关的 r 值

环流指数	滞后时间/月												
	0	1	2	3	4	5	6	7	8	9	10	11	12
NAHAI	0.75	0.54			−0.49	−0.66	−0.67	−0.52			0.54	0.75	0.75
WPSH	0.33				−0.33	−0.33					0.38	0.36	
EPSH	0.49				−0.34	−0.42	−0.40				0.40	0.53	0.49
NANRP	0.66			−0.54	−0.76	−0.78	−0.62	−0.31		0.51	0.78	0.84	0.65
EPRP	0.63			−0.55	−0.75	−0.78	−0.60			0.51	0.77	0.82	0.64
SSRP	0.54			−0.58	−0.76	−0.77	−0.56			0.58	0.81	0.81	0.57
WHWRP	0.31			−0.33	−0.47	−0.45				0.37	0.46	0.42	0.31
APVA	−0.68	−0.60	−0.36		0.35	0.56	0.63	0.55	0.32		−0.33	−0.57	−0.68
PPVA	−0.46				0.44	0.49	0.44				−0.49	−0.57	−0.46
NAPVA	−0.73	−0.54			0.49	0.69	0.71	0.56			−0.52	−0.72	−0.73
AEPVA	−0.52	−0.43				0.45	0.47	0.39			−0.42	−0.49	
PPVI	−0.83	−0.70	−0.40		0.42	0.69	0.80	0.70	0.43		−0.42	−0.73	−0.83
AEPVI	−0.76	−0.70	−0.47		0.31	0.60	0.72	0.66	0.46		−0.30	−0.59	−0.76
NVCLI	0.32				−0.35	−0.38					0.34	0.36	0.30
EMC											−0.30		
AZC	−0.43	−0.35					0.32	0.41	0.37			−0.33	−0.44
MPZW	−0.62	−0.41			0.51	0.64	0.59	0.37		−0.32	−0.56	−0.66	−0.58
WPTW	0.41	0.34				−0.33	−0.42	−0.40				0.32	0.39
ACCP	−0.53	−0.39			0.41	0.56	0.57	0.38			−0.42	−0.57	−0.54
IOWPA		0.37	0.65	0.74	0.62	0.34			−0.52	−0.64	−0.60	−0.39	
WPWPA	0.41			−0.31	−0.60	−0.75	−0.68	−0.41		0.36	0.64	0.76	0.66	0.42
WNPTN	0.37			−0.35	−0.61	−0.73	−0.67	−0.43			0.63	0.79	0.69	0.40
NLTC	0.48				−0.43	−0.56	−0.60	−0.48			0.40	0.62	0.67	0.49

从表 9-5 可以看出：①在滞后 0～12 个月情况下，环流指数与 Rx1day 之间的皮尔逊相关系数 r 满足阈值条件所对应的环流指数较多。所有环流指数与 Rx1day 之间的相关关系均显著，且 NANRP 与 Rx1day 之间的|r|值最大（=0.84），说明 Rx1day 受 NANRP 影响最显著。② APVA、PPVI、AEPVI 和 WPWPA 与 Rx1day 之间|r|满足阈值条件的有 11 个滞后时间，说明这 4 项环流指数对 Rx1day 影响的时间较长。相反，EMC 与 Rx1day 之间的|r|仅在滞后 11 个月满足阈值条件（=0.30）。

表 9-6 列出了 Ⅵ 区滞后 0～12 个月各环流指数与 R99p 显著相关的 r 值。

表 9-6　Ⅵ区滞后 0～12 个月各环流指数与 R99p 显著相关的 r 值

环流指数	滞后时间/月												
	0	1	2	3	4	5	6	7	8	9	10	11	12
NAHAI	0.75	0.54			−0.49	−0.66	−0.67	−0.52			0.54	0.75	0.75
WPSH	0.33				−0.33	−0.33					0.38	0.36	
EPSH	0.49				−0.34	−0.42	−0.40				0.40	0.53	0.49
NANRP	0.66			−0.54	−0.76	−0.78	−0.62	−0.31		0.51	0.78	0.84	0.65
EPRP	0.63			−0.55	−0.75	−0.78	−0.60			0.51	0.77	0.82	0.64
SSRP	0.54			−0.58	−0.76	−0.76	−0.56			0.58	0.81	0.81	0.56
WHWRP	0.31			−0.33	−0.47	−0.45				0.37	0.46	0.42	0.31
APVA	−0.68	−0.60	−0.35		0.35	0.57	0.63	0.55	0.32		−0.33	−0.57	−0.67
PPVA	−0.46				0.44	0.49	0.44				−0.49	−0.57	−0.46
NAPVA	−0.72	−0.54			0.49	0.69	0.71	0.55			−0.52	−0.72	−0.73
AEPVA	−0.52	−0.43			0.45	0.47	0.39				−0.42	−0.49	
PPVI	−0.83	−0.70	−0.40		0.42	0.69	0.80	0.70	0.43		−0.42	−0.73	−0.83
AEPVI	−0.76	−0.70	−0.47		0.32	0.60	0.72	0.66	0.46		−0.30	−0.60	−0.76
NVCLI	0.32				−0.35	−0.38					0.34	0.36	
EMC												−0.30	
AZC	−0.43	−0.35					0.32	0.41	0.37			−0.33	−0.44
MPZW	−0.62	−0.40			0.51	0.64	0.59	0.36		−0.32	−0.56	−0.66	−0.57
WPTW	0.41	0.33				−0.34	−0.42	−0.39				0.32	0.39
ACCP	−0.53	−0.39			0.41	0.56	0.57	0.38			−0.42	−0.57	−0.53
IOWPA		0.37	0.65	0.74	0.61	0.34			−0.52	−0.64	−0.60	−0.39	
WPWPA	0.41		−0.31	−0.61	−0.75	−0.67	−0.41		0.36	0.64	0.76	0.66	0.41
WNPTN	0.37		−0.35	−0.61	−0.73	−0.67	−0.43		0.30	0.63	0.79	0.69	0.39
NLTC	0.48			−0.43	−0.56	−0.59	−0.48			0.40	0.62	0.67	0.49

从表 9-6 可以看出：在滞后 0～12 个月情况下，环流指数与 R99p 之间皮尔逊相关系数 r 满足阈值条件所对应的环流指数及 r 的具体数值与表 9-5 几乎相同，说明环流指数对这两个极端降水指数的影响具有一致性。

表 9-7 列出了Ⅵ区滞后 0～12 个月各环流指数与 PRCPTOT 显著相关的 r 值。环流指数与 PRCPTOT 之间皮尔逊相关系数 r 满足阈值条件所对应的环流指数和 r 的具体数值与前面代表湿润类极端降水指数所对应的情况类似。

对其余 6 个分区各环流指数与极端降水指数之间的相关性也做了分析，但不同分区两者之间的关系与Ⅵ区相比，既具有相似性又具有差异性，其皮尔逊相关系数 r 的变化范围和大小略微不同，此处不再赘述。

表 9-7　Ⅵ区滞后 0～12 个月各环流指数与 PRCPTOT 显著相关的 r 值

环流指数	滞后时间/月												
	0	1	2	3	4	5	6	7	8	9	10	11	12
NAHAI	0.65	0.40		-0.30	-0.56	-0.67	-0.61	-0.42			0.61	0.73	0.65
WPSH					-0.33	-0.31				0.31	0.36		
EPSH	0.42				-0.36	-0.42	-0.37				0.42	0.50	0.42
NANRP	0.52			-0.61	-0.76	-0.73	-0.52			0.61	0.80	0.76	0.50
EPRP	0.49		-0.31	-0.61	-0.75	-0.72	-0.49			0.61	0.79	0.74	0.49
SSRP	0.39		-0.37	-0.63	-0.76	-0.70	-0.44		0.32	0.66	0.81	0.72	0.42
WHWRP				-0.37	-0.46	-0.41				0.41	0.43	0.36	
APVA	-0.64	-0.50			0.43	0.60	0.60	0.47			-0.40	-0.59	-0.64
PPVA	-0.36			0.34	0.46	0.50	0.40			-0.31	-0.51	-0.52	-0.37
NAPVA	-0.64	-0.42			0.56	0.71	0.64	0.44			-0.59	-0.73	-0.66
AEPVA	-0.49	-0.36			0.35	0.46	0.44	0.33			-0.33	-0.43	-0.46
PPVI	-0.77	-0.58			0.52	0.73	0.78	0.59			-0.52	-0.77	-0.78
AEPVI	-0.74	-0.60	-0.32		0.42	0.65	0.70	0.58	0.34		-0.41	-0.65	-0.73
NVCLI					-0.37	-0.34					0.36	0.33	
AZC	-0.43	-0.30					0.35	0.40	0.30			-0.37	-0.41
MPZW	-0.55			0.33	0.55	0.60	0.50			-0.41	-0.58	-0.63	-0.48
WPTW	0.38					-0.38	-0.42	-0.36				0.32	0.35
ACCP	-0.47				0.46	0.55	0.50				-0.47	-0.56	-0.49
IOWPA		0.47	0.68	0.68	0.50			-0.37	-0.57	-0.64	-0.53		
WPWPA			-0.43	-0.67	-0.74	-0.60			0.43	0.66	0.70	0.55	
WNPTN			-0.44	-0.64	-0.69	-0.59	-0.30		0.42	0.69	0.76	0.60	
NLTC	0.35			-0.46	-0.57	-0.55	-0.41			0.48	0.64	0.60	0.36

9.2.5　影响不同分区极端降水指数的关键环流指数

通过共线性分析初步筛选得到 57 项相互独立的环流指数,再在不同分区滞后 0～12 个月情况下将这些环流指数与 9 个极端降水指数进行显著性 t 检验,进一步筛选通过显著性检验($P < 0.05$)的环流指数,最后通过皮尔逊相关分析,以确定皮尔逊相关系数 $|r| \geqslant 0.3$ 的环流指数作为最终影响极端降水指数的关键环流指数。以滞后时间为 12 个月的 CDD 为例,表 9-8 列出了 7 个分区在滞后 12 个月情况下影响 CDD 的关键环流指数。

由表 9-8 可以看出:①在不同分区上影响 CDD 的关键环流指数类别和数量差异性较大。在 Ⅱ 区有 21 项环流指数,而在 Ⅵ 区则只有 8 项环流指数。②部分关键环流指数(NAHAI、APVA、NAPVA、AEPVA、PPVI、AEPVI 和 ACCP)包含在滞后 12 个月下的 7 个分区中,这说明在该滞后月份下,此类环流指数对我国各区域 CDD 的影响占主导地位。③在其他滞后月份,对于其他 8 个极端降水指数而言,确定的关键环流指数类别和数量既展现出了一定相似性,又展现出了差异性。

表 9-8　7 个分区在滞后 12 个月情况下影响 CDD 的关键环流指数

分区	关键环流指数
Ⅰ	NAHAI, EPSH, NANRP, EPRP, SSRP, WHWRP, APVA, PPVA, NAPVA, AEPVA, PPVI, AEPVI, AZC, MPZW, ACCP, WPWPA, WNPTN, NLTC
Ⅱ	NAHAI, EPSH, NANRP, EPRP, SSRP, WHWRP, APVA, PPVA, NAPVA, AEPVA, PPVI, AEPVI, NVCLI, EMC, AZC, MPZW, WPTW, ACCP, WPWPA, WNPTN, NLTC
Ⅲ	NAHAI, EPSH, NANRP, EPRP, SSRP, WHWRP, APVA, PPVA, NAPVA, AEPVA, PPVI, AEPVI, NVCLI, EMC, AZC, MPZW, WPTW, ACCP, WPWPA, WNPTN, NLTC
Ⅳ	NAHAI, EPSH, NANRP, EPRP, SSRP, WHWRP, APVA, PPVA, NAPVA, AEPVA, PPVI, AEPVI, NVCLI, MPZW, WPTW, ACCP, WPWPA, WNPTN, NLTC
Ⅴ	NAHAI, EPSH, NANRP, EPRP, SSRP, WHWRP, APVA, PPVA, NAPVA, AEPVA, PPVI, AEPVI, AZC, MPZW, WPTW, ACCP, WPWPA, WNPTN, NLTC
Ⅵ	NAHAI, APVA, NAPVA, AEPVA, PPVI, AEPVI, WPTW, ACCP
Ⅶ	NAHAI, EPSH, NANRP, EPRP, SSRP, APVA, PPVA, NAPVA, AEPVA, PPVI, AEPVI, AZC, MPZW, WPTW, ACCP, NLTC

9.3　讨　　论

有关大气环流指数对极端降水指数相关性分析的研究较多,且大部分结果证实大气环流会对全球气候有深远影响。研究者们分析大气环流指数对气候的影响主要集中在少数几项环流指数,通过皮尔逊相关分析得到其影响程度的大小。吴梦杰（2020）通过遥相关分析了 NINO 3.4 区海表温度距平指数、PDO 指数、AO 指数和 SST 指数对我国干旱的影响，结果表明，SST 指数和 NINO 3.4 区海表温度距平指数是我国西北地区干旱时空变化的主要影响因子，而 PDO 指数则会对我国华北和青藏高原地区的干旱事件产生影响。当北大西洋海温为正距平而太平洋海温为负距平时，我国西北地区的降水会出现异常增多的现象，反之则会减少，说明海温类环流指数同样会对西北地区的降水产生影响（皮原月，2017）。张群（2020）在分析环流指数对辽宁东南部山区极端降水事件的影响中发现，AO 指数是影响该地区极端降水事件最大的指数，而 NAO 指数的影响主要体现在 CWD，且影响的范围最广。与此同时，上述两项环流指数对我国海河流域的 CWD 有重要影响，而当海平面温度异常升高时，厄尔尼诺与南方涛动相结合则会产生厄尔尼诺-南方涛动（ENSO），这项指数会对除 CWD 以外的所有极端降水指数产生影响（马梦阳等，2019）。厄尔尼诺-南方涛动的产生与厄尔尼诺暖信号存储有关，当全球变暖导致印度洋海温异常时，ENSO 会在夏季影响东亚季风变化，从而对我国夏季干湿变化产生影响（Xie et al.，2009；Huang and Wu，1989）。在本书研究中，厄尔尼诺的环流指数之所以被筛除，很大一部分原因在于这类指数会在"积攒"能量之后对我国某段时间内的降水产生影响。例如，2016 年我国南方地区的暴雨洪涝灾害正是因为上一年度超强厄尔尼诺所带来的影响（吴非，2016）。此外，SST 异常变化与大气环流的变化相互影响，进而通过遥相关影响我国乃至全球的降水和温度变化（Hu et al.，2018；Trenberth et al.，1998）。除了上述大气类和海温类指数以外，其他类环流指数对极端降水事件的影响同样值得关注。作为代表太阳活动的指标，由太阳黑子周期性变化所产生的太阳辐射会影响到地球能量形成和转化，进而对全球气候产生重要影响（李崇银，2014；杨瑞霞和詹志明，1996）。Friis-Christensen 和 Lassen（1991）通过研究太阳黑子周期长短与北半球表面温度之间的关系发现，两者存在紧密的负相关关系。在我国整体范围内，短期时间尺度的太阳黑子对我国降水的影响并不明显，但当时间尺度超过 8 年时，两者之间皮尔逊相关系数 r 的绝对值可超过 0.48，某些区域甚至能达到 0.73（Zhao et al.，2012）。

环流指数对降水的影响可能存在滞后性，即环流发生变化以后需要一定的时间才能影响到某个区域的降水过程。陈阿娇（2017）研究环流指数与长江流域降水之间的关系时发现，NAO 指数对大多数站点降水影响的滞后性大于 15 天，而 AO 指数和太平洋-北美遥相关型指数的滞后时间则相对较短。Tabari 和 Willems（2018）发现，冬季的 NAO 指数和 ENSO 信号对欧洲冬季的极端降水有较弱的控制影响，但在随后几个季节却展现出了较为明显的影响。因此，有关环流指数对降水滞后性的影响可进一步用于降水的预测，以期达到制定防汛抗旱策略的目的。

9.4　小　　结

本章分析了 9 个月尺度极端降水指数的时空演变规律，并且对 130 项 1961～2020 年月尺度环流指数进行严格的数据处理和筛选，进而得到 100 项具有完整序列的环流指数。基于共线性分析方法对 100 项环流指数进行筛选，进一步得到 57 项相互独立的环流指数。通过将不同分区滞后 0～12 个月情况下 9 个极端降水指数与 57 项环流指数之间进行显著性 t 检验和皮尔逊相关性分析，最终筛选得到不同分区滞后 0～12 个月情况下 9 个极端降水指数与环流指数之间具有显著性（$P < 0.05$）且 $|r| \geq 0.3$ 的关键环流指数。

研究结果表明，由于Ⅵ区和Ⅶ区的降水偏多，且湿润类 8 个极端降水指数呈现增加趋势，预示未来极端湿润事件可能增加。Ⅰ区的降水偏少，但 CDD 值呈现减少的趋势，所以未来极端干旱事件可能会减少。从不同分区滞后 1～12 个月情况下 9 个极端降水指数对应筛选的关键环流指数来看，不同分区、不同滞后时间下 9 个极端降水指数所确定的关键环流指数的类别和数量差异性较大。Ⅵ区中滞后 11 个月情况下 Rx1day 对应满足阈值条件的关键环流指数最多（23 项），Ⅵ区中滞后 1 个月情况下 CWD 对应满足阈值条件的关键环流指数最少（2 项）。NAHAI、APVA、NAPVA、AEPVA、PPVI、AEPVI 和 ACCP 这 7 项关键环流指数均包含在滞后 12 个月情况下 7 个分区的 9 个极端降水指数中，说明在该滞后月份下，这几项环流指数对我国各区域极端降水事件的影响占主导地位。

通过筛选 7 个分区滞后 1～12 个月情况下影响我国极端降水事件的关键环流指数，下一步即可利用最新更新的环流指数数据实现我国对不同区域未来 1～12 个月极端降水事件的实时预测，同时本章有关环流指数的筛选过程也让我们对环流指数的驱动影响作用有了更全面的认识。

参 考 文 献

陈阿娇. 2017. 长江流域日降水的时空多尺度变异分析[D]. 长沙: 湖南师范大学.

李崇银. 2014. 太阳活动变化及其对地球气候的影响值得关注[J]. 气象科技进展, 4(4): 6-8.

马梦阳, 韩宇平, 王庆明, 等. 2019. 海河流域极端降水时空变化规律及其与大气环流的关系[J]. 水电能源科学, 37(6): 1-4.

皮原月. 2017. 西北干旱区极端气候变化及其与大气环流和海表温度的联系[D]. 乌鲁木齐: 新疆大学.

吴非. 2016. 厄尔尼诺的中国足迹[J]. 环球科学, 11: 68-69.

吴梦杰. 2020. 基于SPEI的干旱时空演变规律及驱动机制[D]. 杨凌: 西北农林科技大学.

杨瑞霞, 詹志明. 1996. 太阳黑子周期长度——与气候密切相关的太阳活动指标[J]. 地理译报, 2: 1-4.

张群. 2020. 辽宁东南部山区极端降水指数时空变化特征及其与大气环流的相关性分析[J]. 水利规划与设计, 196(2): 49-53.

Chen X, Li Y, Yao N, et al. 2020. Impacts of multi-timescale SPEI and SMDI variations on winter wheat yields[J]. Agricultural Systems, 185: 102955.

Doetterl S, Stevens A, Six J, et al. 2015. Soil carbon storage controlled by interactions between geochemistry and climate[J]. Nature Geoscience, 8(10): 780-783.

Friis-Christensen E, Lassen K. 1991. Length of the solar cycle: An indicator of solar activity closely associated with climate[J]. Science, 254(5032): 698-700.

Hu K M, Huang G, Wu R G, et al. 2018. Structure and dynamics of a wave train along the wintertime Asian jet and its impact on East Asian climate[J]. Climate Dynamics, 51(11): 4123-4137.

Huang R H, Wu Y F. 1989. The influence of ENSO on the summer climate change in China and its mechanism[J]. Advances in Atmospheric Sciences, 6(1): 21-32.

Li Z, Zheng F L, Liu W Z, et al. 2010. Spatial distribution and temporal trends of extreme temperature and precipitation events on the Loess Plateau of China during 1961-2007[J]. Quaternary International, 226(1-2): 92-100.

Tabari H, Willems P. 2018. Lagged influence of Atlantic and Pacific climate patterns on European extreme precipitation[J]. Scientific Reports, 8(1): 5748.

Trenberth K E, Branstator G W, Karoly D, et al. 1998. Progress during TOGA in understanding and modeling global teleconnections associated with tropical sea surface temperatures[J]. Journal of Geophysical Research: Earth Surface, 103(C7): 14291-14324.

Xie S P, Hu K, Hafner J, et al. 2009. Indian Ocean capacitor effect on Indo-Western Pacific climate during the summer following El Niño[J]. Journal of Climate, 22(3): 730-747.

Zhang X, Alexander L, Hegerl G C, et al. 2011. Indices for monitoring changes in extremes based on daily temperature and precipitation data[J]. Wiley Interdisciplinary Reviews: Climate Change, 2(6): 851-870.

Zhao L, Wang J, Zhao H. 2012. Solar cycle signature in decadal variability of monsoon precipitation in China[J]. Journal of the Meteorological Society of Japan, 90(1): 1-9.

第 10 章　基于环流指数的极端降水指数预测

第 9 章对我国 7 个分区滞后 1～12 个月情况下影响极端降水指标的关键环流指数进行了筛选。考虑到大气环流对极端降水事件的影响具有滞后性,本章基于筛选的关键环流指数,将整个研究期分成率定期(1961～2010 年)和验证期(2011～2020 年),对率定期 7 个分区滞后 1～12 个月情况下的关键环流指数与 9 个极端降水指数进行多元线性回归分析建模,并对率定期和验证期不同分区滞后 1～12 个月情况下模拟的效果进行评价,从而预测 2021 年 1～12 月 7 个分区的 9 个极端降水指数。利用构建的极端降水指数预报模型,通过实时更新的环流指数数据即可实现对我国不同分区极端降水事件的预测,从而为相关部门制定政策规划提供参考。

10.1　极端降水指数建模与预测方法

本章计算所用到的 639 个站点日尺度降水数据和环流指数数据与第 9 章一致。有关数据的处理方法及 9 个极端降水指数的名称和定义详见第 9 章。

影响降水变化的因素有很多,大气环流与区域降水之间的关系较为复杂,研究某项环流指数与降水之间的关系不能相对全面地揭示大气环流对降水的驱动影响作用。以往有学者通过构建降水与多因子影响变量之间的多元线性关系,最终实现了对降水的定量分析(邱凯等,2013;Naoum and Tsanis,2004)。因此,通过构建多元线性回归的分析方法,将筛选确定的关键环流指数与极端降水指数建模,最终实现极端降水指数的定量分析。多元线性回归方程具体表达式与式(6-1)类似,但因变量不同。

在滞后 1～12 个月情况下,利用率定期(1961～2010 年)9 个极端降水指数与关键环流指数进行多元线性回归建模,将环流指数数据代入即可得到率定期的模拟值。此外,利用率定期构建的多元线性回归方程,将验证期(2011～2020 年)的环流指数代入方程式便可分别得到不同分区滞后 1～12 个月情况下验证期 9 个极端降水指数的模拟值,通过对两个时期的实测值与模拟值进行线性相关拟合,利用皮尔逊相关系数(r)和归一化均方根误差(nRMSE)进行效果评价。r 的计算公式见式（5-5），nRMSE 的计算参考式（6-2），但水分亏缺/盈余值用极端降水指数代替。

当 r 值接近 1 时，说明模型的效果十分理想；当 nRMSE 值的范围分别处于 0%～10%、10%～20%、20%～30%以及 30%～100%时，模型的效果则分别评价为优异、良好、及格和较差 4 个水平，故当 nRMSE 值接近 0 时，则说明模型的效果较好（Pullanagari et al.，2021；Eon and Bachmann，2021）。

10.2　结果与分析

10.2.1　率定期和验证期的模拟效果

为了分析多元线性回归模型的模拟效果，本章分别将率定期和验证期的观测值与模拟值进行线性相关分析。以Ⅵ区滞后 12 个月的情况为例，图 10-1 展示了率定期和验证期极端降水指数的观测值与模拟值之间的散点图对比结果，每个小图左上角和右下角的公式分别对应率定期和验证期。图 10-1 表明：①率定期 8 个极端降水指数（除 CWD 外）观测值和模拟值之间的皮尔逊相关系数 r 均大于 0.5，而 Rx1day、R99p 和 SDII 观测值和模拟值之间的 r 达 0.90。此外，9 个极端降水指数观测值和模拟值之间对应的 nRMSE 的范围为 9.32%～13.72%，其中 SDII 观测值和模拟值之间的 nRMSE 达到 9.32%，达到了优异的水平。综合来看，率定期模拟的 9 个极端降水指数效果很好。观测值和模拟值的线性方程系数除 CDD 和 CWD 模拟效果较差外，其他 7 个极端降水指数均接近于 1，说明模拟值的大小整体略小于观测值，但相对达到了良好水平的模拟效果。②验证期 9 个极端降水指数观测值和模拟值之间的 r 均大于 0.5，其中 Rx1day 和 SDII 对应的 r 均大于或等于 0.90。此外，9 个极端降水指数观测值和模拟值的 nRMSE 的范围均

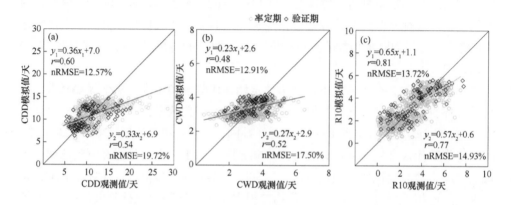

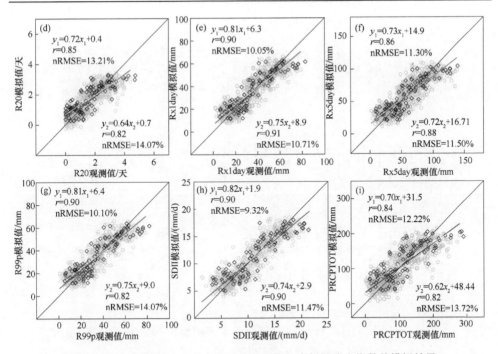

图 10-1　Ⅵ区滞后 12 个月率定期和验证期 9 个极端降水指数的模拟效果

为 10.71%～19.72%，说明拟合效果均良好。除 CDD 和 CWD 模拟效果较差外，其他 7 个极端降水指数模拟值的结果略小，但总体模拟效果较好。③验证期 CWD、Rx1day、Rx5day、SDII 对应的 r 值大于或等于率定期的 r 值，其余 5 个指数对应的 r 值均小于率定期的 r 值，而两者之间 nRMSE 的表现则相反，说明率定期的拟合效果整体稍好于验证期，且两个阶段的模拟效果均良好。

10.2.2　不同分区模型模拟极端降水指数评价

1. 模型率定效果评价

采用 r 和 nRMSE 值作为评价指标，图 10-2 展示 7 个分区滞后 1～12 个月情况下率定期模型模拟极端降水指数的效果。由图 10-2 可知：①对于模拟的 CDD 而言，滞后 2 个月和 8 个月的 r 值最低、nRMSE 值最高，模拟效果相对较好；而 5 个月和 11 个月的 r 值最高、nRMSE 值最低，模拟效果相对较差。此外，在不同滞后时间下，Ⅱ区和Ⅲ区的 r 值明显高于其余 5 个分区，均大于 0.7；而其余 5 个分区的 r 值均大于 0.5，且差异不明显。Ⅵ区的 nRMSE（小于 13%）明显低于其余 6 个分区，但这 6 个分区 nRMSE 差异不大（小于 18%）。②模拟的 CWD 的

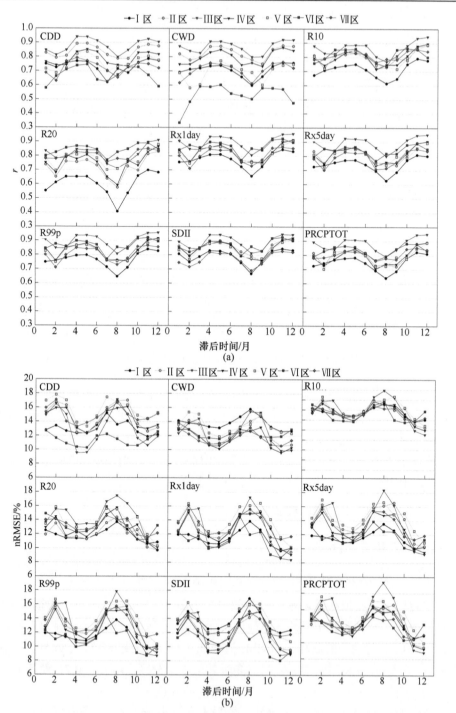

图 10-2　不同分区滞后 1～12 个月模型模拟极端降水指数的 r 值（a）和 nRMSE 值（b）（率定期）

r 和 nRMSE 随滞后时间变化,其中Ⅵ区的 r 值明显小于其余 6 个分区。nRMSE 值在 Ⅰ 区大于 13%,在其余 6 个分区差异不明显。③模拟的 R10 和 R20 的 r 和 nRMSE 随滞后时间变化的规律类似,Ⅰ区的 r 明显小于其余 6 个分区。7 个分区的 nRMSE 差异不大。④就 Rx1day、Rx5day 以及 R99p 模拟效果而言,不同滞后时间下 r 在Ⅲ区较高,而在 Ⅰ 区较低,在其余 5 个分区差异不大,在 0.7~1.0 的范围变化,nRMSE 在 8%~18%变化。⑤对于 SDII 和 PRCPTOT 而言,r 相对较高的分区为Ⅲ区,而 r 相对较低的分区为Ⅶ区和 Ⅰ 区,其余分区的 r 均在 0.7~1.0 变化。综合来看,大部分模拟的极端降水指数在不同分区上的 r 和 nRMSE 值均表现较好。因此,构建的多元线性回归模型的模拟效果可靠。

2. 模型的验证效果评价

图 10-3 展示了不同分区滞后 1~12 个月情况下利用多元线性模型模拟验证期极端降水指数的 r 和 nRMSE 值。由图 10-3 可知:①整体上,验证期模拟各个极端降水指数的 r 和 nRMSE 值在不同滞后时间下的变化与率定期具有相似性,但 r 值比率定期略低,而 nRMSE 值则略高。②滞后 6~9 个月情况下的 r 值较其他滞后时间低,而 nRMSE 值则较其他滞后时间高,模拟效果相对不

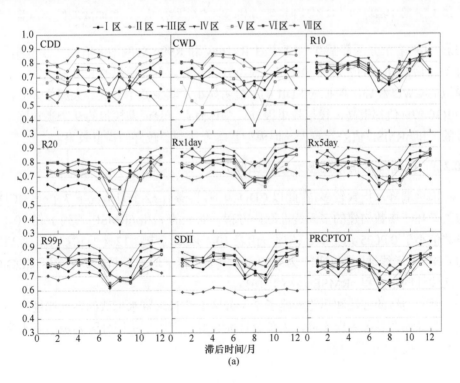

(a)

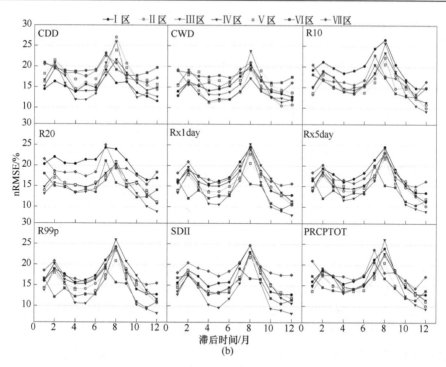

图 10-3　不同分区滞后 1~12 个月下模型模拟极端降水指数的 r 值（a）和 nRMSE 值（b）（验证期）

理想。③ 7 个分区滞后 1~12 个月 Rx1day 和 R99p 对应的 r 值均大于 0.6，且每个滞后时间下的表现相对稳定，模拟效果较好。Ⅰ区模拟的 R10 和 R20、Ⅵ区模拟的 CWD 和Ⅶ区模拟的 SDII 的 r 值明显小于其余 6 个分区。大部分分区模拟的 R10 的 r 值都很高，模拟效果很好。总体而言，验证期模拟的 9 个极端降水指数的 r 和 nRMSE 值差异较大，但模型基本上达到了较好的模拟效果。

10.2.3　极端降水指数的多元线性回归方程

因极端降水指数较多，在此以 CDD 为例，将滞后 12 个月情况下 7 个分区 CDD 与关键环流指数构建的多元线性回归方程、对应的 r 和 nRMSE 值列于表 10-1。系数值小于 0.0005 则不展示该项。由表 10-1 可知，滞后 12 个月情况下，除Ⅵ区的 CDD 多元线性回归方程 r 为 0.59 外，其余分区 r 均大于 0.7；7 个分区 CDD 的多元线性回归方程 nRMSE 均小于 16%。

基于类似的方法和思路构建了 7 个分区 9 个极端降水指数的多元线性回归方程，其性能在各区表现不同，大部分性能较好，可用于不同分区各极端降水指数在下一年度 12 个月的预测。

表 10-1　滞后 12 个月 7 个分区 CDD 与关键环流指数构建的多元线性回归方程

分区	多元线性回归方程	r	nRMSE/%
I	CDD=14.809−0.122NAHAI+0.003EPSH−0.155NANRP−0.015EPRP+0.067SSRP−0.006WHWRP+0.124APVA−0.348PPVA+0.338NAPVA+0.055AEPVA+0.001PPVI+0.098AZC+0.003MPZW+0.033ACCP+0.125WPWPA−0.007WNPTN−0.203NLTC	0.77	12.17
II	CDD=19.505−0.106NAHAI+0.008EPSH−0.249NANRP−0.119EPRP−0.077SSRP+0.18APVA−0.531PPVA+0.09NAPVA+0.053AEPVA+0.001PPVI+0.001AEPVI−0.028NVCLI+0.277EMC−0.016AZC+0.078MPZW−0.173WPTW+0.126ACCP+0.232WPWPA−0.2827WNPTN+0.095NLTC	0.88	13.16
III	CDD=11.611−0.069NAHAI+0.008EPSH−0.139NANRP−0.042EPRP−0.121SSRP+0.003WHWRP+0.322APVA−0.83PPVA+0.362NAPVA−0.054AEPVA+0.002PPVI+0.002AEPVI−0.04NVCLI+0.322EMC−0.081AZC+0.16MPZW−0.351WPTW+0.120ACCP+0.250WPWPA−0.160WNPTN−0.323NLTC	0.90	11.93
IV	CDD=8.832+0.001NAHAI+0.009EPSH−0.047NANRP−0.158EPRP−0.054SSRP−0.002WHWRP+0.363APVA−0.294PPVA+0.344NAPVA−0.139AEPVA+0.001PPVI+0.001AEPVI−0.04NVCLI+0.08MPZW−0.113WPTW+0.121ACCP+0.021WPWPA−0.24WNPTN+0.265NLTC	0.82	13.53
V	CDD=1.470−0.020NAHAI+0.005EPSH−0.082NANRP−0.069EPRP−0.120SSRP−0.003WHWRP+0.228APVA−0.164PPVA+0.309NAPVA+0.037AEPVA+0.001PPVI+0.001AEPVI−0.036AZC+0.061MPZW−0.229WPTW+0.132ACCP+0.283WPWPA−0.291WNPTN+0.222NLTC	0.78	15.26
VI	CDD=−1.662+0.061NAHAI+0.272APVA+0.131NAPVA−0.035AEPVA+0.001AEPVI−0.138WPTW+0.061ACCP	0.59	12.57
VII	CDD=−1.578−0.044NAHAI+0.008EPSH+0.048NANRP−0.016EPRP+0.025SSRP+0.267APVA−0.367PPVA+0.395NAPVA−0.165AEPVA+0.001PPVI+0.001AEPVI+0.144AZC+0.034MPZW−0.249WPTW+0.047ACCP−0.202NLTC	0.72	15.13

10.2.4　极端降水事件的预测结果

利用 2020 年 12 月的环流指数数据，基于不同分区、不同滞后时间下，每个极端降水指数与关键环流指数构建的多元线性回归模型，可实现 2021 年 1～12 月 7 个分区极端降水指数的预测。

图 10-4 展示了 2021 年 1～12 月不同分区 9 个极端降水指数的预测结果。由图 10-4 可知：①7 个分区的 CDD 预测值在 2021 年 1～12 月先减后增，1 月、2 月、11 月和 12 月的值较大，而 5～8 月值较小。对比不同分区可知，预测的 I 区和 II 区 CDD 值明显高于其他几个分区，而 VI 和 VII 区 CDD 值明显低于其他几个分区，III、IV 和 V 区的 CDD 值居中且差异不大。此外，I 区 2021 年 11 月的 CDD 大于 25 天，应预防极端干旱事件。②预测的 CWD 结果与 CDD 大致相反，且 7 个分区差别较明显。除 I 区各预测月份下的 CWD 值维持在 1 天附近外，其余 6 个分区的 CWD 值在夏季（6～8 月）偏高而在冬季（12 月至次年 2 月）偏低。③VI 和 VII 区 R10 和 R20 值明显比其他分区高，而在 I 区中，各月份下的 R10 和

R20 值均在 0 附近,发生强降水和特强降水的可能性很小。在Ⅶ区 R10 和 R20 值在 8 月分别接近 6 天和超过 3 天,均对应为最大值,发生强降水和特强降水的风险高。④预测的各分区 Rx1day、Rx5day 和 R99p 在同一分区的变化规律相似,但对于同一指标而言,各分区的值差别很大。⑤ 7 个分区 SDII 先增加后减少,依分区Ⅶ、Ⅵ、Ⅴ、Ⅳ、Ⅱ、Ⅲ和Ⅰ的顺序递减。PRCPTOT 与其他代表湿润类极端降水指数的变化情况类似。值得注意的是,Ⅶ区中 PRCPTOT 预测值的波动性比较大,说明该区域应谨防降水时间上分配不均匀所带来的各种风险。

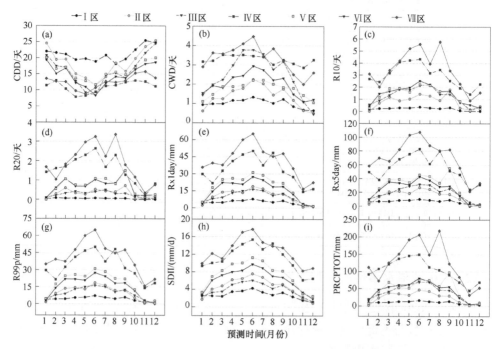

图 10-4 2021 年 1～12 月不同分区 9 个极端降水指数的预测

10.2.5 模型预测极端降水事件的结果评价

图 10-5 展示了 2021 年 1～12 月不同分区 9 个极端降水指数预测结果的具体评价。以 2021 年 1 月预测的 CDD 为例,将 1961～2020 年所有 1 月的 60 个 CDD 值由小到大进行排序,分别计算 20%、40%、60%和 80%的阈值,对应 23.9 天、25.6 天、26.3 天和 27.9 天。将预测得到的 CDD 值(22.1 天)和阈值进行对比,则可确定该预测结果相比历年 1 月的 CDD 值处于偏低的情况(< 20%),表明干旱相对缓和。类似地,可对预测的 2021 年 1～12 月 7 个分区 9 个极端降水指数的结果进行评价。

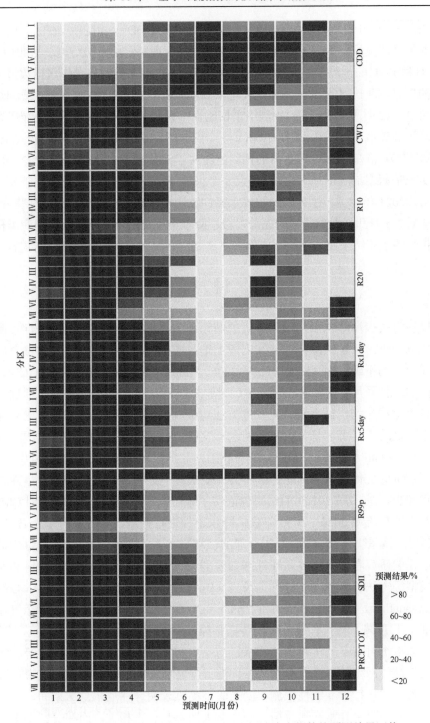

图 10-5　2021 年 1～12 月不同分区 9 个极端降水指数的预测结果评价

由图 10-5 可知：①各个分区在 6～10 月预测的 CDD 值相比往年偏高，说明夏秋季的干旱情况相较于往年处于较高的水平，应合理制定相应的措施。与此相反，1～3 月和 12 月的预测值相比往年偏低。②其余 8 个湿润类的极端降水指数呈现出类似的规律，即 1～4 月的预测值比往年偏高，而 6～9 月的预测值比往年偏低。此外，2021 年 1～12 月 I 区 R99p 的预测结果相比往年偏高（＞80%），说明该区域需要谨慎应对极端降水事件。II、III、IV 和 V 区中的 R10、R20、Rx1day、Rx5day、R99p 和 PRCPTOT 值在 11 月和 12 月的预测值比往年偏低。③在 VI 和 VII 区，2021 年 12 月 CDD 的预测结果比往年低，而其余 8 个极端降水指数的预测结果比往年高。总体而言，2021 年全国范围内的极端降水事件较历史时期有望减少，但在某些分区，原本 4 月、5 月和 9 月的降水较充沛，极端降水事件发生较多，而部分湿润类极端降水指数的预测结果比往年的阈值偏高，需制定专项措施来加以应对洪涝灾害。

10.3 讨　　论

以往有关极端降水事件预测分析的结论和成果不少，大体可分为长期预测和短期预测两类。长期预测方法能在宏观上给区域极端降水变化提供大致参考，但也存在很大的不确定性（Khan et al.，2006）。目前，使用最多的是利用 GCM，结合不同的统计降尺度方法和不同的 RCP 情景进行研究。李林超（2019）通过使用多 GCM 集成平均，结合统计降尺度方法对极端事件进行研究，发现我国西北地区未来的极端干旱事件将会更频繁，这一发现与 Li 等（2018）的研究结果一致。与此相反，Peng 和 Zhou（2017）在对我国西北地区夏季降水变化的分析中发现，由于蒸发量的变化，未来西北地区将会有更加湿润的情况，即极端干旱事件将会进一步减少，Yao 等（2018）的结果也证实了该结论。Yuan 等（2018）利用 CMIP5 数据对金沙江流域 2020～2050 年极端降水事件进行预测，结果发现，未来 RCP 4.5 和 RCP 8.5 情景下，20 年和 50 年一遇的极端降水量将普遍增加 1.0%～33.7%。

以往的研究者们采用多元线性回归模型、人工神经网络、马尔可夫链和对数线性模型等方法对未来气候进行了预测（Buyuksahin and Ertekina，2019；Lohani and Loganathan，2010）。Bodri 和 Ermák（2000）采用摩拉维亚地区 2 个气象站 38 年的月尺度降水数据，通过反向传播神经网络进行训练。预测结果显示，该方法预测的下个月和下一年夏季的降水量与站点实际降水量基本吻合。Wu 等（2005）利用人工神经网络的方法对热带太平洋海温异常所导致的北美洲冬季地表气温异常和降水异常进行了非线性预测，交叉验证测试表明，在厄尔尼诺期间，冬季地表气温异常和降水异常在阿拉斯加和加拿大西部具有正相关，而在美国东南部则具有较弱的负相关。这表明非线性响应可能有助于提高北美洲地区的降水预测能力。Ward 和 Folland（1991）利用多元线性回归和线性判别分析方法，将海表温度数据用作巴西东北部雨季降水实时预测的预报因子，将 1912～1948 年和 1949～1985 年两个时期分为训练期和验证期，结果表现，仅使用海表温度数据，至少 50% 的巴西东北部雨季的降水量变化是可预测的，总体上没有明显的偏差。Zeng 等（2010）使用两个非线性和两个线性回归模型对 1950～2007 年加拿大冬季 3 个月、6 个月、9 个月和 12 个月的最大 5 日累积降水量进行了预测。结果显示，该地区东部大草原地区呈现了最好的预测能力，而最差的非线性模型结果出现在北部地区。程智（2011）利用多元线性回归对 1979～2010 年 3 个环流指数（NAO 指数、850hPa 月平均纬向风和 ENSO）和积雪深度构建了不同因子组合的间接降水预测模型和多个模型组合的集合模型。结果显示，在对 2010 年夏季降水的预测结果中，集合模型的模拟结果好于单一模型中的"最优"模型，且东部地区的模拟结果表现最优。

　　本书使用的是多元线性回归方法，相比其他建模的方法，其优势在于模型构建简单且能考虑到多因子变量的影响。此外，影响极端降水事件的其他因素也较多（如植被覆盖、高程、坡向和城市环境等），即使是同一分区的不同站点之间也可能存在较大的差异，故本书采用分区平均指标来构建极端降水指标的多元回归模型。从率定期和验证期对应的观测值与模拟值拟合的效果来看，模拟值相较于观测值偏低（图 10-1），故模型预测的结果可能会偏小。在极端降水指数较高的月份，模型输出的预测结果难以反映高值，模型预测的结果相较于往年可能偏低，而对于极端降水指数较低的月份而言，情况则相反（图 10-5），所以存在模型对极大值或极小值模拟不准确的情况。因此，未来有关极端降水事件预测的方法应进一步精确，可通过加入相应误差校正的算法进行优化，以便能实时准确地预测未来各区域的极端降水事件。

10.4　小　　结

　　基于筛选的关键环流指数，本章构建了 9 个极端降水指数与关键环流指数的多元线性回归方程，通过率定期和验证期模拟的极端降水指数与观测的极端降水指数的对比，评价了模型模拟的效果。进一步利用 2020 年 12 月最新的环流指数预测了 2021 年 1～12 月各个分区 9 个极端降水指数的值。通过不同分区 2021 年 1～12 月预测的结果与过去 60 年对应月份的阈值进行对比，确定其大小范围便可大致分析未来极端降水事件的强弱。

　　研究结果表明，率定期各极端降水指数与关键环流指数之间的皮尔逊相关系数 r 大多大于 0.6，nRMSE 大多低于 18%，但各区域存在一定差异性，模拟效果总体良好；验证期各极端降水指数的模拟效果与率定期大体类似，模拟效果也较好。从 2021 年 1～12 月各个分区极端降水指数的预测结果来看，VI和VII区在夏季需防范强降水和极端湿润事件，而 I 区则需防范极端干旱事件。

　　从预测的结果来看，和过去 60 年各个月份极端降水指数的阈值对比，7 个分区在 6～10 月 CDD 的预测结果比过去 60 年偏高，1～3 月和 12 月的预测结果比过去 60 年偏低。1～4 月其余 8 个湿润类极端降水指数的预测值总体比过去 60 年偏高，而 6～9 月的预测值总体比过去 60 年偏低。此外，虽然 4 月、5 月和 9 月某些湿润类极端降水指数的预测结果相比过去 60 年偏高，但我国极端降水事件的预测结果较过去 60 年总体偏低。

参 考 文 献

程智. 2011. 中国汛期降水及其极端值的统计推断模型研究[D]. 兰州: 兰州大学.

李林超. 2019. 极端气温, 降水和干旱事件的时空演变规律及其多模式预测[D]. 杨凌: 西北农林科技大学.

邱凯, 脱宇峰, 孙正友, 等. 2013. 多层递阶与多元线性回归分析法在洛阳秋季降水预测中的应用与对比[C]. 南京: 中国气象学会年会.

Bodri L, Ermák V. 2000. Prediction of extreme precipitation using a neural network: Application to summer flood occurrence in Moravia[J]. Advances in Engineering Software, 31(5): 311-321.

Buyuksahin U C, Ertekina S. 2019. Improving forecasting accuracy of time series data using a new ARIMA-ANN hybrid method and empirical mode decomposition[J]. Neurocomputing, 361: 151-163.

Eon R S, Bachmann C M. 2021. Mapping barrier island soil moisture using a radiative transfer model of hyperspectral imagery from an unmanned aerial system[J]. Scientific Reports, 11(1): 3270.

Khan M S, Coulibaly P, Dibike Y. 2006. Uncertainty analysis of statistical downscaling methods[J]. Journal of Hydrology, 319(1-4): 357-382.

Li C, Tian Q, Yu R, et al. 2018. Attribution of extreme precipitation in the lower reaches of the Yangtze River during May 2016[J]. Environmental Research Letters, 13(1): 014015.

Lohani V K, Loganathan G V. 2010. An early warning system for drought management using the Palmer drought index[J]. Jawra Journal of the American Water Resources Association, 33(6): 1375-1386.

Naoum S, Tsanis I K. 2004. Orographic precipitation modeling with multiple linear regression[J]. Journal of Hydrologic Engineering, 9(2): 79-101.

Peng D, Zhou T. 2017. Why was the arid and semiarid northwest China getting wetter in the recent decades[J]. Journal of Geophysical Research, 122(17): 9060-9075.

Pullanagari R R, Dehghan-Shoar M, Yule I J, et al. 2021. Field spectroscopy of canopy nitrogen concentration in temperate grasslands using a convolutional neural network[J]. Remote Sensing of Environment, 257: 112353.

Ward M N, Folland C K. 1991. Prediction of seasonal rainfall in the north Nordeste of Brazil using eigenvectors of sea-surface temperature[J]. International Journal of Climatology, 11(7): 711-743.

Wu A, Hsieh W W, Shabbar A. 2005. The nonlinear patterns of North American winter temperature and precipitation associated with ENSO[J]. Journal of Climate, 18(11): 1736-1752.

Yao N, Li Y, Lei T, et al. 2018. Drought evolution, severity and trends in Chinese mainland over 1961—2013[J]. Science of the Total Environment, 616: 73-89.

Yuan Z, Xu J, Wang Y. 2018. Projection of future extreme precipitation and flood changes of the Jinsha River Basin in China based on CMIP5 climate models[J]. International Journal of Environmental Research and Public Health, 15(11): 2491.

Zeng Z, Hsieh W W, Shabbar A, et al. 2010. Seasonal prediction of winter extreme precipitation over Canada by support vector regression[J]. Hydrology and Earth System Sciences, 15(1): 65-74.

第 11 章 社会经济发展水平对极端降水事件的影响

影响极端降水事件的因素有很多，人类活动作为主要影响因素之一，近几十年以来颇受大家关注。目前，有关人类活动对极端降水事件影响的研究较多，但以社会经济发展水平来表征人类活动的影响，进而分析其对极端降水事件影响的研究较少。本书选择 2018 年人口和 GDP 的大小范围来划分社会经济发展水平，进而分析在不同社会经济发展水平中，人口和 GDP（社会经济发展）的变化对极端降水事件的影响。为了进一步反映不同社会经济发展水平对极端降水事件的影响差异，本章进一步分析了 6 个极端降水指数线性斜率的变化趋势。

11.1 材料与方法

11.1.1 数据来源

选择我国 525 个站点 2000～2018 年的人口和 GDP 数据来反映社会经济的发展情况。历年人口和 GDP 数据均来自于中国国家统计局（http://www.stats.gov.cn/tjsj/）和 Wind 数据库（https://www.wind.com.cn/NewSite/about.html），所有数据均通过了严格的检查，当下载的数据连续缺失 2 年及以上时，则进行剔除，其余情况均用相邻年份的数据进行线性插值。2000～2018 年 525 个站点的日尺度降水数据与第 9 章相同，此处不再赘述。

11.1.2 社会经济发展水平的划分

综合利用 2018 年我国人口和 GDP 数据，将我国 525 个气象站点划分为 6 个不同社会经济发展水平。本章社会经济发展水平的划分与第 7 章一致，研究区的高程、气象站点、省界及分别按人口、GDP、人口和 GDP 划分的站点规模图如图 7-1 所示。

11.1.3　极端降水指数挑选

考虑极端降水指数的代表性，选择 6 个极端降水指数进行研究，即连续干旱日数（CDD）、连续湿润日数（CWD）、降水强度（SDII）、湿润天降水量（R95p）、最大 1 日降水量（Rx1day）和湿润日总降水量（PRCPTOT）。所选的极端降水指数分为 4 类，包括用特征量极值定义的类型如 Rx1day、用特征量超过阈值范围定义的类型如 R95p、用特征量持续时间定义的类型如 CDD 和 CWD，以及其他类型包括 PRCPTOT 和 SDII。因此，所选的 6 个极端降水指数在表征各种极端降水事件方面具有很好的代表性。6 个极端降水指数的定义见 9.1.2 节和表 9-1，不同的是本章采用年尺度进行分析。

11.1.4　线性斜率估计

为了反映人口和 GDP 变化量与极端降水指数变化量之间的关系，本书计算了 2000～2018 年 525 个站点的人口、GDP 和 6 个极端降水指数的线性斜率（EPI$_{LS}$），以下分别用 Popu$_{LS}$、GDP$_{LS}$、CDD$_{LS}$、CWD$_{LS}$、SDII$_{LS}$、R95p$_{LS}$、Rx1day$_{LS}$ 和 PRCPTOT$_{LS}$ 表示。对不同社会经济发展水平的各站点成对的 Popu$_{LS}$（或 GDP$_{LS}$）与 EPI$_{LS}$ 进行皮尔逊相关分析，进而揭示人口和 GDP 变化对极端降水事件的影响。线性回归的性能优劣用决定系数 R^2 来描述。此外，为了反映不同社会经济发展水平下 6 个 EPI$_{LS}$ 的差异，进一步研究了 EPI$_{LS}$ 均值随社会经济发展水平变化的情况。

11.2　结果与分析

11.2.1　人口和 GDP 的空间分布及趋势变化

人口和 GDP 的快速增长将导致城市扩张速度加快（Sharifi and Hosseingholizadeh，2019）。2000～2018 年的平均人口、GDP 及其线性斜率的空间分析结果表明（图 11-1）：①人口数量较多且 GDP 较高的地区主要位于中国东南部[图 11-1（a）和图 11-1（b）]。中国东部和西部之间的人口和 GDP 数量分布差异明显。人口超过 80 万人且 GDP 超过 5000 亿元的地区几乎分布在经济和社会发展较快的中国东南部地区。相反，青藏高原地区除拉萨外大部分站点的人口不足 80 万人，GDP 不足 500 亿元。与此同时，有 280 个站点的人口在 50 万人以下，264 个站点的 GDP 低于 100 亿元，这些站点随机分布在中国各地。综合比较人口和 GDP 的空间分布，中国东南部地区普遍高于西北部地区。② 2000～2018 年，Popu$_{LS}$ 和 GDP$_{LS}$ 的范围分别为–7.5 万～56.7 万人/年和 0.008 亿～1570 亿元/年[图 11-1（c）和（d）]。所有站点的 GDP 和 77%站点的人口呈增加趋势，其余 23%站点的人口呈下降趋势（$Popu_{LS}$ 为–5 万～0 万人/年）且主要分布在东北部和中部地区。与此同时，92%站点的人口和 65%站点的 GDP 增长趋势较小，$Popu_{LS}$ 和 GDP_{LS} 分别为 0～5 万人/年和小于 20 亿元/年。此外，社会经济发展水平 6 的站点人口和 GDP 增长最快。③ 5 个站点的人口超过 1000 万人且 $Popu_{LS}$ 超过 20 万人/年，4 个站点的 GDP 超过 10000 亿元且 GDP_{LS} 超过 500 亿元/年。$Popu_{LS}$ 和 GDP_{LS} 较大值的站点位于华中到华南地区。

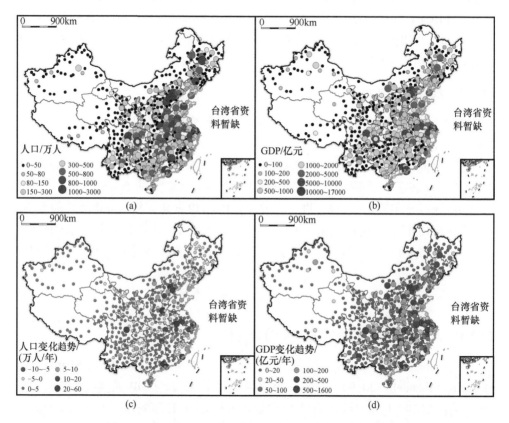

图 11-1　人口和 GDP 的多年平均值和线性趋势的空间分布

2000～2018 年人口和 GDP 年变化及不同社会经济发展水平下的线性斜率详见图 7-2、图 7-3。从社会经济发展水平 1～6，人口和 GDP 随时间总体上呈增加趋势，总人口除以站点数的范围分别为 21.1 万～22.9 万人、65.9 万～71.6 万人、210.5 万～226.1 万人、436.6 万～470.9 万人、684.9 万～795.2 万人和 1318.7 万～1834.3 万人；总 GDP 除以站点数的范围分别为 9.1 亿～98.3 亿元、44.7 亿～360.2 亿元、117.7 亿～989.4 亿元、240.8 亿～2323.2 亿元、690.4 亿～6354.6 亿元和 2308.6

亿～22489.1 亿元。社会经济发展水平 6 的人口和 GDP 增加较快且明显高于其他社会经济发展水平的值，而社会经济发展水平 1、2 和 3 之间的差异则相对较小。从箱形图来看，从社会经济发展水平 6 至 1，$Popu_{LS}$ 和 GDP_{LS} 的大小和范围均呈减少趋势，其中社会经济发展水平 6 对应的 $Popu_{LS}$ 和 GDP_{LS} 远高于其他社会经济发展水平，分别达到 15.9 万～56.7 万人/年和 774.4 亿～1570.6 亿元/年。然而，对于社会经济发展水平 1 和 2，除了少数几个站点的 GDP_{LS} 偏大以外，$Popu_{LS}$ 和 GDP_{LS} 整体很小。

11.2.2　极端降水指数的空间分布及趋势变化

中国 2000～2018 年 6 个极端降水指数的年平均值空间分布结果表明（图 11-2）：① CDD 是 6 个极端降水指数中唯一体现干旱特征的，其年平均值的范围为 10～140 天，从中国西北到东南呈减少趋势。具有较大 CDD 值的站点主要分布在新疆南部和青藏高原南部。② CWD 的空间分布与 CDD 相反。具有较大 CWD 值的站点主要分布在华南地区，而具有较小 CWD 值的站点主要分布在西北地区。CWD 值从华北到华南呈增加趋势，华南地区气候相对湿润。其中，云南省贡山站（98°66′67″E，27°75′00″N）对应的 CWD 值最大，为 14.6 天。③ SDII、R95p 和 Rx1day 具有相似的空间分布特征。SDII 值在 8～12 mm/d 的站点位于西南至东北的一条长带中，著名的"胡焕庸线"正好位于这条农牧交错带上（Wang et al.，2018）。西北地区的 R95p 和 Rx1day 值较低，华南地区特别是东南部沿海地区这 3 个极端降水指数的大小明显高于其他地区。④ PRCPTOT 在空间上差异很大，西北地区的 PRTCPTOT 值较低，而华南地区则相反，说明西北和华南地区分别发生极端干旱和极端湿润事件的可能性更高。

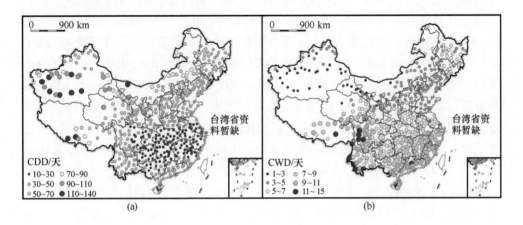

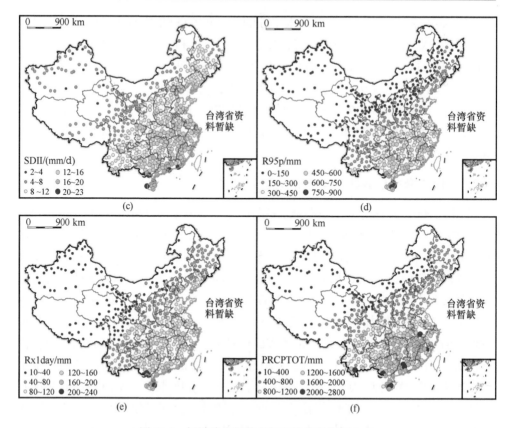

图 11-2　极端降水指数多年平均值的空间分布

　　6个极端降水指数线性斜率值的空间分布结果表明（图 11-3）：① CDD_{LS} 值的范围为–3.1～2 d/a，而 CWD_{LS} 值的范围则为–0.4～0.4 d/a，其余 4 个极端降水指数的范围分别为–0.3～0.4 mm/（d·a）、–10～16 mm/a、–6.7～6.6 mm/a，–20～40 mm/a。② 360 个站点的 CDD_{LS} 值为负，主要分布在东部地区，CDD 呈上升趋势的 165 个站点主要分布在西南地区。86.3%站点的 CDD_{LS} 值为–1～0 d/a，表明干旱状况有所缓解。③ 99%的站点 CWD_{LS} 值为–0.3～0.3 d/a。221 个站点的 CWD_{LS} 值为负且随机分布在全国各地。CWD_{LS} 值较大的站点位于华南地区，意味着南部地区连续降水天数增多，洪涝灾害可能会加剧。④ $SDII_{LS}$ 值较高的站点主要分布在华东地区；超过80%的站点 $SDII_{LS}$ 值变化范围为–0.1～0.1 mm/（d·a），并且随机分布。⑤ $R95p_{LS}$ 与 $PRCPTOT_{LS}$ 的空间分布模式高度相似，即最高值和最低值都分布在华东地区。64%的站点的 $R95p_{LS}$ 值变化范围很小（–5～5 mm/a）。超过76%的站点的 $PRCPTOT_{LS}$ 值为正值，即 PRCPTOT 总体呈上升趋势。⑥ $Rx1day_{LS}$ 在 0～2 mm/a 的站点占多数，在空间上随机分布，而较大的 $Rx1day_{LS}$ 值则分布在华南地区。

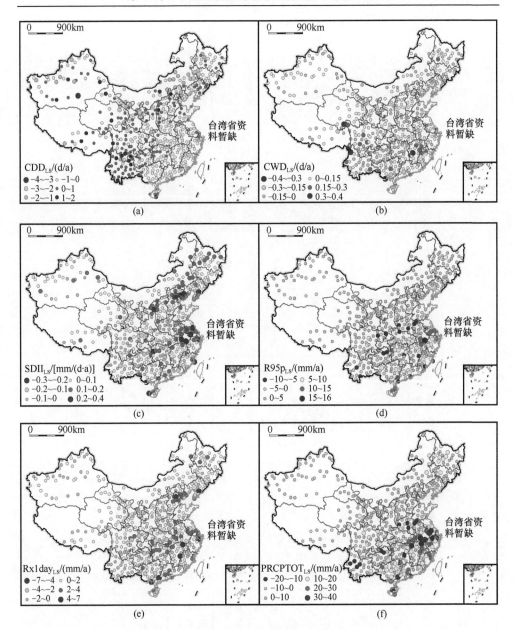

图 11-3   极端降水指数线性斜率值的空间分布

11.2.3   极端降水指数的时间变化

图 11-4 显示了 2000～2018 年不同社会经济发展水平下 6 个极端降水指数的时间变化和线性斜率的箱形图。

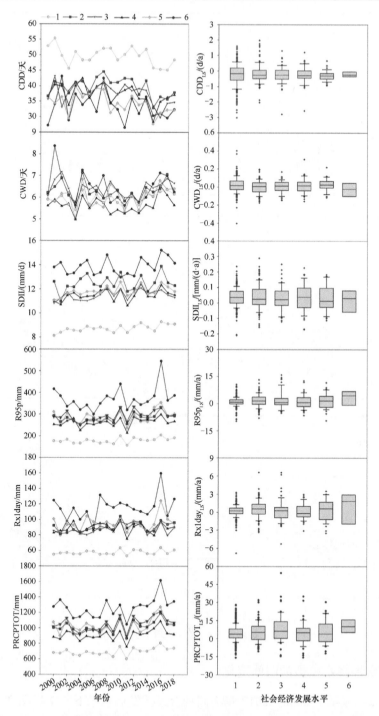

图 11-4　不同社会经济发展水平下 6 个极端降水指数的时间变化及其线性斜率

图 11-4 表明：①除 CDD 外，5 种表征湿润的极端降水指数呈现出大致相似的模式，即社会经济发展水平越高，极端降水指数值越大。在社会经济发展水平 1 和 6 中，SDII、R95p、Rx1day 和 PRCPTOT 表现出较大差异，即相同时间下社会经济发展水平 1 对应的值最小、社会经济发展水平 6 对应的值最大。不同社会经济发展水平下 CWD 值随时间变化的差异性较小。对于社会经济发展水平 2、3、4 和 5，极端降水指数的差别不明显。在 6 个社会经济发展水平中，2016 年对应的 SDII、R95p、Rx1day 和 PRCPTOP 均出现明显的峰值，是研究期内最湿润的一年。2011 年，社会经济发展水平 1 中 3 个极端降水指数（R95p、Rx1day 和 PRCPTOT）达到最低值（156.9 mm、53.1 mm 和 601.6 mm），该年整体上为干旱年。②不同社会经济发展水平中，CDD 与其他 5 个极端降水指数随时间变化的规律相反。社会经济发展水平 1 对应的值最大，而社会经济发展水平 6 对应的值最小。③对于社会经济发展水平 1、2 和 3，6 个极端降水指数的线性斜率变化范围较大，这是由于站点数量较多，所以极端降水指数趋势存在较大的变异性。从社会经济发展水平 1~6，CDD_{LS}、CWD_{LS} 和 $SDII_{LS}$ 的中值几乎没有变化，而 $R95p_{LS}$、$Rx1day_{LS}$ 和 $PRCPTOT_{LS}$ 的中值有略微增加的趋势。

由于城乡地表渗透能力不同，城市地区森林、草地和湖泊相对较少，地下土壤蓄水能力较弱，当发生持续时间长且强度大的极端降水事件时，地表径流产生过多，从而增加了洪涝灾害的风险（Carroll et al.，2004）。一方面，和农村地区相比，城市地区在遭遇极端降水事件时，其洪峰流量可能更早发生，将会给城市地下排水网络带来严峻考验，并进一步导致城市涝灾的发生（尤其是地势较低的城市）。当排水网络系统减少之后，其应对洪水的能力可能会降低（Massimo et al.，2013）。另一方面，原本属于城郊的蓄洪区被城市的建筑物所取代，城市逐步扩张也会显著地降低城区的洪水存储能力（Ning et al.，2017）。Lyu等（2016）采用地理信息系统分析了广州地区极端降水事件所造成的洪涝灾害与城市化之间的关系。结果表明，由于中心城区不透水路面增多且地铁路线密度高，虽然次中心城区（绿色植被较多的区域）的降水量更高，但中心城区却遭遇了严重的涝灾。因此，当城市和郊区经历相同的降水过程时，城市地区更容易遭受极端降水事件的影响。

11.2.4　人口线性斜率与极端降水指数线性斜率之间的相关性

图 11-5 显示了不同社会经济发展水平的人口线性斜率 $Popu_{LS}$ 与 6 个 EPI_{LS} 之间的相关性。图 11-5 表明：①从社会经济发展水平 1~6，$Popu_{LS}$ 的范围为-7.5 万~56.8 万人/年。社会经济发展水平 6 的 $Popu_{LS}$ 均为正值，表明人口呈增长态势。

②社会经济发展水平 1 的 $Popu_{LS}$ 与 3 个 EPI_{LS}（CDD_{LS}、CWD_{LS} 和 $SDII_{LS}$）呈正相关关系，而和其余 3 个 EPI_{LS} 呈负相关关系。③对于社会经济发展水平 2，除了 $Popu_{LS}$ 与 $SDII_{LS}$（和 $Rx1day_{LS}$）之间存在负相关外，$Popu_{LS}$ 与其他 4 个 EPI_{LS} 存在正相关关系。④对于社会经济发展水平 3、4 和 5，$Popu_{LS}$ 与 6 个 EPI_{LS} 呈负或正相关。⑤对于人口和 GDP 最高的社会经济发展水平 6，$Popu_{LS}$ 与 CWD_{LS} 呈负相关关系、与其他 5 个 EPI_{LS} 呈正相关关系。⑥社会经济发展水平 1 和 2 包含的站点多，其相关关系存在不确定性。

表 11-1 列出了 $Popu_{LS}$ 与 6 个 EPI_{LS} 线性相关的斜率 LS 和 R^2 值。表中，

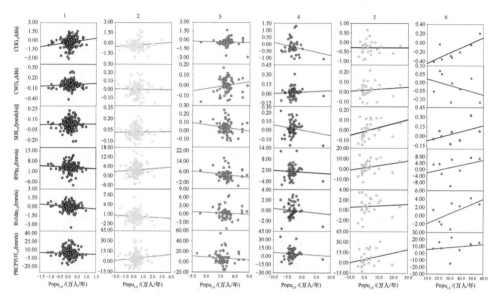

图 11-5　不同社会经济发展水平下人口线性斜率与 6 个 EPI_{LS} 之间的相关性

表 11-1　$Popu_{LS}$ 与 6 个 EPI_{LS} 线性相关的斜率 LS 和 R^2 值

EPI_{LS}	CDD_{LS}		CWD_{LS}		$SDII_{LS}$		$R95p_{LS}$		$Rx1day_{LS}$		$PRCPTOT_{LS}$	
	LS	R^2	LS	R^2	LS	R^2	LS	R^2	LS	R^2	LS	R^2
1	0.419	0.021	0.022	0.004	0.004	0.001	−1.4	0.005	−0.51	0.016	−1.4	0.003
2	0.104	0.014	0.01	0.009	−0.01	0.001	0.511	0.003	−0.45	0.046	1.665	0.02
3	−0.01	0.001	−0.01	0.024	−0.01	0.001	−0.2	0.003	0.066	0.004	−0.45	0.005
4	−0.03	0.037	0.005	0.051	−0.01	0.075	−0.44	0.043	−0.09	0.071	−0.53	0.047
5	0.002	0.002	0.001	0.001	0.006	0.165	0.519	0.122	0.087	0.082	0.636	0.135
6	0.011	0.567	−0.02	0.145	0.005	0.232	0.234	0.136	0.116	0.356	0.143	0.356

LS 对于不同的 EPI_{LS} 变化规律不同,基本显示出人口增加带来的城市化对极端降水事件的影响。R^2 值的范围为 0.001~0.567,且 R^2 值大多很小,总体表明人口变化能解释 1‰~56.7%的极端降水事件变化。社会经济发展水平 6 的 EPI_{LS} 与 $Popu_{LS}$ 的线性相关的 R^2 值最高,社会经济发展水平 5 的大部分 R^2 值也相对较高,其他 4 个社会经济发展水平下两者线性相关的 R^2 值均小于 0.1。

11.2.5　GDP 线性斜率与极端降水指数线性斜率之间的相关性

图 11-6 显示了不同社会经济发展水平下 6 个 EPI_{LS} 与 GDP_{LS} 的相关性。

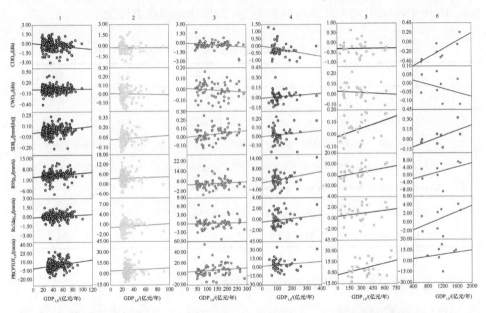

图 11-6　不同社会经济发展水平下 6 个 EPI_{LS} 与 GDP_{LS} 的相关性

图 11-6 表明:①社会经济发展水平 1~6 的 GDP_{LS} 均为正值(0.008 亿~1570.7 亿元/年),变化范围随着社会经济发展水平 1~6 而增加。社会经济发展水平 6 的 GDP_{LS} 变化范围最大,介于 774.5 亿~1525.1 亿元/年。②对于社会经济发展水平 1 和 2,GDP_{LS} 与 4 个 EPI_{LS}($SDII_{LS}$、$R95p_{LS}$、$Rx1day_{LS}$ 和 $PRCPTOT_{LS}$)呈正相关,但 GDP_{LS} 与其他 2 个 EPI_{LS} 呈负相关,表明随着 GDP_{LS} 的增加,站点发生极端降水事件的可能性增大。③对于社会经济发展水平 3,除 GDP_{LS} 与 CDD_{LS}(和 CWD_{LS})呈负相关关系外,GDP_{LS} 与其他 4 个 EPI_{LS} 呈正相关关系。随着 GDP_{LS} 增加,降水量不断增加并且更加集中,这意味着极端湿润事件会进一步增加,但极端干旱事件的风险却降低了。④对于社会经济发展水平 4,GDP_{LS} 与 CDD_{LS} 呈

负相关关系，但 GDP_{LS} 和其他 5 个 EPI_{LS} 呈正相关关系。因此，经济增长较快的站点发生极端降水事件的风险将增加。⑤对于社会经济发展水平 5 和 6，GDP_{LS} 与 CWD_{LS} 之间呈负相关关系，而与其他 5 个 EPI_{LS} 呈正相关关系。⑥与图 11-5 相似，大多情况下人口和 GDP 的线性斜率与极端降水指数线性斜率之间的相关性较差，尤其是社会经济发展水平 1 和 2。

表 11-2 给出了不同社会经济发展水平下 GDP_{LS} 与 6 个 EPI_{LS} 相关关系的斜率 LS 和 R^2 值。与表 11-1 的结果类似，相关关系斜率 LS 不随社会经济发展水平的增加而有规律变化。R^2 的大小为 0.001～0.567，但相关关系大多不好，表明在研究的 19 年中，GDP 的变化能解释少于 56.7% 的极端降水事件变化。

表 11-2　GDP_{LS} 与 6 个 EPI_{LS} 相关关系的斜率 LS 和 R^2 值

EPI_{LS}	CDD_{LS}		CWD_{LS}		$SDII_{LS}$		$R95p_{LS}$		$Rx1day_{LS}$		$PRCPTOT_{LS}$	
	LS	R^2	LS	R^2	LS	R^2	LS	R^2	LS	R^2	LS	R^2
1	0.419	0.021	0.022	0.004	0.004	0.001	−1.402	0.005	−0.509	0.016	−1.397	0.003
2	0.104	0.014	0.01	0.009	−0.004	0.001	0.511	0.003	−0.453	0.046	1.665	0.02
3	−0.011	0.001	−0.005	0.024	−0.001	0.001	−0.203	0.003	0.066	0.004	−0.447	0.005
4	−0.028	0.037	0.005	0.051	−0.006	0.075	−0.437	0.043	−0.09	0.071	−0.534	0.047
5	0.002	0.002	0.001	0.001	0.006	0.165	0.519	0.122	0.087	0.082	0.636	0.135
6	0.011	0.567	−0.002	0.145	0.005	0.232	0.234	0.136	0.116	0.356	0.143	0.356

11.2.6　社会经济发展水平对 EPI_{LS} 的影响

从社会经济发展水平 1～6，$Popu_{LS}$（或 GDP_{LS}）呈增加趋势。图 11-7 显示了 6 个平均 EPI_{LS} 随社会经济发展水平的变化。图 11-7 中平均 EPI_{LS} 是某个社会经济发展水平下所有站点 EPI_{LS} 的平均值。图 11-7 表明：①5 个极端降水指数（除 CWD 外）的线性斜率值通常会随着社会经济发展水平 1～6 而增加。②所有 6 个社会经济发展水平的 CDD_{LS} 均为负值，4 个 EPI_{LS}（$SDII_{LS}$、$R95p_{LS}$、$Rx1day_{LS}$ 和 $PRCPTOT_{LS}$）为正值，表明持续干旱日数在缩短，但降水强度和降水总量呈现增加趋势。社会经济发展水平 6 的 CWD_{LS} 为负值，而其他社会经济发展水平为正值，表明连续湿润日数在缩短。③从社会经济发展水平 1～6，6 个 EPI_{LS} 显示出一定的规律性，这意味着在社会经济发展较快对应的更高社会经济发展水平中，降水将增加并变得更加集中。④社会经济发展水平 1 和 6 的 6 个 EPI_{LS} 值差异明显，导致 R^2 值不高，在 0.16～0.54 变化。

11.3　讨　　论

11.3.1　不同社会经济发展水平下城市扩张对极端降水的影响

中国的气候经历了两次快速上升和两次平稳变化的过程，这个过程与全球变暖的趋势相一致（Hu et al.，2003）。同时，在 21 世纪后，我国的城市化发展非常迅速。在不同程度的城市化进程中，最显著的变化是土地覆盖类型的变化（Jiang et al.，2015）。城市化之前的植被区（如草地和农田）被不透水路面所取代，这些路面的反照率和潜热通量较低，但表面敏感性较高（Ilhamsyah，2014），这将导致城市地区地表径流和水循环的变化，特别是对于发展快速的大城市。Wang 等

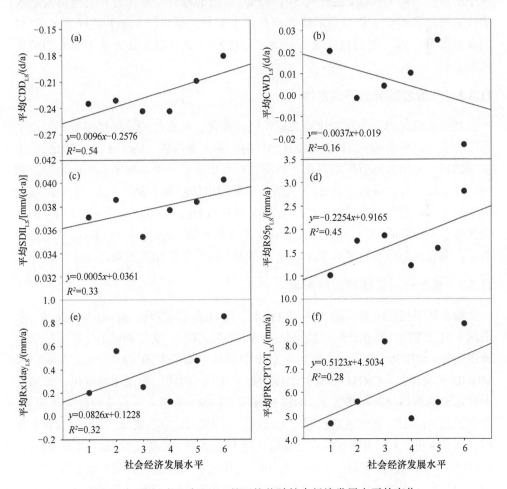

图 11-7　多站点 6 个 EPI_{LS} 的平均值随社会经济发展水平的变化

（2009）采用天气研究与预测（WRF）模型的高级研究核心来模拟由城市扩张引起的植被和灌溉耕地的减少，结果表明，近地表温度、湿度、风速和区域降水等均发生了变化。Shem 和 Shepherd（2009）使用 WRF 模型来模拟亚特兰大城市化过程形成的"城市降水效应"，发现控制案例（城区）和替代案例（非城区）降水的时空变化表现出明显差异，与非城区相比，城区的下风向区域降水量增加了10%～13%。Xie 等（2014）利用 5 种土地利用和土地覆被变化（LUCC）数据将北京市分为建成区、耕地和阔叶林，并通过 WRF 模型模拟了降水的变化，结果表明，城市扩张使得建成区面积增加，最终使得总降水量增加。

本书中社会经济发展水平的增加意味着城区的高扩张率。随社会经济发展水平的增加，除 CWD_{LS} 之外的 5 个 EPI_{LS} 呈增加趋势，意味着社会经济发展水平较高的地区遭受了更多极端降水事件。本书研究结果与 Vogel 和 Huff（1978）的观点部分一致，他们也发现短时降水强度和时空分布主要受城市地表类型变化的影响。

11.3.2　气溶胶影响的不确定性

城市化引起的气溶胶变化将会影响气候变化。城市化的发展伴随着不同水平的工业生产，导致 SO_2、NO_2、CO_2 和气溶胶的大量排放（Yao et al.，2016）。王富（2015）使用云解析模型确认了气溶胶对云层运动和降水频率的影响，结果表明，云中液态水含量高（或低），气溶胶浓度的增加起到了促进（或抑制）降水的效果。本书研究中，不同社会经济发展水平下 $Popu_{LS}$ 或 GDP_{LS} 与 6 个 EPI_{LS} 的相关性显示出细微的差异。社会经济发展水平 5 和 6 的 $Popu_{LS}$ 与 $Rx1day_{LS}$ 呈正相关关系，而在社会经济发展水平 1、2、3 和 4 下两者呈负相关关系。

11.3.3　城市化对极端高温的影响

城市化不仅影响降水的变化，而且也会影响温度的变化。Seino 等（2018）采用两个对比实验（即当前高度城市化的地表条件-CRNT 实验和城市化程度较低的地表条件- MDUB 实验）来模拟东京市中心月平均降水的变化，结果表明，与MDUB 实验相比，CRNT 实验的温度增加了 1℃。因此，热循环的变化，尤其是上升运动的增强使降水增加了 10%。Ren 等（2008）考虑人口数量和位置等因素，将中国北方的 282 个气象站划分为农村、小型城市、中型城市、大型城市和大都市，结果表明，大都市区域站点的城市化使得温度升高幅度最大（0.16℃/10a），农村区域站点的增温幅度最小（0.07 ℃/10a）。快速城市化所导致的城市扩张将减少地表反照率并增加显热通量，这将对温度产生重要影响。Wang 等（2009）使用在线化学模型模拟了 20 世纪 90 年代初（城市化前）和当前时期（城市化后）珠江三角洲和长江三角洲的地表温度变化，结果表明，这两个地区快速的城市扩张已经明显改变了当地气候，主要反映在地表温度升高及边界层和混合层增加方面。在本书研究中，较高社会经济发展水平的站点将遭受更多的极端降水事件，这也可能增加极端高温事件的风险。

11.3.4　人口（或 GDP）增加如何影响极端降水事件

人口（或 GDP）的变化不会直接影响降水。如上所述，人口和 GDP 增长对极端降水事件增多的贡献并未超过自然气候变化的影响。所有与人类活动有关的极端降水事件分析都应基于该理论。

Sharma（2013）总结人口的持续增长将增加人类活动，并进一步导致城市化发展和城市面积的扩张。城市地面建筑物的显热通量高于农村地面，快速扩张的城市地区将发生更显著的"城市热岛"效应，从而加速了整个城市上空热气流的形成，最终导致"城市雨岛效应"（Dixon and Mote，2003）。"城市雨岛效应"将增加城乡之间总降水量和降雨强度的差距，所以城市地区会频繁发生极端降水事件（Yang et al.，2012）。Kug 和 Ahn（2013）用朝鲜半岛 40 个地区的人口数据反映 1975～2005 年各地区的城市化发展，结果表明，与农村地区相比，大都市人口的快速增长导致城市化快速发展，最终使得温度和降水均增加，尤其是夏季城市热岛效应引起的降水增加。Guo 等（2006）使用中尺度模型系统来研究北京城市人口爆炸性增长使得地表条件快速变化而对云结构和降水分布的影响，结果表明，人口增加导致土地表面粗糙度增加，从而使得降水集中并增加了极端降水事件的风险。因此，人口（或 GDP）这类社会经济发展指标可以用作反映人类活动水平的指数，并最终影响降水的变化。

11.3.5　城市化带来的极端降水的挑战

本章研究表明，在不同的社会经济发展水平中，6 个极端降水指数的时间变化显示出一定差异性。属于社会经济发展水平 6 的站点（主要分布在中国东南部地区）比属于其他社会经济发展水平的站点表现出更湿润的趋势，而属于社会经济发展水平 1 的站点（主要分布于中国西北部地区）显示较干燥的趋势。中国东南部地区气候湿润，相对适合人类居住和经济发展（Yan and Feng，2009）。然而，在原本降水量就很高的情况下，人口和经济发展引起的城市扩张可能会在未来带来更严重的极端降水事件。Li 等（2019）采用了 28 个 GCMs 的加权平均值来预测不同 RCPs 情景和重现期下未来极端降水指数的变化，结果表明，CDD 降低反映了干旱状况可能呈现缓解的趋势，但 RX1day、R10、R20、R99p 和 PRCPTOT 的显著增加意味着未来洪涝事件风险的增加。快速城市化不仅减少了降水的渗透，还使得城市地区水蒸发量进一步减少（Wang and Zhang，2008）。因此，对于社会经济发展水平较高的地区，极端降水事件增加将导致未来更多的洪旱事件，管理部门应该尽快建立科学的预警系统并采取预防措施来应对灾害，如建设海绵城市、科学地布设地下排水设施和增加城市绿化面积等。

11.4 小 结

根据 2018 年的人口和 GDP 数据，对选定的 525 个气象站点按人口和 GDP 划分为 6 个社会经济发展水平尺度。从社会经济发展水平 1～6，年平均人口和 GDP 及其线性斜率增加，特别是在社会经济发展水平 6（如北京、上海、广州和深圳等）的大型城市。处于较高社会经济发展水平的站点发生极端降水事件的风险更高，而处于较低社会经济发展水平的站点发生极端干旱事件的风险更高。

在 2016 年（极端湿润年），社会经济发展水平 6 中 4 个 EPI（SDII、R95p、Rx1day 和 PRCPTOT）的值最高（15.2 mm/d、545.9 mm、159.8 mm 和 1617.9 mm），但在 2011 年（极端干旱年），社会经济发展水平 1 中 3 个 EPI（R95p、Rx1day 和 PRCPTOT）达到最低值（156.9 mm、53.1 mm 和 601.6 mm）。因此，社会经济发展水平越高，洪水和涝灾的风险越大，而社会经济发展水平越低，干旱危害的风险越大。

社会经济发展水平高的站点不仅人口和 GDP 较高，而且社会经济发展较快。快速的城市扩张可能会引起城市热（雨）岛效应，并进一步增加极端降水事件的风险，这可以通过除 CWD 外的 5 个 EPI 线性斜率的增加证明。总体而言，不同社会经济发展水平影响了全国 2000～2018 年极端降水事件的变化趋势。社会经济发展水平 5 和 6 的地区未来可能比社会经济发展水平低的地区面临更严重的极端降水事件。

参 考 文 献

王富. 2015. 中国东部地区气溶胶–云相互作用卫星遥感建模研究[D]. 成都: 电子科技大学.

Carroll Z L, Bird S B, Emmett B A, et al. 2004. Can tree shelterbelts on agricultural land reduce flood risk[J]? Soil Use Manage, 20(3): 357-359.

Dixon P G, Mote T L. 2003. Patterns and causes of Atlanta's urban heat island-initiated precipitation[J]. Journal of Applied Meteorology, 42(9): 1273-1284.

Guo X, Fu D, Wang J. 2006. Mesoscale convective precipitation system modified by urbanization in

Beijing City[J]. Atmospheric Research, 82(1-2): 112-126.

Hu Z Z, Yang S, Wu R. 2003. Long-term climate variations in China and global warming signals[J]. Journal of Geophysical Research Atmospheres, 108(D19): 4614.

Ilhamsyah Y. 2014. Surface energy balance in Jakarta and neighboring regions as simulated using Fifth Mesoscale Model(MM5)[J]. Aceh International Journal of Science and Technology, 3(1): 27-36.

Jiang Y, Fu P, Weng Q. 2015. Assessing the impacts of urbanization-associated land use/cover change on land surface temperature and surface moisture: A case study in the midwestern United States[J]. Remote Sensing, 7(4): 4880-4898.

Kug J S, Ahn M S. 2013. Impact of urbanization on recent temperature and precipitation trends in the Korean peninsula[J]. Asia-pacific Journal of Atmospheric Sciences, 49(2): 151-159.

Li L, Yao N, Liu D L, et al. 2019. Historical and future projected frequency of extreme precipitation indicators using the optimized cumulative distribution functions in China[J]. Journal of Hydrology, 579: 124170.

Lyu H M, Wang G F, Shen J S, et al. 2016. Analysis and GIS mapping of flooding hazards on 10 May 2016, Guangzhou, China[J]. Water, 8(10): 447.

Massimo P, Giulia S, Giancarlo D F, et al. 2013. Land Use Change in the Last Century in the Veneto Floodplain: Effects on Network Drainage Density, Water Storage, and Related Consequences on Flood Risk[C]. Vienna, Austria: EGU General Assembly 2013.

Ning Y F, Dong W Y, Lin L S, et al. 2017. Analyzing the causes of urban waterlogging and sponge city technology in China[J]. IOP Conference Series: Earth and Environmental Science, 59(1): 012047.

Ren G, Zhou Y, Chu Z, et al. 2008. Urbanization effects on observed surface air temperature trends in North China[J]. Journal of Climate, 21(6): 1333-1348.

Seino N, Aoyagi T, Tsuguti H. 2018. Numerical simulation of urban impact on precipitation in Tokyo: How does urban temperature rise affect precipitation[J]? Urban Climate, 23: 8-35.

Sharifi A, Hosseingholizadeh M. 2019. The effect of rapid population growth on urban expansion and destruction of green space in Tehran from 1972 to 2017[J]. Journal of the Indian Society of Remote Sensing, 47(6): 1063-1071.

Sharma P. 2013. Salicylic acid: A novel plant growth regulator-role in physiological processes and abiotic stresses under changing environments//Tuteja N, Gill S S. Climate Change Plant Abiotic Stress Tolerance[C]. New York: Wiley-VCH Verlag GmbH & Co. KGaA: 939-990.

Shem W, Shepherd M. 2009. On the impact of urbanization on summertime thunderstorms in Atlanta: Two numerical model case studies[J]. Atmospheric Research, 92(2): 172-189.

Vogel J L, Huff F A. 1978. Relation between the St. Louis Urban rainfall anomaly and synoptic weather factors[J]. Journal of Applied Meteorology, 17(8): 1141-1152.

Wang F, Li Y, Dong Y, et al. 2018. Regional difference and dynamic mechanism of locality of the Chinese farming-pastoral ecotone based on geotagged photos from Panoramio[J]. Journal of Arid Land, 10(2): 316-333.

Wang J, Zhang X. 2008. Downscaling and projection of winter extreme daily precipitation over North America[J]. Journal of Climate, 21(5): 923-937.

Wang X, Chen F, Wu Z, et al. 2009. Impacts of weather conditions modified by urban expansion on surface ozone: Comparison between the Pearl River Delta and Yangtze River Delta regions[J]. Advances Atmospheric Sciences, 26(5): 962-972.

Xie Y, Shi J, Lei Y, et al. 2014. Impacts of Land Cover Change on Simulating Precipitation in Beijing Area of China[C]. Quebec City, QC, Canada: Geoscience and Remote Sensing Symposium.

Yan S, Feng S. 2009. A comparison of regional difference and road analysis of the three northeast provinces' economic development[J]. Northeast Asia Forum, 18(5): 117-123.

Yang X L, Yang Q Q, Ding J J, et al. 2012. Effect of urbanization on regional precipitation in the Qinhuai River Area, East China[J]. Applied Mechanics and Materials, 174: 2481-2489.

Yao L, Liu J, Zhou T, et al. 2016. An analysis of the driving forces behind pollutant emission reduction in Chinese industry[J]. Journal of Cleaner Production, 112: 1395-1400.

第 12 章　气候变化与人类活动对极端降水事件的贡献度

以往研究表明，人类活动与气候变化是影响极端降水事件的主因。通过前面的分析可知，极端降水事件的影响因素较多，为了进一步细化气候变化与人类活动对极端降水事件的影响，本章基于下载的 1970~2015 年温室气体[甲烷（CH_4）、二氧化碳（CO_2）、一氧化二氮（N_2O）和二氧化硫（SO_2）]排放浓度数据，通过反距离权重插值的方式提取到 525 个气象站点，再利用第 9 章确定的关键环流指数，采用方差分析方法研究环流指数（表征气候变化）和温室气体排放浓度（表征人类活动）对极端降水事件的贡献度，并进一步揭示不同经济发展水平下气候变化与人类活动对极端降水事件影响贡献度的差异性。

12.1　数据与方法

12.1.1　数据来源

CH_4、CO_2、N_2O 和 SO_2 排放浓度数据来源于欧盟委员会联合研究中心的全球大气研究排放数据库（Emissions Database for Global Atmospheric Research，EDGAR）（EDGAR v4.2）（http://edgar.jrc.ec.europa.eu/overview.php?v=42），原数据单位为 kg /（m^2·s）。时间序列的长度为 1970~2015 年，为 0.1°×0.1°网络通用数据格式。通过反距离权重插值的方式将原始数据提取到 525 个站点中，最后经过时间换算得到年尺度温室气体排放浓度数据（kg /m^2）。

为了与温室气体排放浓度数据保持一致，环流指数和日尺度降水数据的序列长度也选用 1970~2015 年。利用降水数据进一步计算了 6 个年尺度极端降水指数（CDD、CWD、SDII、R95p、Rx1day 和 PRCPTOT）。利用第 9 章得到的关键环流指数，假定影响分区中每个站点极端降水事件的环流指数均对应该分区确定的关键环流指数，在滞后 0 个月的情况下，进一步确定了影响我国 525 个站点的关键环流指数，最后对 12 个月关键环流指数进行平均得到年尺度数据。

12.1.2　方差分析方法

方差分析方法以不同条件影响的偏差与本身的误差相互区分，再按照既定的方法进行比较，最终确定不同条件的影响程度和大小（李涛等，2014）。目前，该方法已经广泛应用于多因子对目标对象影响程度大小的分析中（Aryal et al.，2019；Wang et al.，2018）。

基于方差分析方法可确定气候变化与人类活动对极端降水事件影响的贡献度。Gao 等（2018）采用温室气体排放浓度水平和大气环流指数表征人类活动和气候变化的大小，最终分析两者对降水影响的贡献度。本章以大气环流指数表征气候变化，以温室气体排放浓度表征人类活动，通过方差分析方法计算气候变化（C）、人类活动（H）及二者相互作用（C：H）对极端降水事件影响的贡献度。与以往研究不同的是，本书对温室气体排放浓度和大气环流指数进行了筛选，且贡献度分析方法不同。此外，已有的研究表明，人类活动与气候变化对极端降水事件的影响占主导作用，理论上两者的贡献度不到100%，但许多研究学者为了简化这一过程，采用累积量斜率分析方法计算人类活动和气候变化影响的贡献度，且两者之和的总贡献度为100%（黄锋华和陈思淳，2020；赵益平等，2019）。本节也采用该方法进行总平方和 SST 的定量化分析，具体计算公式参考式（8-4）。

12.2　结果与分析

12.2.1　温室气体排放浓度的时空演变特征

1. 时间变化特征

本章基于第 11 章对 525 个站点社会经济发展水平的划分结果，分析了 1970～2015 年不同社会经济发展水平下温室气体排放浓度的时间变化特征（图 12-1）。由图 12-1 可知：①不同社会经济发展水平下，4 种温室气体排放浓度均呈增加的趋势。对于社会经济发展水平 6，1970～2015 年 4 种温室气体（CH_4、CO_2、N_2O、SO_2）排放浓度的变化范围分别为 $12.2\times10^{-4}\sim18.7\times10^{-4}$ kg/m^2、$4.8\times10^{-2}\sim35.3\times10^{-2}$ kg/m^2、$16.5\times10^{-6}\sim35.8\times10^{-6}$ kg/m^2 和 $3.5\times10^{-4}\sim10.6\times10^{-4}$ kg/m^2，其中 CO_2 和 SO_2 增幅较大。②在不同社会经济发展水平下，4 种温室气体排放浓度的大小差异具有一定的规律性，即较高社会经济发展水平（5 和 6）的温室气体排放浓度更高，且比其他社会经济发展水平增长的幅度大。

2. 空间分布特征

1970～2015 年我国温室气体排放浓度的空间分布特征如图 8-2 所示。由研究结果可知：① CH_4 与 N_2O，CO_2 与 SO_2 排放浓度的空间分布特征相似。CH_4 与 N_2O 表现为华中和华北地区排放浓度较高（尤其是京津冀地区），而西北和东北地区则相对较低。CO_2 与 SO_2 在整个华东地区的排放浓度则表现为较高水平（尤其是长江三角洲地区），同样是西北和东北地区相对较低。②在所有 525 个站点对应 CO_2 和 SO_2 排放浓度的空间分布中，上海站的两种温室气体指数值均最高，分别达到了 25.8×10^{-2} kg/m² 和 12.1×10^{-4} kg/m²，说明该地区人类活动频繁。与此相反，整个西部地区的 CO_2 和 SO_2 排放浓度均较低，分别低于 8×10^{-2} kg/m² 和 4×10^{-4} kg/m²，人类活动水平较低。③从 4 种温室气体排放浓度的空间分布特征来看，排放浓度较高的地区对应的社会经济发展水平较高、人口较密集且对应的城市化进程较快，所以相应的人类活动也将更频繁。

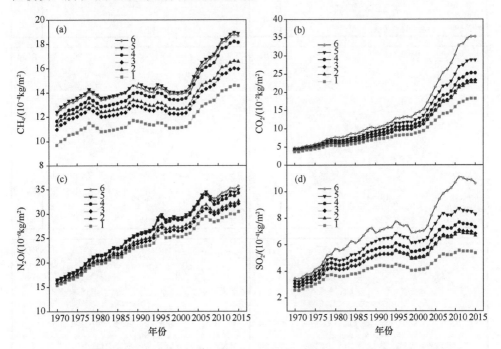

图 12-1　不同社会经济发展水平下 1970～2015 年温室气体排放浓度的时间变化特征

12.2.2　气候变化与人类活动对极端降水事件的贡献度

假定其他因素对极端降水事件的影响可以忽略，则各站点气候变化与人类活动的贡献度总和为 100%。根据气候变化和人类活动对极端降水事件贡献度的空间分析结果（图 12-2）可知：①对于我国东南区域大部分站点而言，人类活动对 CDD 和 CWD 的贡献度高于气候变化，而我国西北、华北以及东北区域则相反，贡献度具有明显的区域差异。②从 SDII 的空间分布来看，气候变化的贡献度≥50%的站点数超过 380 个（占 72.4%），且随机分布在全国。③从 Rx1day 的空间分布来看，气候变化的贡献度≥50%的站点主要分布在中东部地区，而超过 312 个

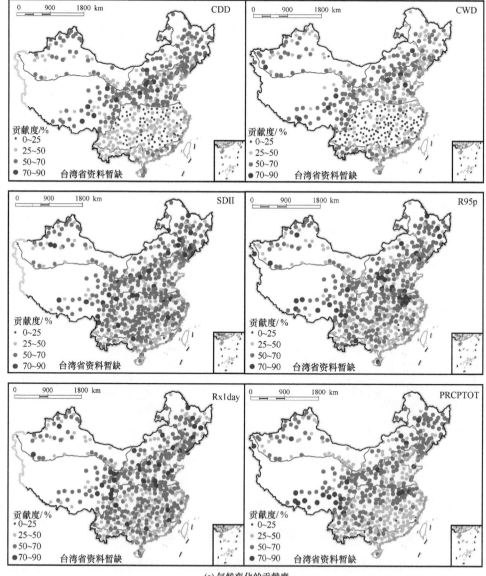

(a) 气候变化的贡献度

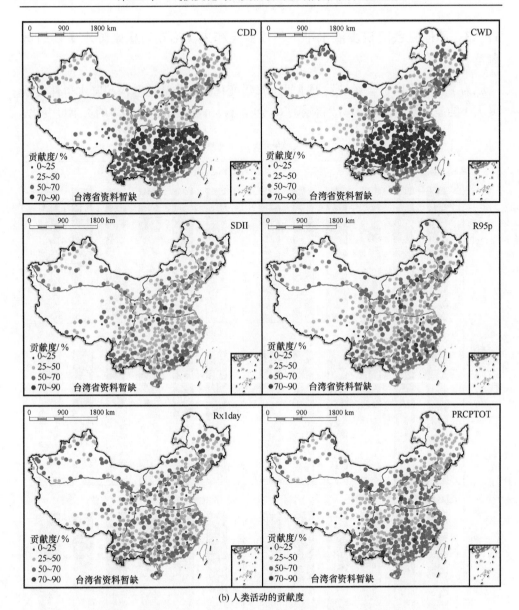

(b) 人类活动的贡献度

图 12-2　气候变化和人类经济活动对我国极端降水事件的贡献度

（占 59.4%）站点呈现出人类活动的贡献度＜50%，说明气候变化对 Rx1day 的影响高于人类活动。④华南地区大部分站点上人类活动对 R95p 和 PRCPTOT 的贡献度大于气候变化，而西北和东北区域相反。

12.2.3 不同社会经济发展水平下气候变化和人类活动对极端降水事件的贡献度

为了区分不同社会经济发展水平下气候变化和人类活动对极端降水事件贡献度大小的差异性，图 12-3 分别展示了 6 个社会经济发展水平下两者的贡献度变化。

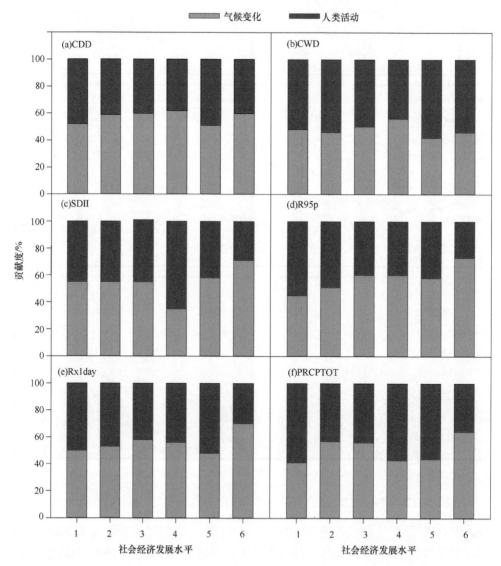

图 12-3　不同社会经济发展水平下气候变化与人类活动对极端降水事件的贡献度

由图 12-3 可知：①从 CDD 来看，在所有 6 个社会经济发展水平下，气候变化对 CDD 的贡献度均高于人类活动，且在社会经济发展水平 4 中达到最高（62%）。随着社会经济发展水平的增加，人类活动影响的贡献度增加。②从 CWD 来看，除了社会经济发展水平 4 中气候变化的贡献度（56%）大于人类活动外，在其余社会经济发展水平中则相反。③从 SDII 来看，除了社会经济发展水平 4 中气候变化的贡献度（35%）小于人类活动外，其余社会经济发展水平则相反。此外，随着社会经济发展水平的增加，气候变化的贡献度增加。④对于社会经济发展水平 6，气候变化对 R95p、Rx1day 和 PRCPTOT 的贡献度分别为 73%、70% 和 64%，且整体随着社会经济发展水平的增加，气候变化的贡献度呈现增加趋势。

按照社会经济发展水平进行气候变化和人类活动的贡献度评价的结果与通常的认知有一定差距。这可能是由于我们采用的气候变化和人类活动影响的表征指标有限，此外，为便于对比，分析过程中假定这些要素的影响共占 100% 的贡献度。此外，由于对不同社会经济发展水平的划分跨越了空间尺度，因此人类活动的影响没有空间特征，只和社会经济发展水平及具体站点（城市）相关联。上述分析结果表明，对不同站点进行社会经济发展水平的划分有一定的作用，所得结果可以直接将人口和 GDP 的不同范围带来的极端降水指标差异反映出来，但没有体现从自然地理分区方面气候变化和人类活动对极端降水指标的贡献度。

12.2.4 不同分区气候变化与人类活动对极端降水事件的贡献度

图 12-4 展示了不同分区气候变化与人类活动对极端降水事件的贡献度。由图 12-4 可知：①气候变化和人类活动对不同分区极端降水事件的影响彼此消长。②Ⅵ区的 CDD 比其他分区的 CDD 受人类活动的影响更大，人类活动贡献度为 71.6%。其次是Ⅶ区，Ⅰ～Ⅴ区的 CDD 受气候变化影响更大。③人类活动对Ⅵ区的 CWD 影响很大，贡献度为 77.8%。其次是Ⅳ区和Ⅶ区，Ⅰ、Ⅱ、Ⅲ和Ⅴ区的 CDD 受气候变化影响更大。④Ⅲ区的 CDD、CWD、SDII、R95p、Rx1day 和 PRCPTOT 受气候变化的影响均大于人类活动。

对比图 12-4 和图 12-3 的结果可知，基于不同自然地理分区进行气候变化和人类活动影响的分析更合理。这是因为温室气体的变化受大气流动和区域气候的影响，而划分不同的社会经济发展水平可以就人口和 GDP 的影响进行专门分析。今后的研究应针对不同的研究目的选择合适的划分标准。

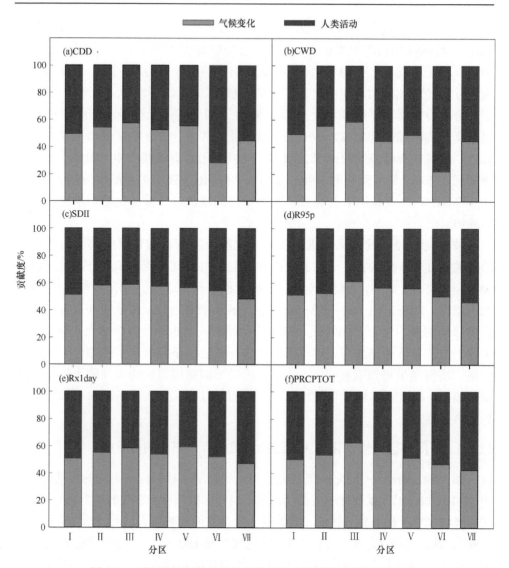

图 12-4 不同分区气候变化与人类活动对极端降水事件的贡献度

12.3 讨 论

目前的研究结果表明，极端降水事件的变化受人类活动和气候变化的综合影响（Stocker et al.，2013）。温室气体浓度的增加将引起全球变暖，进而对降水产生影响（Sillmann et al.，2019）。本书研究基于 4 种温室气体排放浓度来表征人类活动，进而分析人类活动对极端降水影响的贡献度。Gao 等（2002）基于温室气体数据来表征人类活动的影响，通过嵌套的区域气候模式方法，在双 CO_2 条件下分析了我国极端降水事件的变化，结果表明，CO_2 浓度增加使得我国极端降水事件增多，且长江流域和东部地区的降水量和强度增加最显著。沙祎等（2019）通过分析温室气体浓度的变化来反映人类活动对长江流域极端降水事件的影响，结果表明，人类活动的影响具有空间差异性，具体表现为长江上游西南部的促进作用以及中部和东南部的削弱作用。不少研究学者将环流指数作为变量来表征气候变化，如 SST（Wang and Zhou, 2005）、西北太平洋副热带高压（WNPSH）（Zhang et al., 2017）以及印度洋偶极子（IOD）、ENSO 和 AMO 等。章颖和赵平（2012）通过研究发现，大气环流会对我国降水产生明显影响，且不同区域不同时间段的影响作用大小存在差异性。因此，本书研究基于温室气体排放浓度和关键环流指数，通过综合分析两者对极端降水事件影响的贡献度即可区分气候变化与人类活动对极端降水事件影响的大小。

12.4　小　　结

本章对我国 525 个站点 1970～2015 年 CH_4、CO_2、N_2O 和 SO_2 排放浓度的时空变化特征进行了分析，采用方差分析方法研究了我国不同社会经济发展水平下气候变化（关键环流指数）和人类活动（温室气体排放浓度）对极端降水事件的贡献度。

结果表明，在不同社会经济发展水平下，CH_4、CO_2、N_2O 和 SO_2 排放浓度随时间的变化均呈增加的趋势，且相较于其他社会经济发展水平而言，社会经济发展水平 5 和 6 的温室气体排放浓度较高。在空间分布方面，西北和东北区域温室气体排放浓度均较低，而华中、华南和华东区域相对较高。

不同社会经济发展水平下，气候变化与人类活动对极端降水事件的贡献度大小存在差异性。在社会经济发展水平高的地区，气候变化对极端降水事件的贡献度也同样更高。在不同分区中，气候变化和人类活动对极端降水事件的贡献度略有差异，但总体呈现出气候变化具有更大的影响。除了东南地区部分站点中人类活动对 6 个极端降水指数变化的贡献度 ≥50% 外，对于全国大部分站点，气候变化对除 CWD 外的 5 个极端降水指数变化的贡献度 ≥50%，说明我国极端降水事件主要受到气候变化的影响。

参 考 文 献

黄锋华, 陈思淳. 2020. 近 60a 榕江流域径流变化成因定量分析[J]. 广东水利水电, 297(11):

11-15.

李涛, 王林元, 康峰, 等. 2014. 基于多元方差分析的伤亡事故统计分析方法研究[J]. 石油化工安全环保技术, 30(2): 31-35.

沙祎, 徐影, 韩振宇, 等. 2019. 人类活动对1961～2016年长江流域降水变化的可能影响[J]. 大气科学, 43(6): 1265-1279.

章颖, 赵平. 2012. 夏季亚洲–太平洋遥相关季节演变与大气环流和降水[J]. 气象学报, 70(5): 1055-1063.

赵益平, 王文圣, 张丹, 等. 2019. 累积量斜率变化分析法及其在径流变化归因中的应用[J]. 水电能源科学, 230(10): 23-26.

Aryal A, Shrestha S, Babel M S. 2019. Quantifying the sources of uncertainty in an ensemble of hydrological climate-impact projections[J]. Theoretical and Applied Climatology, 135(1-2): 193-209.

Gao L, Huang J, Chen X, et al. 2018. Contributions of natural climate changes and human activities to the trend of extreme precipitation[J]. Atmospheric Research, 205: 60-69.

Gao X J, Zhao Z C, Giorgi F. 2002. Changes of extreme events in regional climate simulations over East Asia[J]. Advances in Atmospheric Sciences, 19(5): 927-942.

Sillmann J, Stjern C W, Myhre G. 2019. Extreme wet and dry conditions affected differently by greenhouse gases and aerosols[J]. NPJ Climate and Atmospheric Science, 2(24): 1-7.

Stocker T F, Dahe Q, Plattner G K. 2013. Climate Change 2013: The Physical Science Basis[R]. Geneva, Switzerland: Intergovernmental Panel on Climate Change.

Wang B, Liu D L, Waters C, et al. 2018. Quantifying sources of uncertainty in projected wheat yield changes under climate change in eastern Australia[J]. Climatic Change, 151(2): 259-273.

Wang Y, Zhou L. 2005. Observed trends in extreme precipitation events in China during 1961—2001 and the associated changes in large-scale circulation[J]. Geophysical Research Letters, 32(9): L09707.

Zhang Q, Zheng Y, Singh V P, et al. 2017. Summer extreme precipitation in eastern China: Mechanisms and impacts[J]. Journal of Geophysical Research, 122(5): 2766-2778.

第 13 章　结论及建议

13.1　主要结论

（1）基于线性回归校正后的 IMERG V06 数据的精度有所提高，可用于中国大尺度的降水研究。

IMERG V06 降水产品可完全替代已停更的 TMPA 降水产品，可通过线性回归关系对其精度进行校正。在日、月、年 3 种时间尺度下，IMERG V06 降水产品的精度均高于 TMPA 降水产品，并且精度随着时间尺度的增大而提高。IMERG V06 降水产品在全国及其所有分区的表现均优于 TMPA 产品，其中，在Ⅳ区表现最佳，在 I 区表现最差。此外，在中国大部分分区，IMERG V06 降水产品对降水估算的准确性均高于 TMPA 降水产品，但在干燥（12 月至次年 2 月）和潮湿（7~9 月）月份中表现较差。遥感产品与地面观测降水量之间的线性关系可以用来校正和预测卫星降水数据，而无须使用最新的气象站实测数据，校正后的 IMERG V06 降水产品的空间变化性好，精度比原 IMERG 降水产品高。总而言之，IMERG V06 降水产品在中国区域的表现已经完全继承和超越已停更的 TMPA 降水产品，此外，它在全国及各分区都具有较高的精度和适用性。

（2）根据不同类型降水产品在中国的降水特征和精度表现，综合适用性较好的降水产品为 GPCC、IMERG V06 和 MSWEP。

基于不同类型的 9 套降水产品的时空分布表现，以及在不同角度下的精度评估结果，可以发现不同类型的降水产品在全国及其不同分区的表现有所差异，I 区和Ⅲ区所有降水产品整体表现为所有分区中最差的。此外，针对不同的降水特征，不同类型的降水产品的精度表现有所差异。误差较低的降水产品与实测值的相关性不一定高，误差与相关性综合性能较好的产品的频率分布以及不同分位数的降水量与实测值不一定相符。因而，在实际应用中，选择降水产品时应基于所需降水产品特性，进行针对性筛选。综合而言，基于卫星的降水产品在分析降水的空间变异性中更有优势，基于气象站的降水产品对降水的时间变异性捕捉能力更强。基于卫星的、基于气象站和基于再分析的降水产品中综合优势最强的分别为 IMERG V06（MSWEP）、GPCC 和 MERRA。不同类型的降水产品精度随月份变化明显，在大多数区域，基于卫星和基于再分析的降水产品在较为干燥的地区冬季精度较差，在相对湿润地区夏季精度相对较差，而基于气象站的降水产品精度在不同月份差异不大。

（3）根据不同类型降水产品在中国各个分区的干旱监测适用性分析，综合来看，**GPCC、IMERG V06 和 MSWEP 降水产品更适用于干旱评估。**

不同类型降水产品对两种干旱指数的估算精度比较，IMERG V06 和 MSWEP/GPCC 降水产品分别对 Z 指数和 SPEI 指数有较强的估算精度。对比两种干旱指数，大多数降水产品对 SPEI 指数的估算精度高于 Z 指数。对比不同分区，多数降水产品分别在 Ⅰ、Ⅲ区和 Ⅱ、Ⅶ区对 Z 指数和 SPEI 指数的估算精度较差。基于不同类型降水产品的干旱指数估算精度对时间尺度的敏感性有所差异，基于再分析的降水产品的干旱指数估算精度最易受时间尺度影响，随时间尺度的增大而降低。基于 SPEI 的时间序列比 Z 指数更能够准确捕捉历史干旱事件，其中基于卫星的降水产品在各个研究区对两种干旱指数时间变化序列的估算能力整体上强于其他降水产品。不同类型降水产品基于 SPEI 估算的干旱面积精度要大于 Z 指数，GPCC 降水产品一直都是最佳选择。基于 Z 指数估算的干旱主周期要低于基于 SPEI 估算的干旱主周期。基于 SPEI 指数的干旱的空间分布从强度到面积上都高于 Z 指数，但更多的降水产品基于 Z 指数的干旱监测精度相对于 SPEI 指数更好。最适合用于计算 Z 指数空间分布的降水产品为 IMERG V06，最适用于计算 SPEI 指数并监测其旱情的空间分布情况的降水产品为 MSWEP。在干旱频次的监测中，Z 指数在全国监测到的干旱场次、干旱事件的平均历时和平均烈度略低于 SPEI 指数。两种干旱指数在监测干旱场次方面对降水产品的敏感度相仿，Z 指数估算干旱场次、干旱事件的平均历时和平均烈度最合适的降水产品为 PERSIANN-CDR 或 GPCC，而基于 SPEI 指数估算干旱频次、干旱事件的平均历时和平均烈度的最佳选择为 GPCC 和 MSWEP 降水产品。

（4）结合共线性分析、皮尔逊相关及显著性水平等方法逐步筛选，确定的我国不同分区水分亏缺/盈余量 **D** 的关键环流驱动因子因区域变化而不同。

水分亏缺/盈余的发生是多种环流指数影响的结果；环流指数对各个分区乃至全国范围内的干旱具有影响。此外，气候变化下环流指数对干旱的影响存在大致 12 个月的周期，并且存在滞后性，滞后时间基本在 0～12 个月。在众多环流指数中，大气类环流指数对各分区干旱的影响占据主导地位，如 Ⅰ区干旱的环流驱动因子最多，影响程度最高，其中在同月与 PPVI 的皮尔逊相关系数高达 0.88，在滞后时间为 10 个月时与 SSRP 的皮尔逊相关系数为-0.86。

（5）基于关键环流指数的干旱定量分析建立的水分亏缺/盈余量多元线性回归模型可用于预测我国不同分区干湿状况。

率定期（1961～2010 年）的皮尔逊相关系数（r）要比验证期（2011～2020年）高，归一化均方根误差（nRMSE）要偏低，但都表明率定期的模型效果好。无论是率定期，还是验证期，模型在 I 区的表现效果最好。此外，同一分区不同滞后时间下的模型表现效果各不相同，在率定期下，I 区在滞后时间为 5 个月时，模拟效果最好，r 和 nRMSE 分别为 0.96 和 8.2%；验证期下 VI 区在滞后时间为 1个月时，模拟效果最好，r 和 nRMSE 分别为 0.58 和 15.3%。

2021 年 1～12 月的 D_p 值在 I ～V 区基本在 0 以下，表明这些地区 2021 年将会处于干旱状态，且在 II 区干旱在 2021 年 6 月最为严重；VI 和 VII 区的 D_p 值大多在 0 以上，表明这些地区在 2021 年将会处于湿润状态，且在 VII 区最为湿润。根据预测模型的评价，II 区 2021 年干旱程度比以往更严重，需要引起我们更多的关注，应提前采取措施预防和应对干旱；VII 区在 2021 年的湿润程度比以往更加严重，需要我们提前采取一定措施防止该地区发生洪水风险。

（6）气候变化及人类活动对极端干湿事件的贡献度在不同分区有较大不同。

考虑社会经济指标（人口和 GDP）将 525 个站点划分为 6 个社会经济发展水平，各社会经济发展水平下的人口和 GDP 均有增加的趋势，特别是属于社会经济发展水平 6 下的广州、北京、上海、深圳等大城市，它们主要分布在中国东部发达地区。随着时间的推移，极端湿润事件逐渐严重，极端干旱事件逐渐缓和。2016年和 2011 年分别是中国的湿润年和干旱年，其对应的 12 个月尺度中的 SPEI 指数的最大值（SPEI_MAX）和最小值（SPEI_MIN）分别为 1.83 和-1.58。随着社会经济发展水平的提高，SPEI_MAX 总体呈上升趋势，SPEI_MIN 总体呈下降趋势，但上升或下降的速率各不相同。在高社会经济发展水平下，发达城市的极端湿润事件更为严重，在低社会经济发展水平下，欠发达城市的极端干旱事件更为严重。

从时间上看，温室气体 CH_4、CO_2、N_2O 和 SO_2 随时间变化都有上升的趋势，随着社会经济发展水平的提升，温室气体的浓度也逐渐增加。从空间上看，四种温室气体浓度在我国的空间分布具有一定的区域性，并且由西向东逐渐增加。无论是从不同站点、不同分区，还是从不同社会经济发展水平来看，气候变化对干旱的贡献度都要比人类活动的贡献度大。不同站点下，气候变化对干旱的贡献度范围为 30%～99.2%，人类活动占比为 0%～70%，同时人类活动对干旱的贡献度为西部较小而中东部较大；不同分区下，III 区气候变化对干旱的贡献度最高，为

82.7%；Ⅱ区人类活动对干旱的贡献度最高，为 37.4%；气候变化对干旱的贡献度随社会经济发展水平的提高而减小，而人类活动对干旱的贡献度随社会经济发展水平的提升逐渐增加。

（7）基于筛选的影响我国不同分区 9 种极端降水指标的关键环流指数可建立多元回归模型，预测的 2021 年我国不同分区 9 种极端降水指标的变化规律具有旱涝预警意义。

从不同分区滞后 1～12 个月情况下 9 个极端降水指数对应筛选得到的关键环流指数来看，Ⅵ区滞后 11 个月情况下 Rx1day 对应筛选得到的关键环流指数最多（23 项），Ⅵ区滞后 1 个月情况下 CWD 对应筛选得到的关键环流指数最少（2 项）。此外，NAHAI、APVA、NAPVA、AEPVA、PPVI、AEPVI 和 ACCP 这 7 项关键环流指数均保留在 7 个分区滞后 12 个月情况下 9 个极端降水指数对应的关键环流指数中。

由率定期（1961～2010 年）构建出 9 个极端降水指数与关键环流指数的多元线性回归方程。将率定期和验证期（2010～2020 年）的观测值与模型输出的模拟值进行相关性分析，进一步得到模型模拟的效果。通过将 2020 年 12 月最新的环流指数数据代入模型，即可预测 2021 年 1～12 月各个分区的 9 个极端降水指数。结果表明，率定期 9 个极端降水指数对应的 r 值总体维持在 0.6 以上，nRMSE 总体维持在 18% 以下，基本上达到了良好的模拟效果；验证期的 9 个极端降水指数的 r 和 nRMSE 值与率定期类似，大体也显示出了比较好的模拟效果。2021 年 1～12 月各个分区 9 个极端降水指数的预测结果显示，夏季Ⅵ和Ⅶ区仍然需要防范强降水所导致的极端湿润事件，而Ⅰ区则需要防范降水偏少所导致的极端干旱事件。从整个预测结果的评价来看，各个分区对应月份（6～10 月）预测的 CDD 结果相比往年偏高，而 1～3 月和 12 月预测的结果相比过去 60 年则偏低。

（8）不同社会经济发展水平对极端降水事件有一定影响；气候变化与人类活动对极端降水指标的贡献度随社会经济发展水平和区域不同而变化。

根据研究期内（2000～2018 年）525 个站点 2018 年人口和 GDP 数据对应的具体范围进行社会经济发展水平划分。社会经济发展水平 1～6，年平均人口和 GDP 及其线性斜率随之增加，处于较高社会经济发展水平的站点发生极端湿润事件的风险较大，而处于较低社会经济发展水平的站点发生极端干旱事件的风险较大。此外，不同社会经济发展水平中 6 个 EPI_{LS} 与 $Popu_{LS}$（或 GDP_{LS}）之间的相关关系大小也验证了社会经济发展所带来的人类活动对极端降水事件的影响具有不确定性。总体而言，不同社会经济发展水平会对我国极端降水事件的趋势变化产生影响。

在不同社会经济发展水平上，CH_4、CO_2、N_2O 和 SO_2 排放浓度随时间的变化均呈增加的趋势。相较于其余社会经济发展水平而言，社会经济发展水平 5 和 6 中温室气体排放浓度较高。在空间分布方面，西北和东北区域温室气体排放浓度均较低，而华中、华南和华东区域相对较高。在不同社会经济发展水平下，气候变化与人类活动对极端降水事件的贡献度大小存在差异性，在社会经济发展水平更高的地区，气候变化对极端降水事件的贡献度也同样更高。除了东南地区部分站点中人类活动对 6 个极端降水指数变化的贡献度≥50%外，对于全国大部分站点而言，气候变化对 5 个极端降水指数（除 CWD 外）变化的贡献度≥50%，这也说明我国极端降水事件主要受到气候变化的影响。

13.2　建　　议

本书较系统地研究了水分亏缺/盈余量、极端降水指数的影响因素，并进行了预测。但因为极端降水事件的驱动机制较为复杂，研究仍然存在不足，需要在以后的工作中加以改进。建议今后可进一步开展如下研究：

（1）优化所使用的数据类型。本书选择的是站点数据，且使用的人口和 GDP 数据年限较短，以分区平均表示整个区域的干旱特征。如果能采用格点数据进行计算，分析结果可能更加精确，代表性也更强。

（2）可以进一步探索更好的统计分析方法。本书选用的是线性回归进行拟合，在今后的研究中可以尝试选用非线性回归（指数函数、对数函数等）进行拟合，结果可能会有所提升。

（3）本书分析了气候变化和人类活动对干旱的影响。但考虑到干旱类型具有多样性，气候变化和人类活动对不同类型干旱的贡献度有待进一步研究。

（4）采用高分辨率降水产品评估干旱及选择干旱评估指标时，优先考虑 SPEI 指数。

（5）在选用干旱监测高分辨率降水产品时，优先考虑 GPCC、IMERG V06 和 MSWEP 产品（注：计算 SPEI 时，降水数据需要满足 30 年的时间序列长度，因而 MSWEP 较 IMERG V06 更合适）。

（6）在 I 区和Ⅲ区，推荐 GPCC、IMERG V06 和 MSWEP 降水产品，但是如果研究的时间尺度偏大，最推荐 GPCC 降水产品。

（7）在不同滞后月份下，确定影响极端降水事件变化的关键环流指数只能以分区的形式进行筛选，倘若结合到站点尺度上则会出现相关性并不理想的情况。

此外，如厄尔尼诺指数这类已被证实影响全球降水变化的环流指数被筛除，可能是因为该环流指数在时间序列上与极端降水指数的相关性并不高，但这类指数却会因为"累积效应"，对我国部分地区、部分时间段的降水产生影响，未来需要对这类情况加以详细分析。

（8）利用率定期关键环流指数与 9 个极端降水指数构建多元线性回归模型，但模型的精度有待进一步提升，以后可通过构建多元非线性模型的方式进行精度改进。此外，率定期和验证期输出的模拟值均难以反映观测值中的极大值或极小值，故以后可通过算法优化来改进模型，最终实现更准确的预测。

（9）分析不同社会经济发展水平对极端事件的影响，仅以人口和 GDP 作为衡量社会经济发展水平的指标可能存在不够准确的情况，同时本书研究中划分社会经济发展水平对应的站点数量差异较大，未来应结合其他表征社会经济发展水平的指标进行分析。

（10）在分析人类活动和气候变化对极端降水事件的贡献度时，未能将温室气体排放浓度数据进行共线性分析，未能得到具有相互独立的温室气体排放浓度数据。因此，在未来分析中应对温室气体排放浓度数据进行筛选和排除。